THE
ALIGNMENT
PROBLEM
人机对齐

Brian Christian

[美] 布莱恩·克里斯汀 著

唐璐 译 安远AI 审校

CS K 湖南科学技术出版社
·长沙·

目 录

序篇

1935年，美国底特律。沃尔特·皮茨（Walter Pitts）沿街奔跑，躲避几个小混混。

皮茨溜进了一家公共图书馆。他躲得很隐蔽，工作人员下班时都没发现他。皮茨被锁在了里面。[1]

他在书架上找到一本很厚的书，很快沉浸其中，花3天时间读完了。

书有2 000多页，讲的是形式逻辑；这本书最广为人知的是到第379页才证明1 + 1 = 2。[2] 皮茨决定给其中一位作者——英国哲学家伯特兰·罗素（Bertrand Russell）写信，他认为自己发现了书中的几个错误。

几星期后，皮茨收到一封盖有英国邮戳的信，是罗素寄来的。罗素感谢了皮茨，并邀请他去剑桥攻读博士。[3]

很遗憾，皮茨不得不拒绝这个提议，因为他只有12岁，才读七年级。

3年后，皮茨得知罗素将去芝加哥做公开讲座。他决定去参加讲座，从此再也没有回家。

———————

在罗素的讲座上，皮茨遇到了一个叫杰瑞·莱文（Jerry Lettvin）的少年。皮茨热爱逻辑。莱文热爱诗歌和医学。[4] 两人成了形影不离的好朋友。

此后皮茨在芝加哥大学校园里流浪，旁听各种课程；他高中没有毕业，因此无法正式入学。他听了德国著名逻辑学家鲁道夫·卡尔纳普（Rudolf Carnap）的课。皮茨找到卡尔纳普的办公室，宣称他在新书中发现了一些"瑕疵"。卡尔纳普以怀疑的态度核对了几处，发现他是对的。他们聊了一会儿，然而在皮茨走的时候忘了问他的名字。卡尔纳普花了几个月四处打听"懂逻辑的新生"。[5]最终，卡尔纳普找到了他，并在此后成了他的支持者。卡尔纳普帮他在大学找了一份薪水微薄的工作以维持生计。

时间来到1941年。莱文毕业了，他最爱的仍是诗歌，但还是去了伊利诺伊大学医学院，跟随刚从耶鲁过来的杰出神经学家沃伦·麦卡洛克（Warren McCulloch）做研究。莱文邀请皮茨来他这里。这一年，莱文21岁，还住在父母家。皮茨17岁，无家可归。[6]麦卡洛克夫妇收留了他们。

在接下来的一年，麦卡洛克晚上回家后，经常和皮茨聊到深夜。虽然皮茨比麦卡洛克自己的孩子大不了多少，但从学识上来说，他们是完美团队：正处于职业生涯高产期的神经学家和逻辑学天才。一个擅长实践：神经系统和机能；另一个擅长理论：符号系统和证明。他们都热衷于探索真理的本质：它是什么，以及我们如何知道它。探索的支点——两个世界的完美交叉点——正是大脑。

20世纪40年代初，科学家已经知道大脑是由神经元组成，神经元通过"输入"（树突）和"输出"（轴突）相互连接。当输入神经元的脉冲超过某个阈值时，神经元就会输出脉冲。麦卡洛克和皮茨立刻意识到了神经元与逻辑的关联：神经脉冲的有/无等同于逻辑的开/关、是/否、真/假。[7]

他们意识到，如果一个神经元阈值很低，任何一路输入有脉冲都能触发它，其功能就会像逻辑或运算的物理实现。如果一个神经元阈值很高，只有当所有输入都有脉冲时才会触发，就会像逻辑与运算的物理实现。因此，逻辑能做到的，"神经网络"通过适当的连接也能做到。

几个月后，中年神经学家和少年逻辑学家合写了一篇论文，题为《神经活动中内在的思维逻辑演算》。

文中写道:"由于神经元活动的'全有或全无'特性,神经事件以及它们之间的关系可以等同于命题逻辑。我们发现,所有神经网络的行为都可以用逻辑表达式描述……对于任何满足特定条件的逻辑表达式,也都可以找到相应的神经网络。"

这篇论文1943年发表在《数学生物物理学通报》上。让莱文沮丧的是,它对生物学界没什么影响。[8] 令皮茨失望的是,20世纪50年代的神经科学研究,尤其是一项对青蛙视神经的里程碑式研究——正是他最好的朋友莱文完成的——将表明神经元似乎比他认为的简单的"真"或"假"回路更复杂。也许命题逻辑——与、或、非——不是大脑的语言,或者至少不是以如此直接的形式。这种不纯粹让皮茨很沮丧。

但是,这篇论文——以及麦卡洛克家的深夜长谈——将产生深远影响,虽然不是完全按照麦卡洛克和皮茨设想的方式。它们为一个全新的领域打下了基础,这个领域将用这些神经元的简化版本构建实际项目,探索这种"机械大脑"的能力范围。[9]

导言

2013年夏天，一篇平平常常的帖子出现在谷歌的开源博客上，标题是《学习词汇背后的含义》。[1]

帖子中说："目前计算机还不太擅长理解人类语言，虽然离这个目标还有一段距离，但我们正在利用最新的机器学习和自然语言处理技术取得重大进展。"

谷歌从纸媒和互联网获取了大量人类语言数据，比以前最大的数据集还大几千倍，将数据集输入一个受生物学启发的"神经网络"，并让系统寻找词语的相关性和联系。

借助所谓的"无监督学习"，这个系统开始发现模式。例如，它注意到词语"北京"与"中国"的关系，同"莫斯科"与"俄罗斯"的关系一样，不管词语的意思是什么。

能否说计算机"理解"了？这个问题只能让哲学家来回答，但是很显然系统已经抓住了它"阅读"的内容的某种本质。

谷歌将这个系统命名为"word2vec"——意思是将词汇转换成数字向量——并将其开源。

对数学家来说，向量有各种奇妙的性质，你可以像处理简单的数一样处理它们，进行加、减、乘运算。通过这种方式，研究人员很快发现了一些惊人的意想不到的东西。他们称之为"连续空间词汇表示中的语言规律"，[2] 对它的解释没有听起来那么难。word2vec把词汇变成了向量，这样你就能对词汇做数学运算。

例如，如果输入中国＋河流，就会得到长江。输入巴黎－法国＋意大利，就会得到罗马。输入国王－男人＋女人，就会得到女王。

结果很惊人。word2vec系统开始应用于谷歌的机器翻译和搜索引擎，业界也将其广泛应用于其他领域，例如招聘，它成了科学和工程界新一代数据驱动的语言学家的必备工具。

两年过去了，没有人意识到存在问题。

2015年11月，波士顿大学博士生托尔加·博鲁克巴斯（Tolga Bolukbasi）和导师一起参加微软研究院周五的快乐时光会议。边喝葡萄酒边聊天的时候，他和微软研究员亚当·卡莱（Adam Kalai）拿出电脑，开始摆弄word2vec。

"我们在玩词嵌入，随机输入词汇，"博鲁克巴斯说，"先是我在玩，然后亚当也开始玩。"[3]然后一些事情发生了。

他们输入：

医生 － 男 ＋ 女

返回的答案是：

护士

"我们很震惊，意识到存在问题，"卡莱说，"然后继续深挖，发现了更糟糕的情况。"[4]

两人又试了一个：

店主 － 男 ＋ 女

返回的答案是：

家庭主妇

再试一个：

计算机程序员 － 男 ＋ 女

输出：

家庭主妇

房间里安静了下来，大家聚到屏幕前。"我们都意识到，"博鲁克巴斯说，"嘿，有点不对劲。"

———————

在美国的司法机构，越来越多的法官开始利用"风险评估"算法工具来帮助做决定，比如保释，以及被告在审判前应该被拘留还是被释放。假释委员会利用它们来准许或拒绝假释。其中最受欢迎的工具之一是密歇根州的北点公司（Northpointe）开发的，名为"替代制裁矫正罪犯管理分析"（COMPAS）。[5] COMPAS能对各种风险给出1到10的评分，包括一般累犯风险、暴力累犯风险和审前不当行为风险，目前已被加利福尼亚、佛罗里达、纽约、密歇根、威斯康星、新墨西哥和怀俄明等州采用。

令人惊讶的是，这些分数经常未经严格审核就被采用。[6] COMPAS的源代码是私有的，没有开源，因此律师、被告和法官都不知道它背后的模型。

2016年，由朱莉娅·安格温（Julia Angwin）领导的为了人民（ProPublica）的数据记者们决定深入调查COMPAS。向佛罗里达州布劳沃德县申请公共记录后，他们获得了2013年和2014年被捕的约7 000名被告的记录和风险评分。

当时已经是2016年，因此为了人民团队相当于拿到了水晶球。通过查看两年前的数据，他们能够知道这些被预测是否会再犯的被告，是否真的再犯。所以他们问了两个简单问题。第一：模型是否准确预测了哪些被告确实是"最危险的"？第二：模型的预测是否偏向或歧视特定群体？

初步查看就发现了问题。例如，他们发现两名被告因类似的窝藏毒品罪被捕。一个是迪伦·富格特，他曾犯有入室盗窃未遂罪；另一个是伯纳德·帕克，他曾非暴力拒捕。富格特是白人，风险评分3/10。帕克是黑人，风险评分10/10。

从2016年的水晶球中，他们还得知，风险评估为3分的富格特后来被判3项毒品犯罪。而在同一时期，10分的帕克记录是清白的。

他们又对比了两名犯有类似的偷窃罪的被告。一个是弗农·普拉特，曾有两次持械抢劫和一次持械抢劫未遂的记录。另一个是布里沙·波登，曾有4次青少年轻罪记录。普拉特是白人，风险评分3/10。波登是黑人，风险评分8/10。

身处2016年，安格温团队知道，"低风险"的普拉特后来被判犯有重大盗窃罪，判处8年监禁。"高风险"的波登没有再犯。

甚至被告自己也对分数感到惊讶。詹姆斯·里韦利是白人，他因入店行窃被捕，风险评分3/10，尽管他曾犯有严重袭击罪、毒品走私重罪和多项盗窃罪。"我在马萨诸塞州立监狱待了5年，"他告诉记者，"我很惊讶会这么低。"

一篇文章的统计分析似乎证实了存在系统性差异。[7]这篇文章的摘要写道："全美各地都在使用软件来预测未来的罪犯。而且对黑人存在偏见。"其他文章则不这么肯定。

2016年春季发布的为了人民报告引发了激烈争议：不仅是COMPAS，也不仅是更广泛的风险评估算法，还有公平的概念本身。确切地说，我们如何——用统计学和计算的术语——定义法律阐明的原则、权利和理想？

当年晚些时候，美国最高法院首席大法官约翰·罗伯茨（John Roberts）访问伦斯勒理工学院，校长雪莉·安·杰克逊（Shirley Ann Jackson）问他："你是否预见有一天，人工智能(AI)驱动的机器将帮助法庭调查事实，甚至参与更具争议的事情，进行司法裁决？"

"这一天已经来临，"他说。[8]

同年秋天，达里奥·阿莫代伊（Dario Amodei）在巴塞罗那参加神经信息处理系统会议（NeurIPS），这是AI界最大的年度会议，从21世纪初的几百人增加到现在的13 000多人。（组织者笑称，如果会议规模继续以过去10年的速度增长，到2035年，全部人类都将出席。）[9]这会儿，阿莫代伊关注的不是"吉布斯抽样的扫描顺序"，也不是"规范拉德马赫的观察损失"，或是"最小化反射性巴拿赫

空间上的缺憾"，也不是另一个会场上托尔加·博鲁克巴斯的重点演讲，关于word2vec中的性别偏见。[10]

他盯着一艘船，船着火了。

他看着船在一个小港口转圈，船尾撞到了码头。引擎着火了。它继续疯狂转圈，浪花浇灭了火焰。它又撞上了一艘拖船，再次起火。它继续旋转回到码头。

它这样做是因为从字面意义上阿莫代伊就是这样要求的。事实上，它就是在按照他说的做。但这不是他想要的。

阿莫代伊参加了一个名为宇宙的研究项目，目的是开发一种单一的通用AI，能以媲美人类的水平玩数百种不同的电脑游戏——这一挑战一直是AI界的圣杯。

"所以我运行了几个这样的游戏环境，"阿莫代伊告诉我，"远程登录观察AI的比赛表现。先是普通的赛车，卡车比赛之类的，然后是赛艇。"阿莫代伊观看了一阵子。"我看着它，心想，'这艘船好像在绕圈。这到底是为什么？！'"[11]但这艘船并不是随机行动，也不是疯狂或失控。恰恰相反。它是故意这样做的，从计算机的角度来看，它已经找到并正在执行一个近乎完美的策略。但毫无意义。

"最后我查看了奖励，"他说。

阿莫代伊犯了老套的错误："想要A，却奖励B。"[12]他想要的是让算法学会赢得比赛。但很难明确表达这一点，需要想办法将复杂概念形式化，比如赛道位置、圈数、与其他船的相对位置等等。作为替代方案，他利用了一个看似合理的指标：分数。计算机发现了漏洞，在一个可以补能的小港口，它可以无视比赛，转圈，不断获得积分。

"当然，这部分是我的错，"他说，"我光顾着跑游戏，没有仔细思考目标函数……在其他比赛中，得分与完成比赛明显相关。你沿途补能会得分……这种间接奖励机制对其他几个游戏很合适。但对于赛艇游戏来说，并不好用。"[13]

"人们批评说，'你这是求仁得仁，你并没有针对完成比赛进行优化，'我对域撞上了一堵墙。"到1969年时，已经发表了几千篇关于感知机的论文，"明斯基说。

"我们的书遏止了这个趋势。"[8]

仿佛被一片乌云笼罩，一切都分崩离析：研究、资金、人员。皮茨、麦卡洛克和莱文三人搬到了MIT，但在与诺伯特·维纳（Norbert Wiener）发生误会后，他们被赶走了。对皮茨来说像父亲一样的维纳现在不理他了。陷入酗酒和抑郁的皮茨将笔记和论文付之一炬，包括一篇未发表的关于三维神经网络的论文，MIT想方设法挽救这篇论文却徒劳无功。皮茨于1969年5月死于肝硬化，年仅46岁。[9]几个月后，70岁的麦卡洛克在一系列心肺问题后，突发心脏病。1971年，在庆祝43岁生日时，罗森布拉特在切萨皮克湾的一次航海事故中溺水身亡。

到1973年，美国和英国政府都取消了对神经网络研究的资金支持，当英国一个名叫杰弗里·辛顿（Geoffrey Hinton）的心理学学生宣布他想从事神经网络方面的博士研究时，他被一再告诫，"明斯基和派珀证明了这种模型没用"。[10]

AlexNet 的故事

时间来到2012年，多伦多，亚历克斯·克里泽夫斯基（Alex Krizhevsky）的卧室燥热得难以入睡。他的电脑配置了双英伟达GTX580 GPU，已经连续两个星期以最大负荷运转，风扇不断排出热气。

"又热又吵。"他说。[11]

他在教机器如何看东西。

克里泽夫斯基的导师杰弗里·辛顿已经64岁，依然没放弃。因为有理由抱有希望。

到20世纪80年代，人们已经明白，多层网络（所谓的"深度"神经网络）也可以像浅层网络一样用例子进行训练。[12]明斯基也承认这一点，"我现在认为，这本书话说过头了"。[13]

80年代末和90年代初，曾跟随辛顿做博士后的杨立昆（Yann LeCun）在贝尔实验室工作，训练神经网络识别手写的0到9数字，神经网络找到了第一个重要的商业用途：在邮局读取邮政编码，在ATM机上读支票。[14]在90年代，美国的支票有10%到20%都是用杨立昆的网络处理。[15]

但这个领域再次面临瓶颈，到了2000年，仍然大致停留在识别手写邮政编码数据库的水平。人们知道，原则上，一个足够大的神经网络，只要有足够的训练例子和时间，几乎可以学习任何东西。[16]但是还没有足够快的计算机，也没有足够多的数据和耐心来训练，从而发挥理论潜力。许多人失去了兴趣，计算机视觉，以及计算语言学，很大程度上转向了其他方法。正如辛顿后来总结的，"我们的标记数据集规模还需要增大数千倍。计算机还需要加快数百万倍"。[17]然而，这两点都将会实现。

你的网络需要的"卡片"可能不是50张，而是50万张，但是随着互联网的发展，突然间有了似乎无穷无尽的图像库。只是有一个问题，它们通常不会带有分类标签。要想训练网络，必须知道网络的输出应该是什么。

2005年，亚马逊推出了MTurk平台，通过平台可以大规模招募人力，这样就可以雇佣成千上万的人通过简单的点击任务挣钱。（这项服务特别适合未来让AI来完成的那些事情——因此有个绰号：人工的人工智能）2007年，普林斯顿大学教授李飞飞利用MTurk平台以前所未有的规模招募人力，构建了一个此前不可能的数据集。这个数据集的构建花了2年多时间，有300万张图片，每张都由人工标注，分成5 000多个类别。李飞飞称之为ImageNet，并于2009年发布。计算机视觉领域突然有了堆积如山的训练数据和新的宏大挑战。从2010年开始，来自世界各地的团队开始竞相创建和训练系统，可以准确地识别图像中的尘螨、集装箱船、摩托车、猎豹等等。

与此同时，在整个21世纪初，摩尔定律仍然大致成立，这意味着20世纪80年代的计算机需要几天做完的计算，现在的计算机只需几分钟就能完成。另外，还有一个进展至关重要。20世纪90年代，视频游戏行业的发展催生了名为GPU的专用图形处理器，用来实时渲染复杂的3D场景；GPU不是像传统的

CPU那样每次执行一条高精度指令，而是并行执行大量简单的低精度指令。[18]到了21世纪00年代中期，人们开始意识到GPU可以计算的不仅仅是光、纹理和阴影。[19]事实证明，这种为游戏设计的硬件几乎是为训练神经网络量身定制的。

亚历克斯·克里泽夫斯基在多伦多大学选修了为GPU写代码的课，准备在神经网络上尝试一下。他决定挑战一个流行的图像识别基准库CIFAR-10，这个库包含缩略图大小的图像，每张图像属于10个类别中的1个：飞机、小汽车、鸟、猫、鹿、狗、青蛙、马、船或卡车。克里泽夫斯基搭建了一个网络，使用GPU来训练网络对CIFAR-10图像进行分类。他惊讶地发现，他的网络从随机初始配置训练到目前最高水平的准确率，只需80秒。[20]

这时，同实验室的伊利亚·萨特斯基弗（Ilya Sutskever）注意到了克里泽夫斯基的进展，鼓动他尝试更大的挑战。"我敢打赌，你可以用它来处理ImageNet。"

他们合作构建了一个庞大的神经网络，65万个神经元，8层，由6 000万个可调权重连接。在父母家的卧室，克里泽夫斯基开始给它输入图像。

一步一步，一点一点，系统越来越准确。

尽管数据集很大，有几百万张图，但还是不够。克里泽夫斯基意识到他可以伪造。他开始做"数据扩增"，把图的镜像也输入进去。似乎有效果。他又对图稍加裁剪或上色。（当你向前或向侧面倾斜，或者从自然光转为人造光时，猫看起来仍然像猫）似乎也有效果。

他尝试各种网络结构，改变网络层数，略带盲目地探索什么配置可能会有最佳效果。

克里泽夫斯基偶尔会失去信心。萨特斯基弗从来没有。他一次又一次激励克里泽夫斯基。你能做到。

"伊利亚就像一个宗教角色，"他说，"有时的确需要宗教角色。"

测试一个新版模型，训练到准确率达到最高，需要日夜不停运转大约2周时间。这意味着这个项目虽然在某种程度上有点疯狂，但也有很多空闲时间。

克里泽夫斯基会利用空闲时间思考、改进和等待。辛顿提出了"丢弃"的想法，在训练过程中，网络的某些部分会被随机关闭。克里泽夫斯基尝试了，似乎有效果，虽然不知道为什么。他还尝试了用所谓的"线性整流"函数作为神经元的激活函数。似乎也有效果。

他在 ImageNet 比赛截止日期 9 月 30 日提交了他的最佳模型，然后等待最后的结果。

2 天后，克里泽夫斯基收到了斯坦福大学邓嘉的邮件，那一年的比赛由他组织。在群发给所有参赛者的邮件中，邓嘉用不带感情色彩的语言让参赛者点击链接查看结果。

克里泽夫斯基点击链接，结果出来了。

他们不仅得奖了，还胜过了其他所有团队。他给这个在卧室里训练的神经网络命名为"超视"，但历史会简单地把它记为"AlexNet"，其错误率只有第二名的一半。

到周五，ImageNet 大规模视觉识别挑战研讨会召开的时候，消息已经传开了。克里泽夫斯基获得了当天最后一个演讲时段，下午 5 点 05 分，他站在演讲台上。环顾会场，李飞飞在前排，旁边是杨立昆。全球顶尖的计算机视觉专家大部分都来了。会场爆满，过道上挤满了人。

"我很紧张，"他说，"很不自在。"

虽然不自在，面对站立的观众，克里泽夫斯基还是娓娓道来。

1958 年，罗森布拉特就他的感知机接受采访时，有人问像感知机这样的机器会有什么实际或商业用途。"目前没有。"他笑着回答。[21]

"你知道吗，发明会引导应用。"

问题

2015 年 6 月 28 日周日晚上，网络开发者杰基·阿尔西内(Jacky Alciné)在家观看美国黑人娱乐电视大奖。他收到一条推送，提示有朋友通过谷歌照片同他分享了照片。他打开谷歌照片，发现网站的样子变了。"我当时想，'哦，界面更新了！'我知道正在召开谷歌I/O大会，但我还是感到很新奇，我点开了。"[22]谷歌的图像识别软件已经自动识别并分组了照片，并给每组照片加了标题。例如"毕业"，系统能够识别他弟弟头上的学位帽和流苏，阿尔西内对此印象深刻。另一个标题让他一下愣住了。分组封面是阿尔西内和一个朋友的自拍。阿尔西内是海地裔美国人，他和这个朋友都是黑人。

标题是"大猩猩"。

"我以为是我放错了照片。"他打开分组，里面全都是阿尔西内和他朋友的几十张照片，没有别的。"有70多张照片。没道理……我意识到出了问题。"

阿尔西内发了推特。"谷歌照片，"他写道，"你们搞砸了。我的朋友不是大猩猩。"[23]

不到2小时，谷歌首席架构师约纳坦·尊格（Yonatan Zunger）就回应了。"我的天啊，"他写道，"这绝对不可以。"

尊格的团队几小时就上线了对谷歌照片的修改，到第二天早上，只有2张照片仍被贴错标签。然后谷歌采取了更激进的措施：他们干脆删除了这个标签。

3年后，2018年，《连线》报道，在谷歌照片上，"大猩猩"的标签仍然被停用。这意味着，在这几年里，任何东西都不会被标记为大猩猩，包括真正的大猩猩。[24]

有趣的是，2018年和2015年的媒体都错误描述了这个错误的性质。"2年后，谷歌通过清除图像分类器中的'大猩猩'标签，解决了'种族主义算法'问题"；"谷歌通过从图像标签中移除大猩猩来'修正'其种族主义算法"；"谷歌照片修正了'种族主义算法'，但效果一般。"[25]媒体上充斥着诸如此类的说法。

阿尔西内本身是程序员，也很熟悉机器学习，他知道问题不是因为算法有偏见。（这个算法就是随机梯度下降，可以说是计算机科学中最通用、最普通、最常见的算法：随机输入训练数据，调整模型参数，提高对图像正确分类的概率，并根据需要重复。）他马上意识到，不是算法有问题，而是训练数据本身存在严重偏差。"我不能责怪算法，"他说，"这不是算法的错。它的设计没问题。"

理论上，这个系统可以从一组例子中学到任何东西，那它当然也会受制于教给它的例子。

校准和设计主导权

我们将日常物品视为理所当然的程度，就是它们支配和影响我们生活的程度。

——玛格丽特·维萨[26]

19世纪照相最多的美国人不是林肯，也不是格兰特，而是弗雷德里克·道格拉斯，他在20岁时逃离了奴隶制，后来成了废奴主义作家和讲师。[27]他照相最多并非偶然；对道格拉斯来说，照片与文章或演讲一样重要。19世纪40年代，银版照相术诞生，道格拉斯立即领悟到了它的力量。

在照片出现前，美国黑人的形象仅限于绘画和版画。道格拉斯写道："黑人永远不可能从白人艺术家手中获得不带偏见的肖像。在我们看来，白人几乎不可能把黑人画得像，总是会过分夸大他们的显著特征。"[28]特别是在道格拉斯的时代，有一种夸张的说法很流行。"我们有色人种经常发现自己被描述和描绘成猴子，所以我们认为能找到办法摆脱这一普遍现象是一大幸事。"[29]

照片胜过失真的绘画，使得人们对黑人不仅仅限于同情，还增强了认可度。道格拉斯在谈到美国第一位黑人参议员海勒姆·雷夫斯的照片时说："不管人们对这件事有没有偏见，他们都必须承认这位密西西比参议员是个男人。"[30]

但也并非就此一帆风顺。随着摄影在20世纪变得更加普及，一些人意识到摄影也存在问题。正如杜·博伊斯（W.E.B. Du Bois）在1923年写道："为什么没有更多的有色人种年轻人将摄影作为职业？普通的白人摄影师不知道如何处理有色皮肤，没有细腻的美感或色调，也不愿意下功夫，把它们表现得糟糕透顶。"

经常有人批评电影和电视缺乏肤色多样性，演员和导演都是如此。但我们一般不会想到，这个问题不仅存在于摄影机前后，还存在于摄影机内部。正如康考迪亚大学传播学教授洛娜·罗斯（Lorna Roth）指出，"尽管学术文献涉及各种主题，但令人惊讶的是，很少有学者关注视觉再现设备的肤色偏见"。[31]

她写道，几十年来，电影制片商一直使用一张测试照片作为色彩平衡基准。这张测试照片被称为"雪莉卡"，以柯达员工雪莉·佩奇（shirley pages）的名字命名，她是测试照片的第一位模特。[32]雪莉和绝大多数模特都是白人，这在当时是很自然的。胶片的化学处理会据此做相应调整，结果使得摄像机根本拍不好黑人。

（电视和照片一样，几十年来一直根据白人肤色校准色彩。20 世纪 90 年代，罗斯找到《周六夜现场》的摄影师，问他们在开播前怎么校准摄像机。摄影师解释说，"技术人员会让一个女孩站在摄像机前，根据她的肤色来做微调，校准摄像机。女孩都是白人。"）[33]

令人惊讶的是，根据 20 世纪六七十年代柯达公司高管们的说法，研发对更广域的深色调敏感的胶片的主要推动力不是来自民权运动，而是来自家具和巧克力行业，他们抱怨胶片没有充分展现深色木材的纹理和黑巧克力的质感，或牛奶巧克力和黑巧克力的差别。[34]

柯达研发部门前经理厄尔·卡格（Earl Kage）对这段时期进行了反思："我们部门的成员因为巧克力都变胖了，镜头前的东西拍摄结束后会被吃掉了。"当被问及这一切是否受民权运动影响时，他补充道："有意思的是，以前从没有人这样说过，据我所知黑人肤色在当时从来都不受重视。"[35]

随着时间推移，柯达的肤色模特越来越多样。"我开始在测试中大量采用黑人模特，并且很快就流行起来，"柯达的吉姆·里昂（Jim Lyon）回忆道，"我并不是为了政治正确。我只想让胶片能最好地呈现每个人的肤色"。

20 世纪 90 年代，官方的柯达雪莉卡上有了 3 位不同种族的模特。他们推出的柯达金大胶卷号称可以拍摄"昏暗中的黑马"，电视广告深入人心。有一则广告是一个穿着亮白色空手道服的黑人男孩，微笑着表演空手道，可能是获得了新腰带。广告上写着："爸，妈，除了柯达金胶卷，你们还能将这一刻托付给谁？"

最初的目标客户导致他们的校准方法存在问题。现在，新的校准方法带来了新的客户。

修正训练集

所有的机器学习系统，包括感知机在内，核心都有某种雪莉卡片：也就是训练用的数据集。如果某一类型的数据在训练数据中的**代表**不足或不存在，但在现实世界中存在，那么当训练好的系统面对这一类型的数据，给出的结果就难以预料。[36]

正如加州大学伯克利分校的莫里茨·哈特（Moritz Hardt）所言，"大数据的全部意义在于，拥有了更多数据，我们就能构建更好的分类器。反过来，数据越少，表现也会越差。不幸的是，族群越小，可用的数据也会成比例地减少，这是很自然的，但这也意味着关于少数族群的模型通常会不如普通人群的模型"。[37]

令阿尔西内沮丧的推文针对的正是这个问题。他是软件工程师，立刻明白了问题出在哪里。他推断，在谷歌的图片库中，黑人照片没有白人照片多。这个模型在看到不熟悉的东西时更容易出错。

"我完全理解为什么会这样，"阿尔西内告诉我，[38]"如果你给它苹果的图片，但只有红苹果，当它看到绿苹果时，它可能会认为是梨……当然这是件小事。我理解为什么会这样。但你是世界级的，你的任务是索引全世界的社会知识，那你怎么能无视一个**大陆**的所有人？"

20世纪的问题似乎在21世纪不可思议地重演。幸运的是，似乎也同样有解决方案。只要有人能站出来质疑这些21世纪的"雪莉卡片"到底代表了谁和什么，并明确指出更好的卡片应该是什么样子。

21世纪10年代初期，乔伊·布兰维尼（Joy Buolamwini）还是佐治亚理工学院的计算机科学本科生，有一次作业是为玩躲猫猫游戏的机器人编写程序。编程很容易，但有一个问题：机器人无法识别布兰维尼黑肤色的脸。"我借室友的脸完成了作业，然后想，'肯定会有人去解决这个问题'"。[39]

在本科快毕业时，她去香港参加一个创业比赛。当地一家初创公司演示了他们的"社交机器人"。这个机器人能与所有参观者正确交互……除了布兰维尼。这家初创公司使用的人脸识别开源代码正是她自己在佐治亚理工使用的那种。

华盛顿大学的巴特亚·弗里德曼（Batya Friedman）和康奈尔大学的海伦·尼森鲍姆（Helen Nissenbaum）合写了一篇论文，是最早明确阐述计算系统偏见的文章之一，他们警告，"软件系统的传播成本相对较低，因此，一旦开发出来，有偏见的系统有可能产生广泛影响。如果成为了行业标准，偏见就会无处不在"。[40]

就像布兰维尼自己说的，"在世界的另一端，我了解到算法偏见的传播速度与从互联网下载文件的速度一样快"。[41]

在牛津攻读硕士并做了一年罗兹学者项目后，布兰维尼去了 MIT 媒体实验室，做了一个增强现实项目，她称之为"励志镜子"，想法是在用户的脸上装饰鼓励性的或令人振奋的视觉效果——例如，让照镜子的人变成狮子。同样，效果很好，只有一个问题。布兰维尼自己照镜子时必须戴白面具。

罪魁祸首当然不是随机梯度下降，而很明显是训练这些系统所用的图像集。每个人脸检测或识别系统的背后都有一个图像库——通常有几万或几十万张——系统最初就是用这些图像训练和开发的。这些训练数据就是 21 世纪的雪莉卡片，通常不会公开：在网上传播的预训练模型几乎都没有公开训练数据。但是它肯定存在，并且永久地塑造了最终部署的系统的行为。

因此，要根除偏见，一项重要举措就是更彻底地披露和分析主要学术和商业机器学习系统背后的训练数据集。

例如，"自然环境下标记人脸"（LFW）数据集是最受欢迎的公共人脸图片数据库之一，该数据集是马萨诸塞大学阿默斯特分校的一支团队于 2007 年基于网络新闻图片创建的，此后被无数研究人员采用。[42]然而，直到多年后，这个数据库的组成才得到深入研究。2014 年，密歇根州立大学的韩琥和阿尼尔·贾恩（Anil Jain）对数据集进行了分析，发现男性占比超过77%，白人占比超过83%。[43]数据集中出现最多的人也是2007年最常出现在网络新闻照片中的人：时任总统乔治·布什，有530张独照。事实上，在LFW数据集中，乔治·布什的照片数量是所有黑人女性照片总和的两倍多。[44]

2007年最早介绍该数据库的论文指出，从在线新闻中收集的图像"显然自身带有偏见"，但文中指出的"偏见"是从技术而非社会角度来考虑："例如，在极高或极低光照条件下的图像并不多。"除了光照问题，作者写道，"提供的照片范围和多样性非常大。"

然而，12年后的2019年秋天，一份免责声明出现在LFW的网页上，提出了不同观点："许多群体在LFW中的代表性不足。比如儿童很少，没有婴儿，80岁以上的人很少，女性相对较少。此外，许多族裔的代表很少，或者根本没有代表。"[45]

近年来，这些训练集的组成受到了越来越多的关注，尽管仍有许多工作要做。2015年，美国国家情报总监办公室和情报高级研究计划局发布了一个名为IJB-A的人脸图像数据集，他们吹嘘该数据集的"对象具有广泛的地理多样性"。[46]布兰维尼和微软的蒂姆尼特·格布鲁（Timnit Gebru）对IJB-A进行了分析，发现男性占比超过75%，浅肤色几乎占80%，深肤色女性只占4.4%。[47]

布兰维尼最终意识到，应该去"解决这个问题"的正是她自己。她开始对人脸检测系统的现状进行广泛调研，这成了她在MIT的论文。她和格布鲁决定创建一个能更平衡反映性别和肤色的数据集。但从哪里得到图像呢？以前的数据集从在线新闻之类的来源提取，完全不平衡。她们决定借鉴**代议制**，汇集6个国家的代表构建数据集：卢旺达、塞内加尔、南非、冰岛、芬兰和瑞典。这个数据集在年龄、光照和姿势等方面明显不均匀，几乎所有对象都是中年或更大年龄，处于图片中心，带着中性或微笑表情直视镜头。但是，以肤色和性别来衡量，它可以说是迄今为止最多样化的机器学习数据集。[48]

有了这个代议制数据集，布兰维尼和格布鲁测试了3个商业级的人脸识别系统，分别来自IBM、微软和中国的旷视科技——被广泛使用的Face++软件的制造商。

从整个数据集来看，这3个系统在分类性别方面的准确率都很高，约为90%；识别男性面部的准确率比女性高10%到20%；识别浅肤色面孔的准确率也比深肤色高10%到20%。但是，当布兰维尼将两者放到一起分析时，结果令人震惊。这3个系统在对深肤色女性的面孔进行识别时，表现都**非常**糟糕。例如，IBM的系统识别浅肤色男性的错误率仅为0.3%，但识别深肤色女性的错误率为34.7%，高出100倍以上。

废奴主义者和女权活动家索杰纳·特鲁斯（Sojourner Truth）1851年的演讲《我不是女人吗？》闻名于世。布兰维尼在21世纪尖锐地回应了这个问题，她指出特鲁斯的照片被当代商业人脸识别软件一次又一次错误归类为男性。[49]

2017年12月22日，布兰维尼向这3家公司发送了她的研究结果，解释说她会在即将召开的会议上展示这些结果，希望这几家公司给出回应。旷视科技没有回应。微软给出了不痛不痒的回应："我们认为AI技术的公平性是该行业的一个重要问题，微软非常重视。我们已在采取措施提高面部识别技术的准确率，我们还在继续投资研究，以识别、理解和消除偏见。"[50]IBM最积极，在一天内就给出了回应，感谢布兰维尼伸出援手，复现并确认了她的结果，邀请她去IBM的纽约和剑桥园区，并在几周内发布了新版软件包，识别深肤色女性的错误率降为原来的10%。[51]

"改变是可能的。"她说。要弥补这一性能差距，并不存在根本性的技术或其他障碍，只需要有人正确提出质疑。

布兰维尼和格布鲁的研究告诉了我们，当一家公司宣称他们的系统"99%准确"时，我们该如何质疑：在什么上准确？对谁准确？这也提醒我们，每个机器学习系统都是某种议会，在议会中，训练数据代表着更大范围的选民——而且，确保每个人都有投票权至关重要。[52]

机器学习系统的偏见通常是训练系统所依赖的数据直接导致的——因此，在使用数据来训练将会影响人类的实际系统之前，了解数据集代表谁，以及所代表的程度非常重要。

但是，如果你的数据集已经尽可能具有包容性——比如说，囊括了几乎所有书面语言，几千亿个词汇——而这个世界**本身**就有偏见，你该怎么做？

分布假说：词嵌入

> 观其伴而知其意。
>
> ——约翰·弗斯[53]

假设你在冲上海滩的瓶子里发现了纸条；有几个部分已经读不出来了。你看到一句话："我把宝藏埋在＿＿＿＿北面的海边。"你肯定很想知道缺失的词是什么。

你应该不会认为这个词会是"仓鼠""甜甜圈"或"假发"。根据常识，有理由不会是这些：仓鼠会乱跑，甜甜圈会生物降解，假发会被风吹走，这些都不是长期藏宝的可靠标记。你可以推断，如果要藏宝几个月或几年，肯定会参照某种稳固的、不太可能分解或移动的东西。

再假设你是一台完全没有这些常识的计算机——更不用说设身处地思考藏宝的人会怎么想——但你拥有庞大的真实文本样本（"语料库"），可以用来识别模式。只根据语言本身的统计数据来猜测缺失的词语，你能做得多好？

构建这类猜测模型一直是计算语言学的圣杯。[54]［事实上，克劳德·香农（Claude Shannon）在20世纪40年代创立信息论，就是注意到一些缺失的词比其他词更容易猜，并试图将其量化。[55]］早期的方法涉及所谓的"N元模型"，就是直接对每种词序列（N元）进行计数，比如，出现在一个特定的语料库中的连续两个词——"出现在(appeared in)""在一个(in a)""一个特定的(a particular)""特定的语料库(particular corpus)"——在一个庞大的数据库中对它们进行计数。[56]然后，如果要猜某个缺失的词，就看前一个词，找到数据库中以该词开头的N元，出现次数最多的那个就是你对丢失内容的最佳猜测。当然，除了前一个词之外，其他上下文也能给你提供额外线索，但是把它们结合

　　　　　　　　　　　　　　　　　　人机对齐

起来并不容易。与存储语言中所有可能的2词短语（"2元模型"）相比，存储所有的3词短语（"3元模型"），或者4词或更多词的短语，会导致数据库规模急剧增长，从而不具可行性。此外，这样的数据库会很稀疏，绝大多数可能的短语根本不会出现，还有很多只出现一两次。

理想情况下，即使某个特定的短语在语料库中从未出现，我们也希望能够做出合理猜测。基于计数的方法对此没什么办法。"我啜了一口黄疸色的_____"，我们可以想见"霞多丽酒"比"木炭"更有可能，即使在语言史上，这两个词的前面都没有出现过"黄疸色的"。对这种情形，计数法无计可施。同样，如果我们尝试考虑更多上下文，并不会让问题更简单，因为考虑的短语越长，就越有可能遇到从未见过的东西。

这个问题被称为"维度灾难"，从一开始就困扰着这种基于计数的方法。[57]有更好的方法吗？

还有一种方法是所谓的"分布式表示"。[58]这种方法尝试用某种抽象"空间"中的点来表示词，在这个空间中，相关的词彼此会"更接近"。20世纪90年代和21世纪初涌现了一系列相关技术，[59]但在过去10年，有一类模型表现出了非凡前景：神经网络。[60]

这种方法依赖于一个假说，简单来说就是："相似"的词在空间中的位置会比较近。这样相似度就可以用数字刻画。基本原理是将词转换为（"嵌入"）一组数字（"向量"），这些数字是词在空间中的"坐标"。这组坐标被称为词的**表示**。（例如word2vec用了介于 −1.0 到 1.0 之间的 300 个小数。）这样就能测量词与词的"相似度"：坐标距离有多远？[61]

我们要做的就是将词**通过某种方式**嵌入这个空间，让它们能尽可能正确猜测缺失的词。（至少在这个特定的模型架构允许的范围内做得尽可能好。）

如何得到这些表示呢？当然是随机梯度下降！首先，将词随机散布在整个空间。然后，从语料库中随机选取一个短语，隐藏一个词，并询问系统哪个词可以填这个空。

如果模型猜错了，就调整词的坐标，将正确的词稍微推向上下文词汇所在的空间位置，将不正确的猜测稍微推离。微调后，随机选取另一个短语，再次执行这个过程。这样不断反复。[62]

斯坦福计算语言学家克里斯托弗·曼宁（Christopher Manning）解释道，"这时，某种奇迹发生了"。

用他的话说：

这很令人吃惊——但的确是真的——你直接树立猜测的目标，让每个词的词向量都能关联出现在上下文中的词，反过来也是如此——你只有一个非常简单的目标——你对如何实现这个目标只字不提——你只是祈祷，依靠深度学习的魔力……奇迹发生了。然后词向量就出来了，它们在表示词汇的意义方面非常强大，对各种事情都很有用。[63]

有人可能会说，这些嵌入实际上捕捉到了我们语言的**非常多的**微妙之处。的确如此，它们以惊人的清晰度捕捉到了我们自己都不愿看到的东西。

嵌入的阴暗面

人性这根曲木，决然造不出任何笔直的东西。

——康德[64]

像这样的词嵌入模型，包括谷歌的word2vec和斯坦福的GloVe，已成为计算语言学的事实标准，自2013年以来，几乎支撑了所有涉及语言的计算机应用，无论是搜索结果排序、机器翻译，还是根据评论分析消费者情绪。[65]

事实上，尽管嵌入很简单——每个词都只有一列数字，基于对文本中缺失词汇的猜测——但似乎捕捉到了惊人数量的真实世界的信息。

例如，你可以将两个向量相加，得到一个新向量，然后搜索最近的词。得到的结果经常令人震惊：

捷克 + 货币 = 克朗

越南 + 首都 = 河内

德国 + 航空 = 汉莎

法国 + 女演员 = 朱丽叶·比诺什[2]

你也可以将词**相减**。这样就可以得到两个词之间的"差异",然后将差值与第三个词相加来生成"类比",简直不可思议。[66]

输出的类比表明嵌入已经捕捉到了地理位置:

柏林 − 德国 + 日本 = 东京

和语法:

更大 − 大 + 冷 = 更冷

还有美食:

寿司 − 日本 + 德国 = 香肠

科学:

Cu − 铜 + 金 = Au

技术:

Windows − 微软 + 谷歌 = 安卓

和运动:

蒙特利尔加拿大人队 − 蒙特利尔 + 多伦多 = 多伦多枫叶队[67]

不幸的是,在捕捉到的信息中,还包含了令人震惊的性别偏见。对于"男人:女人",有聪明或贴切的类比,例如"小伙:宝贝",或"前列腺癌:卵巢癌",还有很多则似乎反映了刻板印象,例如"木工:裁缝",或"建筑设计师:室内设计师",或"医生:护士"。

我们才刚开始充分认识到这个问题。托尔加·博鲁克巴斯、亚当·卡莱和合著者写道:"已经有数百篇关于词嵌入及其应用的论文,从网络搜索到简历解析,然而,这些论文都没有认识到嵌入有多么明显的性别歧视,有将各种偏见引入现实世界中的系统性的风险。"[68]

像这样的机器学习系统不仅捕捉到了偏见,而且有可能会无声无息地延续

---

2 排第二的是凡妮莎·帕拉迪丝,第三是夏洛特·甘斯布。

和强化偏见。假设有雇主想招聘软件工程师。搜索引擎将会基于某种"相关性"衡量标准对数百万份候选简历进行排序，并只列出前几名。[69]一个不加防备地使用word2vec或类似软件包的系统可能会认为，名字"约翰"比"玛丽"更像典型的工程师简历。因此，在所有条件相同的情况下，约翰的简历在"相关性"上比玛丽的简历排名更靠前。这样的例子不仅仅是假设。就业律师马克·吉鲁阿德（Mark J. Girouard）在帮客户审查某家供应商提供的简历筛选工具时，发现"贾里德"这个名字是模型中两个最正向的加权因素之一。客户没有购买这个简历筛选工具，但其他公司可能会买。[70]

当然，求职者的名字本来就会对人类雇主产生影响。2001年和2002年，经济学家玛丽安·贝特朗（Marianne Bertrand）和森迪尔·穆莱纳坦（Sendhil Mullainathan）寄出了近5 000份简历，这些简历被随机分配了听起来像白人（艾米丽·沃尔什、格雷格·贝克）或非裔美国人（拉基沙·华盛顿、贾马尔·琼斯）的名字。他们发现收到反馈的概率相差50%，尽管简历是一样的。[71]

Word2vec会将词汇包括名字映射到种族和性别轴上，将"莎拉－马修"放在性别轴上，将"莎拉－基耶沙"放在种族轴上。职业也会被映射到这些轴上，不难想象一个系统会无意中使用这样的种族或性别维度——实际上是刻板印象——来提升或降低应聘者与特定职位的"相关性"。换句话说，如果筛选简历的是机器而不是人，我们有理由对此感到担忧。[72]

如果是人的话，一个显而易见的解决方案是隐藏名字，但在这里行不通。从1952年开始，波士顿交响乐团招聘时会在演奏者和评委之间放置幕布，其他大部分乐团也在20世纪七八十年代开始效仿。然而，仅有幕布还不够。乐队意识到，还得要求演奏者在走上演奏厅的木地板之前脱掉鞋子。[73]

机器学习系统的问题在于，设计它们的目的本身就是捕捉数据中隐藏的相关性。比如说，男性和女性的写作风格在某种程度上，会存在差异——措辞或句法有细微差别——word2vec会发现"软件工程师"和男性的典型措辞有许多微妙的间接关联。[74]例如，与"垒球"相比，"足球"更有可能被男性列为爱好，大学或家乡的名字与性别的关联会弱一些，对介词或同义词的语法偏好与性别的关联则更弱，几乎察觉不到。也就是说，这样的系统永远不可能被彻底蒙住眼睛。它肯定会听到鞋子的声音。

2018年，路透社报道，亚马逊从2014年开始一直在开发一种机器学习工具，用于筛选在线简历，并对应聘者的潜力进行评估和星级排名——就像亚马逊网站上的商品一样——让招聘人员可以节省精力。[75] 一位消息人士告诉记者，"他们真的希望把它做成一个引擎，输入100份简历，它会吐出5份最好的"。衡量标准是什么？用词嵌入模型计算的相似性，与过去10年间亚马逊的雇员简历的相似性。

然而，到2015年，亚马逊开始注意到有问题。大多数以前雇用的工程师都是男性。他们意识到，这个模型给"女性"这个词打了负分——例如，如果简历提到了女性的爱好。他们修改了模型以消除这种偏见。

然而，他们又发现，它给女子学院的校名打了负分。他们又修改了模型以消除这种偏见。

尽管如此，模型还是找到了听鞋子的办法。工程师们发现，该模型对在男性简历中比女性简历中更常见的几乎**所有**词汇都打正分，例如，"执行了"和"获得了"等词。[76]

2017年，亚马逊终止了这个项目，并解散了项目团队。[77]

消除词嵌入的偏见

对于托尔加·博鲁克巴斯和亚当·卡莱，以及他们在波士顿大学和微软的合作者来说，问题当然不仅仅是**发现**这些偏见，而是如何**消除**偏见。

一种方案是在这个高维向量"空间"中找到刻画性别概念的轴并**删除**它。但是彻底删除性别维度意味着也会失去有用的类比，如"国王：女王"和"姑姑：叔叔"。因此，正如他们所说，挑战在于"减少词嵌入中的性别偏见，同时保留有用的属性"。[78]

不仅如此，他们还发现，甚至很难明确锁定性别"维度"。例如，你可以把它定义为"女人－男人"的矢量"差"。但这个词对不仅仅只包含性别——还涉及像"oh man（表示兴奋或沮丧的语气词）"这样的习惯用法，和"所有人坚守（man）自己的战斗岗位"这样的动词用法。研究小组决定取一些类似"女人－男人"的词对——"她－他""女孩－男孩"，等等——然后用一种叫作主成分分析（PCA）的技术分离出体现这些词对最大差异的轴，得到的大概就是性别轴。[79]

接下来的任务是想办法确定，对于在这个性别维度上的不同的词，这种性别差异是否适当。"国王"和"王后"按性别区分是适当的，"父亲"和"母亲"也适当，但我们可能不想将"建材工具店"和"服装店"、"酗酒"和"饮食失调"、"飞行员"和"空姐"视为性别对应，就像 word2vec 默认的那样。

那么，如何区分有问题的和没问题的性别关联？这样的关联词不是几个，而是成千上万个。如何知道哪些类比该保留，哪些该调整，哪些该彻底消除？

5 位计算机科学家组成的团队发现自己其实是在研究社会科学。事实上，项目的一部分需要跨越正常学科界限的协作。"我们都是研究机器学习的，"卡莱说，"我所在的实验室有一群社会学家，仅仅是听他们谈论社会学和社会科学遇到的各种问题，我们就意识到机器学习算法可能会存在偏见，但我们 5 个人——都是男的——对性别偏见的体会都不深。"

团队成员略带天真地询问社会学家，有没有明确界线告诉我们哪些类比可以接受，哪些不可接受，以便他们对此进行编程。社会学家很快打消了他们的想法，因为这种简单的界线根本不存在。博鲁克巴斯对此说道："我们想知道，如何定义怎样是好的？他们说，'社会学家无法定义怎样是好的'。作为一名工程师，你可能会说，'好吧，这是理想，所以这是我的目标，所以我只能不断设计算法，直到达到目标'。因为它涉及太多的人、文化和一切，你不知道什么是最优。你不能针对某事进行优化。从这个意义上说，确实很难。"

该团队决定明确一组他们认为适当的，有绝对的性别属性的词：像"他"和"她"、"兄弟"和"姐妹"，还有"子宫"和"精子"这样的生理词汇，以及"女修道院"和"男修道院"或"姐妹会"和"兄弟会"这样的社会词汇。有些词较为复杂。

比如"nurse"，作为表示职业的名词(护士)，没有固有的性别属性，但作为动词(哺乳)，又可能只有女性才能做。像"拉比"[3]这样的词呢？这个词是否有固有的性别属性，取决于所讨论的犹太教派是正统派还是改革派。团队尽了最大努力，在模型词典的一个子集中识别出了218个这样的性别专用词，然后据此调整词典的其余部分。"请注意，词的选择是主观的，"他们写道，"理想情况下，应当根据具体的应用进行定制。"[80] 对于这个集合之外的所有词，将词表示的性别成分设置为零。然后调整所有与性别相关的词的表达方式，使得成对的等价词——比如，"兄弟"和"姐妹"——以这个零点为中心。换句话说，使得这样的两个词在模型中没有表现得比另一个更"性别特定"或更"性别中性"。

这个新的去偏见模型有改进吗？该团队借用社会科学的方法设计了问卷，然后在亚马逊MTurk平台上请美国工人判断该模型的一些类比是否为"刻板印象"。这件事也邀请了社会学家加入，因为提问的措辞很有讲究。"我们必须向他们请教，当我们在MTurk上设计这些实验时，提问的措辞会造成实质性差异，"博鲁克巴斯说，"因为话题非常敏感。"[81]

结果令人鼓舞。原来的模型对"医生－男人＋女人"会返回"护士"，现在则会返回"医生"。根据MTurk工人的报告，原模型的性别类比有19%反映了性别刻板印象；新的去偏见模型给出的类比，只有6%被认为反映了刻板印象。[82]

这种中性化是以很小的代价实现的——例如，现在的模型认为，"沿自祖母"同"沿自祖父"一样，可以表示获得法律豁免。[83] 但也许这个代价是值得的，你也可以决定为了减少偏见，可以接受增加多少预测误差，并适当地加以权衡。

该团队写道："关于词嵌入中的偏见的一个观点是，它只不过反映了社会偏见，因此应当消除的是社会偏见，而不是词嵌入的偏见。然而……在某种程度上，消除词嵌入的性别偏见应当有助于减少社会的性别偏见。至少，机器学习不应当无意中放大这些偏见，我们已经看到这种情况的确会发生。"[84]

3　译注：拉比(rabbi)，犹太教贤人，释法者。

这是对一个观念令人鼓舞的证明，即我们也许能够以这样的语言模型为基础构建我们的系统，这些模型不仅捕捉到了现实世界，也是更**美好**世界的模型，一个我们想要的世界的模型。

然而，这个故事还有后续。2019年，巴尔伊兰大学的计算机科学家希拉·戈宁（Hila Gonen）和尤阿夫·戈德堡（Yoav Goldberg）发表了一篇文章，对这些"去偏见"表示进行研究，认为去偏见可能只是"给猪涂口红"。[85] 是的，它去除了诸如"护士"或"前台"等职业与"妇女"和"她"等**明显的**性别词汇的关联，但是这些"女性"职业之间，例如"护士"和"前台"之间，仍然存在隐性关联。他们认为，这种只是部分去偏见的做法实际上可能会使问题变得更糟，因为它保留了大多数这种刻板印象的关联，同时去掉了最明显和最容易衡量的关联。[86]

博鲁克巴斯后来去了谷歌，继续和同事们研究这个问题，他们承认，在某些情况下，在招聘中使用的去性别模型实际上可能比原始模型更糟。[87] 对于这种情况，彻底删除性别维度，即使是像"他"和"她"这样基本的性别词汇，产生的结果可能会更公平。这个问题并不简单，工作还在继续。

统计之镜中的自画像

在招聘中，偏见可能只是需要遏制的危险，但如果单独考虑，偏见还会引出一系列问题。例如，它们来自哪里？它们是统计技术导致的，还是反映了更深层次的东西：是不是反映了我们自己头脑中的偏见和世界上大多数人的偏见？

社会科学中有一个经典的"内隐联想测试"，可以测试人类的无意识偏见，向受试者展示一系列词语，要求受试者在词语属于两个类别中的**任意一个**时按下按钮：例如，某种花（例如，"鸢尾花"）或某种令人愉快的东西（例如，"笑声"）。听起来很简单，事实也的确如此；关键不在于**准确性**，而在于**反应时间**。如果这个词是花或令人愉快的东西，人们按下按钮的速度会很快，但如果是花或令人**不愉快**的东西，他们按下按钮需要更长时间。这表明"花"和"愉快"这两个心理范畴有一定程度的重叠，或者反映了某种相关的概念。[88]

人机对齐

发明这种测试的小组证明了一个著名事实：白人大学生能够很快识别一个词是常见的白人名字（"梅雷迪思""希瑟"）或令人愉快的词（"幸运""礼物"）。他们也能很快识别一个词是常见的黑人名字（"拉托尼亚""沙文"）或令人不愉快的词（"毒药""悲伤"）。但如果要求识别的是白人名字或令人不愉快的词，他们按下按钮的速度会很慢；同样，如果要求识别的是黑人名字或令人愉快的词，他们的速度也很慢。

普林斯顿的一组计算机科学家——博士后艾林·卡莉斯坎（Aylin Caliskan）、乔安娜·布莱森（Joanna Bryson）和阿尔温德·纳拉亚南（Arvind Narayanan）教授——发现，在word2vec和其他广泛使用的词嵌入模型中，词与词的距离不可思议地反映了人类的反应时间。人们识别两组词汇的速度越慢，两组词向量在模型中的距离就越远。[89]换句话说，无论好坏，模型的偏见很大程度来自我们自己。

除了这些隐含的关联之外，普林斯顿团队还想知道像word2vec这样的模型是否捕捉到了世界上一些他们所谓的"真实"偏见。某些名字和职业确实更常见于女性而非男性。就某些名字比其他名字更偏向男性或女性而言，这是否在某种程度上反映了客观现实？某些职业沿性别轴分布，这是否在某种程度上也反映了事实，即某些职业——护士、图书管理员、木匠、机械师——**确实**不均衡？普林斯顿团队咨询了美国人口普查局和劳工统计局；两者都给出了肯定答案。

一个职业词汇的向量越偏向某个性别方向，该性别在这个职业中的占比就越多。他们写道："词嵌入与美国50个职业的女性占比强相关。"[90]他们发现名字也存在同样的情况，只是相关性弱一点；他们获得的最新人口普查数据是1990年以后的，也许自那以后，名字的性别分布确实略有变化。

从"魔术般的"优化过程产生的嵌入作为社会的一面镜子是如此不可思议和令人不安，也意味着社会科学的武器库增加了一个诊断工具。我们可以利用嵌入在某个时间点的快照，精确量化一些社会特征。无论因果关系是怎样的——无论是客观现实的变化改变了我们说话的方式，还是相反，或者两者都是由更深层次的原因驱动——我们都可以用这些快照来**观察社会的变化**。

这正是尼克尔·加尔格（Nikhil Garg）和詹姆斯·邹（James Zou）领导的斯坦福跨学科团队打算做的事情。电气工程博士生加尔格和生物医学数据科学助理教授詹姆斯·邹与历史学家隆达·希宾格（Londa Schiebinger）和语言学家丹·朱拉夫斯基（Dan Jurafsky）合作，不仅使用**当代**文本语料库，还使用过去100年的样本来研究词嵌入。[91]

由此得出的是一部丰富详细的文化变迁史。正如他们所说："嵌入的时间动态有助于量化20和21世纪美国对女性和少数族群的刻板印象和态度的变化。"

斯坦福团队证实了普林斯顿团队关于职业词汇表示与性别的关联的研究结果，并补充道，似乎有某种"男性基线"，即我们从人口普查数据中知道的男女各占一半的职业，在词嵌入上略微偏向"男性"方向。作者解释，"基于外部的、客观的衡量标准，日常语言比人们预期的更有偏见"。然而，除了基线之外，职业词汇的嵌入中存在的性别偏见随时间的变化趋势与劳动力本身的变化趋势一致。

通过分析不同时期的文本，他们发现了大量反映社会变迁的语言表述。数据显示，随着时间推移，性别偏见已普遍减少，特别是"20世纪六七十年代的妇女运动对文学和文化中的妇女形象产生了系统和剧烈的影响"。

嵌入还展示了种族态度转变的详细历史。例如，在1910年，与白人相比，与亚洲人联系最紧密的前10个词包括"野蛮""可怕""可恨"和"怪异"。到了1980年，这个故事已截然不同，前10个词以"拘谨"和"被动"开头，以"敏感"和"热情"结尾：当然，仍然是刻板印象，但它反映了明显的文化变迁。

在嵌入中也可以看到更近的文化变迁——例如，在1993年（世贸中心爆炸那一年）和2001年（"9.11"那一年），与伊斯兰教有关的词汇和与恐怖主义有关的词汇的关联骤增。

不难想象，用这个方法不仅可以回顾过去，还能展望未来：比如说，根据过去6个月的数据，某种偏见是变好还是变糟了？甚至可以想象用某种实时仪表板来展示社会本身——或者至少是公共话语——的偏见是在增加还是减少，作为正在发生的转变的风向标，以及对未来世界的一瞥。

代表和显现

有几个结论，第一个主要是方法论，虽然不是纯粹的方法论。随着计算机科学家开始更深入地思考他们构建的模型中包含了什么，他们接触到了社会科学。同样，社会科学家也在接触机器学习，并获得了一个强大的新显微镜。正如斯坦福团队写道："在标准的定量社会科学中，机器学习成为了分析数据的工具。我们的工作展示了机器学习的人工产物（这里是词嵌入）本身如何成为社会科学分析的有趣对象。我们相信，这种范式转变可以带来许多富有成效的研究。"

第二，偏见和言外之意虽然看似虚无缥缈，不可言喻，但的确是**真实存在的**。它们可以细致精确地测量。它们自发地、可靠地从原本是用于猜测缺失词的模型中显现，可测量，可量化，有动态变化。它们呈现了关于职业的真实数据，以及对主观态度和刻板印象的度量。所有这些，以及更多的信息，都存在于本来只是用于猜测上下文中缺失词汇的模型中：语言的故事就是文化的故事。

第三，这些模型绝对应该谨慎使用，尤其是当用于猜测缺失词的初始目的之外的任何事情时。亚当·卡莱说："我和读过我们论文的人谈过……（他们）会对使用这些词嵌入更加谨慎，至少在用于他们自己的应用程序之前会三思。所以，这是一个积极的结果。"普林斯顿团队也赞同这一警告。"当然，"他们写道，"在将无监督机器学习构建的模型纳入决策系统时，必须谨慎。"[92] 亚马逊的高管不太可能明确宣布，"雇用那些与我们过去10年的雇员最相似的人"。但如果使用语言模型来筛选简历的"相关性"，就是在这样做。

我们发现自己正处于一个脆弱的历史时期。这些模型的力量和灵活性使它们不可避免地会被应用于大量商业和公共领域，然而关于应该如何适当使用它们，标准和规范仍处于萌芽状态。正是在这个时期，我们尤其应当谨慎和保守，因为这些模型一旦被部署到现实世界中，就不太可能再有实质性改变。就像普林斯顿大学的阿尔温德·纳拉亚南说的：“与‘科技发展太快，社会跟不上’的陈词滥调相反，科技的商业部署经常推进得很慢——看看银行和航空公司仍在服役的电脑就知道了。今天训练的机器学习模型可能在50年后仍在使用，这太可怕了。”[93]

对世界建模是一回事。但是一旦你开始应用这个模型，你就或多或少在**改变**世界。许多机器学习模型都有一个普遍假设，即模型本身不会**改变**它所建模的现实。几乎在所有情况下，这都是错的。

事实上，不谨慎地部署这些模型可能会形成正反馈，想要扭转局面会越来越困难，或者需要越来越多的干预。比方说，如果简历搜索系统检测到某个职位存在性别偏见，那么它可能会青睐（比如说）男性申请者，从而加剧这种偏见，而这个结果又可能会成为模型学习的下一批训练数据，那么它学到的偏见会越来越极端。要对此进行干预当然是**越早越好**。

最后，这些模型为我们提供了展望未来社会的数字六分仪。通过这些模型，我们不仅看到了历史，也看到了最新的现状。只要每天有新的文本在网上发布，就会有新的数据需要采样。

这些有可能延续和加剧社会偏见的系统，如果能明智地加以利用，让其只有描述性而无规定性，也可以让偏见显现而且证据确凿。它们将为我们提供一个衡量标准，衡量那些看起来虚无缥缈或无形的东西。[94]这才刚刚开始。

已离开谷歌的约纳坦·尊格认为，人们有时会无视工程与人类社会、人类规范和人类价值观的密不可分。他写道：“从本质上讲，工程就是合作、协同以及对同事和客户的共情。如果有人告诉你，工程是一个你可以不与人或感情打交道的领域，那么我非常抱歉地告诉你，你被骗了。”[95]

杰基·阿尔西内现在经营着自己的软件咨询公司，仍然与尊格保持联系，他认同这个问题既不是始于技术，也不会止于技术。“这就是我想去教历史的部分原因，”他笑着告诉我，至少是半认真的，“等我35岁时，我会停止一切，退休，转向历史。”

2. 公平

尽管自冰川消退以来，可能在冰河时代之前，人类就一直在美洲大陆上活动，但对人类进化的认识仍然不尽人意，科学刚开始着手研究的一个问题是预测一个人在假释出狱后会做什么。

——芝加哥论坛报，1936年1月[1]

我们的法律惩罚的是人们的所作所为，而不是他们是谁。根据某种不可改变的特性来实施惩罚，这与这一指导原则背道而驰。

——最高法院首席大法官约翰·罗伯茨[2]

我们正处于使用机器学习来辅助教育、就业、广告、医疗保健和警务等领域中涉及人类的各种重要决策的浪潮中，理解为什么机器学习在默认情况下不公平或不公正是很重要的。

——莫里兹·哈迪（Moritz Hardy）[3]

用数字模型取代人类不可靠的判断，让社会变得更一致、更准确、更公平，这种想法并不新鲜。事实上，它们在刑事司法中的应用已有近一个世纪的历史。

1927年，伊利诺伊州假释委员会的新主席辛顿·克拉博（Hinton Clabaugh）致力于推动一项关于该州假释制度运作的研究。因为他认为存在一种创新差距："我们的工业和政府机器远非完美，但仍然可能是在工业上最有创造力和效率的国家，"克拉博写道，"对于我们的执法情况，能这样说吗？"[4]尽管伊利诺伊州是最早颁布假释法的州之一，但公众舆论恶评如潮。正如克拉博观察到的，公众的感受是"正义和仁慈的钟摆已经偏向了有利于罪犯的一端"。他自己的看法也差不多：假释已沦为不适当的宽大处理，假释制度也许应该彻底废除。但他认为，根据美国法律，个人有权获得辩护，因此假释制度也有权获得辩护。

克拉博要求他所在的州最有声望的学校——伊利诺伊大学、西北大学和芝加哥大学——联合起来，撰写一份关于假释制度的全面报告，期限是1年。伊利诺伊大学法学院院长阿尔伯特·哈诺（Albert Harno）负责总结假释委员会的工作情况；西北大学的安德鲁·布鲁斯（Andrew Bruce）法官负责梳理伊利诺伊州刑罚体系的历史（包括对19世纪"废除鞭笞"的回顾）；芝加哥大学社会学家欧内斯特·伯吉斯（Ernest Burgess）则面临一个有趣的挑战，看是否有什么因素可以预测一个假释犯的"成功或失败"。

伯吉斯写道：

目前，伊利诺伊州人民对被假释的人有两种截然不同的看法。一种看法是冷酷、邪恶、绝望的罪犯，从监狱里出来，不思悔改，一心只想为他所受的惩罚报复社会。另一种看法是不成熟的青年，寡居母亲的独生子，一时冲动，在不坚定的时候，屈从于任性同伴的邪恶提议，现在从管教所回归社会，只需给个机会，就会洗心革面。[5]

当然，问题是，是否有可能预测犯人如果被假释会是哪种情况。

伯吉斯收集了伊利诺伊州大约3 000名假释犯的数据，并将他们分为4组："初犯""偶犯""惯犯"和"职业罪犯"。从21世纪的视角来看，他的一些说法似乎过时了：例如，他把人分为8种"社会类型"——"流浪汉""游手好闲者""底层居民""酒鬼""流氓""新移民""农场男孩"和"瘾君子"。尽管如此，伯吉斯的研究十分透彻，令人印象深刻，尤其是就当时的条件而言，收集了犯罪史、工作史、居住史、犯罪类型、刑期、服刑时间、精神病诊断等等。他研究了这些数据是否揭示了某些囚犯的判罚受到了不当的政治干预，并探讨了公众对

　　　　　　　　　　　　　　　　　　人机对齐

司法系统的看法是否有道理。在最后一章，他探讨了一个问题，这个问题将引发一场刑事司法变革，这场变革将持续到21世纪："科学方法能应用于假释管理吗？"

他写道："许多人怀疑将科学方法引入涉及人类行为的领域的可行性。他们认为没有可行性，因为人性太多变数，无法预测。但是通过分析决定假释成败的因素，确实发现了一些显著差异。"

伯吉斯指出，在那些有良好工作记录、高智商和农业背景，服刑1年或不到1年的人中，违反假释规定的比例是该州平均水平的一半。另一方面，那些生活在"犯罪黑社会"，被检察官或法官反对宽大处理，而且已经服刑5年以上的人，违反假释规定的比例是全国平均水平的2倍。"这些与我们所认为的塑造人的生活条件相一致的显著差异，难道不表明应该更认真、更客观地加以考虑吗？"他问道。

"为每个即将被假释的人设计一份总结表是完全可行的，对假释委员会应该会有帮助，"他说，"委员会成员能够了解每个重要因素的状况……这种预测在任何特定情况下都不是绝对的，但根据平均法则，它适用于相当多的情形。"

他的结论是，在许多情形下，悔过自新是完全可能的。更重要的是，哪些情形下会成功，至少在一定程度上是可预测的。一个建立在这一统计基础之上的系统，难道不会比由法官临时做出主观的、不一致的和特殊的人类决定更好吗？"毫无疑问，找出决定假释犯成败的因素是可行的，"伯吉斯写道，"人类行为似乎存在一定程度的可预测性。这些记录的事实能作为囚犯获得假释的依据吗？还是依赖假释委员会成员对这个人的印象？"

报告最终给出了明确的肯定结论。假释和"不定期刑"确实应该在伊利诺伊州继续推行，同样重要的是，"如果能将假释委员会的工作置于科学和专业的基础上，并进一步防范政治干预的持续压力，相关的管理可以而且应该得到改善"。

这份报告完全改变了克拉博主席对他领导的系统的看法。他承认："我原来认为，不定期刑和假释法对罪犯有利。相反的证据是压倒性的，我现在相信，如果管理得当，这些法律肯定对社会和个人都有好处。"总之，假释是一件好事，他写道："即使管理方法有缺陷。当然，机器的高效取决于操作它的人。"[6]

实践中的科学假释

20世纪30年代初，在伯吉斯的推动和克拉博的支持下，预测性假释制度在伊利诺伊州开始实施。1951年，《假释预测手册》出版，总结了前20年的研究和实践。

看法很乐观。伯吉斯在导论部分写道："在过去20年，社会科学家详尽分析了囚犯假释的案例，对于在什么条件下假释会成功或失败取得了重大进展。从他们的研究中逐渐形成了一种信念，即尽管存在困难，仍然有可能在某种程度上预测囚犯在假释期的行为。"[7]

《假释预测手册》指出了未来值得研究和可能改进的几个方向，例如可能有助于改进预测的其他因素，比如监狱工作人员的评估。书的最后一节特别有先见之明，题为"用机器评分"，考虑使用穿孔卡片机来自动化和简化收集数据、构建模型和输出具体预测的过程。

尽管有这种乐观态度和伊利诺伊州的成功实践，假释预测工具的推广却慢得出奇。到1970年，只有2个州采用。但情况即将改变。

1969年，出生于苏格兰的统计学家蒂姆·布伦南（Tim Brennan）在伦敦为联合利华工作，建立各种类型的统计模型。他是联合利华在市场细分方面的顶尖专家。例如，用模型将浴室肥皂的购买者分为魅力至上者和优先考虑皮肤温和者。他很擅长也很喜欢这项工作，但总感觉有些憋屈。"我产生了价值观危机。"布伦南告诉我。在公司的一份报告中，他注意到联合利华过去一年花在研究斯奎奇系列洗碗皂液包装上的钱比整个英国政府花在扫盲上的钱还多。[8]这项研究利用知觉心理学的最新成果设计洗碗皂液的文案和颜色，以吸引顾客对超市货架上商品的注意力。

"那是在60年代末，"他说，"你知道当时嬉皮士很流行。我对为斯奎奇设计包装不再感兴趣。所以我辞职了，申请读研究生。"他去了兰卡斯特大学，将他的市场细分统计方法应用于教育问题：分辨在课堂上有不同学习风格和不同需求的学生。[9]

女友去美国后，布伦南跟着去了科罗拉多大学，为德尔伯特·埃利奥特（Delbert Elliott，后来成为了美国犯罪学学会主席）工作，并最终创办了自己的研究公司，与国家惩教研究所和执法援助署合作。他发现了分类技术的第三个用途：为监狱提供更加一致和严格的方法，根据每个囚犯的风险和需要将他们安排到不同的囚室和床位。这既是为了他人的安全，也是为了他们自己的改过自新。以前通常都是随机或凭直觉安排，布伦南认为数学能提供更好的方法。

布伦南访问了密歇根州的特拉弗斯城，因为听说那里有一些开创性的机器学习研究，使用所谓的"决策树"模型对囚犯分类，并确定该释放谁，以解决过度拥挤的问题。布伦南在那里遇到了"发明这个模型的年轻人……留着乱蓬蓬的头发和胡子"。这个年轻人名叫戴夫·威尔斯（Dave Wells）。"戴夫的目标是改革刑事司法系统，"布伦南说，"他对这项工作充满激情。"布伦南和威尔斯决定合作。[10] 他们给公司取名北点。

随着个人计算机时代的到来，在各个司法管辖区，统计模型在刑事司法系统的应用激增。1980年还只有4个州使用统计模型来帮助假释裁决。到1990年，已经有12个州，2000年有26个州。[11] 突然之间，不使用统计模型反倒显得奇怪。正如假释机构国际协会2003年编撰的《新假释委员会成员手册》上说的，"当今时代，在做出假释决定时，不借助良好的、基于研究的风险评估工具，显然不符合公认的最佳实践"。[12]

这个当今时代最广泛使用的工具之一，就是布伦南和威尔斯在1998年开发的，他们称之为"替代性制裁的矫正罪犯管理概况分析"，缩写为COMPAS。[13] COMPAS使用一个简单的统计模型，基于年龄、初次被捕时的年龄和犯罪史等因素的加权线性组合，预测囚犯如果获释，是否会在1到3年内犯下暴力或非暴力罪行。[14] 它还包括一系列调查问题，以确定被告的特殊状况和需求，如药物依赖、缺乏家庭支持和抑郁。2001年，纽约州开始实施试点，利用COMPAS为缓刑判决提供信息。截至2007年底，除纽约市外，该州57个县的缓刑管理部门都采用了COMPAS工具。2011年，该州法律进行了修订，要求在作出假释决定时使用COMPAS等风险和需求评估工具。[15]

但是，《纽约时报》社评认为，存在一个问题：政府没有**充分**利用它们。这些工具，即使在强制使用的情况下，也并不总是得到适当考虑。《纽约时报》2014年在报道中敦促在假释中更广泛地使用风险评估工具，"像COMPAS这样的工具已被证明是有效的"。[16] 2015年，当一个假释改革法案提交给该州最高法院时，《纽约时报》又发表了社评，再次认为像COMPAS这样的统计风险评估工具能大为改善现状。社评指出，纽约假释委员会"顽固守旧，根据主观的、往往没有根据的判断，例行公事地拒绝长期服刑的囚犯假释"，采用COMPAS将"把委员会拖入21世纪"。[17]

然后，风向突然变了。

9个月后，2016年6月，该报发表了一篇文章，题为《在威斯康星州，有呼声反对根据数据预测被告的未来》，文章结尾引用了美国公民自由联盟刑法改革项目主任的话："我想我们在奔向用大数据进行风险评估的明日世界时，有点过于急迫。"[18]

2017年的报道看法更糟：5月，《被软件的秘密算法送进监狱》；6月，《当计算机程序让你留在监狱里》；10月，《当算法将你送进监狱》。

发生了什么事？

简而言之，是ProPublica。

获取数据

20世纪七八十年代，朱莉娅·安格温在硅谷长大，父母都是程序员，还和史蒂夫·乔布斯是邻居。她小时候的理想是当程序员。但是后来她又爱上了新闻业。2000年，她去《华尔街日报》当科技记者。"这太滑稽了，"她回忆道，"他们说：'你懂电脑吗？我们会请你来报道互联网。'我回应说：'嗯，以互联网为主？'他们说：'不，全部！'"[19]

从互联网泡沫崩溃到社交网络和智能手机的兴起，安格温在这家报社待了14年，她不仅报道技术，还关注随之而来的社会问题；她写了关于隐私相关问题的长篇系列报道：《他们知道些什么》。2013年，她离开《华尔街日报》，写了一本关于隐私的书。[20]

安格温写完书后没有再回到报社，而是加入了非营利新闻机构ProPublica，这家机构由前《华尔街日报》总编辑保罗·施泰格（Paul Steiger）创办。如果说她早期作品的主题是"他们知道些什么"，那么答案必然引出另一个问题：**他们会用它来做什么？**"所以我想，"她说，"我应当关注数据使用。这就是下一个故事。他们打算做什么？……他们会对你做出怎样的评判？"[21]

安格温开始寻找基于数据做出的最重要并且被忽视的决定。她锁定了刑事审判。COMPAS等统计风险评估工具在数百个司法管辖区被采用：不仅用于假释，还用于审前拘留、保释，甚至判刑。"我很震惊，"她说，"全国各地都在使用这个软件。……然后我发现，更令人震惊的是，它们没有接受过独立评估。"

例如，纽约州从2001年开始使用COMPAS，在使用了11年后，于2012年对该软件进行了首次正式评估。（纽约州最终认定它"有效而且预测准确"。[22]）

这样的情况非常普遍。包括明尼阿波利斯在内的明尼苏达州第四司法区处理该州40%的案件，该区在1992年开发了自己的审前风险评估工具。"当时的报告指出，这种新量表在使用几年后应该进行验证。结果是，差不多过了14年"，[23]该州的官方评估才启动。

2006年，这项已迟到很久的评估发现，模型中的4个变量——被告是否在明尼苏达州生活了3个月以上，他们是否独自生活，年龄，以及对他们的指控是否涉及武器——实际上与他们在等待开庭时犯下新罪行或逃跑的实际风险没有关联。然而，该模型一直建议基于这些理由决定审前拘留。更糟糕的是，这4个因素中有3个与种族有很大关联。该地区放弃了这个模型，重新构建。[24]

安格温对风险评估模型了解得越深入，就越觉得有问题。这正是她要寻找的下一个故事："从记者的视角来看，这是完美风暴。这些东西从未被审视过；

给人类带来极高的风险；明眼人一看就知道，'存在典型的种族主义'。所以我想，'我要测试这个'。"[25]

她决定聚焦于COMPAS，这个工具不仅纽约在用，加利福尼亚、威斯康星和佛罗里达也在用，覆盖大约200个司法管辖区。到处都在用它，却一直没有被认真审查过，而且闭源，有点像黑匣子，尽管白皮书给出了基本设计。2015年4月，她向佛罗里达州布劳沃德县提交了信息自由法案申请。经过5个月的法律混战，数据终于拿到了：2013年和2014年在布劳沃德县给出的所有18 000个COMPAS评分。

安格温团队做了一些初步分析。很快就发现了一些奇怪的东西。黑人被告的风险评分大致呈均匀分布，从1分（最低风险）到10分（最高风险），10个区间中各有约10%的被告。白人被告的分布则截然不同：极低风险的人数要**远多于**高风险人数。

安格温想马上对此进行报道。但她意识到，分布的巨大差异不一定是偏见的证据，也许只是这些被告碰巧**的确**如此。那么，这些被告的风险**到底**有多大呢？只有一个办法可以知道。"我沮丧地意识到，"安格温回忆道，"必须找到这18 000人的所有犯罪记录。我们这样做了。遭透了。"[26] 安格温和她的团队以及该县的工作人员又花了几乎整整一年，才将COMPAS评分集与犯罪记录集关联起来，数据科学家称之为"连接"。

"当然，我们使用了很多自动提取犯罪记录的方法，"她解释道，"但我们还必须匹配名字和出生日期，这件事非常难。有很多字打错了，各种拼写错误。我每天都很绝望。做这个连接太累人了。数据极其混乱。布劳沃德县实际上自己从未连接过。"[27] 县里的工作人员也参与进来，帮助ProPublica整理和解读数据。

最后，安格温团队在2016年5月发表了一篇文章。题为《机器偏见》，文章摘要写道："全美各地都在使用软件来预测未来的罪犯。而且对黑人存在偏见。"[28]

布伦南和北点的同事在7月初发表了对ProPublica调查结果的官方反驳。[29]

人机对齐

用他们的话说，"如果使用正确的分类进行统计，数据并不能证实ProPublica指证的种族偏见"。[30] 因为COMPAS符合公平的两个基本标准。

首先，它对黑人和白人被告的预测**准确率**差不多。其次，1到10分的风险分值具有相同的**含义**，与被告的种族无关，这被称为"校准"。比方说，不管哪个种族，暴力再犯风险被评分为7的被告，在相同时间内再犯的比例差不多；其他分数也是类似的。无论哪个种族，1分就是1分，5分就是5分，10分就是10分。COMPAS兼具这两个特性——同样的准确率和校准——因此，北点认为，该工具**从数学上不可能**有偏见。

7月底，ProPublica反过来回应。[31] 他们写道，北点没说错。COMPAS确实经过了校准，两组的准确率相当：无论是黑人还是白人被告，预测他们是否会再次犯罪（"累犯"）并再次被捕的准确率都是61%。有39%是错的，但是，错误的方式很不一样。

在被模型误判的被告中，有一个惊人的差异："黑人被告被评为高风险，但不再犯的概率是白人被告的2倍。白人被告被评为风险较低，但后来又被指控新犯罪的概率是黑人被告的2倍。"[32]

该工具的预测是否"公平"的问题变得尖锐起来：首先要问的是，哪些统计指标是定义和衡量公平的"正确"指标。

对话即将有新的转折，它将来自一个截然不同的领域，一个开始将注意力集中到公平问题的群体，虽然很慢，但是很坚定。

这不是公平

哈佛大学的计算机科学家辛西娅·德沃克（Cynthia Dwork）提出了著名的"差分隐私"原则。这一原则使公司能够收集大量用户数据，同时又能维护用户隐私。网络浏览器公司可能想了解用户行为，但是不收集你去了哪些网站的数据；智能手机公司可能想学习如何改进拼写纠错或输入建议，但是不获取你的私人对话细节。差分隐私使这成为可能。大约从2014年开始，它被大型科技公司广泛采用，并为德沃克赢得了哥德尔奖，这是计算领域的最高荣誉之一。[33]
2010年夏天，她认为自己的理论工作已经完成，开始寻找新的问题。

"我从2000年开始从事隐私研究，"她解释道，"2006年提出差分隐私。我脑子里想研究的问题都做完了，然后我说，好吧，我想研究点别的。"[34]

当时在微软研究院工作的德沃克前往伯克利，见了计算机科学家同行，阿莫斯·菲亚特（Amos Fiat）。他们聊了一整天。午餐时，他们去了当地很受欢迎的切兹帕妮丝餐馆，坐下时，他们聊起了**公平**问题。德沃克回忆道："我们的讨论涉及种族主义和性别歧视，为了不影响周围的人，我们用'紫色领带'和'条纹衬衫'之类的词替代。等到上餐时，我们已经决定，要做这个。"

理论计算机科学中有许多问题涉及"公平"，有切蛋糕（或分割遗产）让每个人都得到适当份额的博弈论机制，也有确保每个进程获得适当CPU时间的调度算法。但是，德沃克认为，公平的概念中还有一些有待该领域认真研究的东西。

德沃克在《华尔街日报》上偶然读到过朱莉娅·安格温的《他们知道些什么》专栏，是一篇关于在线广告的文章。研究表明，最迟到2010年，各家互联网公司就已经能辨别访问其网站的用户的确切个人身份——将表面上匿名的用户缩小到几十个可能的人之一——并且能实时做出决定，比如，推荐哪种信用卡。[35]

在思考隐私问题10年后，德沃克也开始改变关注点——从"他们知道些什么"转向"他们会用它来做什么"。

德沃克回到微软的实验室："我找到问题了。"

当时还在普林斯顿大学读博士的莫里茨·哈特（Moritz Hardt）是她实验室的成员。哈特以前的研究不涉及现实世界中的问题。他对理论感兴趣：复杂性、难处理性、随机性。越抽象越好。"没有应用，"他开玩笑说，"很老派。"[36]

"我学到了很多，"他说，"但我在那个领域能解决的问题……无法与我感兴趣的现实世界问题关联起来。我很快就被（计算机科学）正在触及的一些更具社会性的问题吸引。"这始于与德沃克的合作，隐私保护数据分析。接着她又邀请他加入公平项目。

哈特回忆道:"辛西娅认识到,有时当人们要求隐私时,他们实际上是担心有人以错误的方式使用他们的数据。关键不在于不惜一切代价隐藏数据,而在于防止数据的使用方式造成伤害……这是一个相当精准的认识。随着时间推移,公众讨论从隐私转向了公平,所有过去看起来像隐私问题的事情突然都变成了公平问题。"

他们和同事发现,将关于公平的哲学和法律观点转化为严格的数学约束存在巨大的复杂性,而且事实上,许多以前的思想和实践——其中一些已经有几十年历史——都被深深误导了,并且可能十分有害。

例如,美国反歧视法规定了许多"受保护的属性"——比如种族、性别和残疾状况——人们通常理解的是,应该严格禁止在机器学习模型中使用这些变量,这些变量可能会在雇佣、刑事拘留等情景中影响人们。如果我们在媒体上听到一个模型"使用种族"(或性别等)作为属性,我们会倾向于认为这是很严重的错误;各家公司或组织在为自己的模型辩护时,通常也是证明它"不使用种族作为属性"或"不分种族"。这似乎很明显——如果一开始就不知道是哪个群体,怎么可能对该群体有歧视呢?

出于几个原因,这是错的。

仅仅**删除**"受保护的属性"是不够的。只要模型考虑了与比如说性别或种族**相关**的特征,避免明确提及它就没什么用。

我们在波士顿交响乐团和简历筛选语言模型的案例中就曾讨论过,仅仅屏蔽你关心的变量(在这些情景中是性别)可能不够,尤其是还有其他因素与之相关的话。这个概念被称为"冗余编码"。性别属性在其他变量中被**冗余编码**了。

在刑事司法背景下,以不同方式对待一个群体的历史会在各处产生冗余编码。例如,少数族裔社区被更过度地管理,意味着像犯罪记录长度——即先前定罪的数量——这样看似中立的东西,无意中可能成为种族的冗余编码。[37]

由于冗余编码,仅仅屏蔽敏感属性是不够的。事实上,由于冗余编码的怪异特性,屏蔽这些属性可能会让事情变得**更糟**。例如,可能有这样的情况,某个模型的构造者想要测量某个变量与种族的相关性。如果不知道种族属性,他们就会束手无策！一位工程师跟我抱怨说，公司管理层一再强调确保模型不会因性别和种族等敏感属性而扭曲的重要性，但公司的隐私政策不允许机器学习工程师**读取**他们处理的记录的受保护属性。所以，他们无法得知模型是否有偏见。

屏蔽受保护的属性会导致无法度量这种偏见，因此也无法纠正。例如，招聘中使用的机器学习模型可能会因为候选人上一年没有工作而对其进行惩罚。然而我们不希望这种惩罚被用于孕妇或刚生育的人，但如果模型必须是"不分性别"，不能包括性别本身，也不能包括与性别有密切关联的东西，比如怀孕，这就很难了。[38]

"该研究领域的经验已经明确，"哈特说，"通过屏蔽实现公平是行不通的。这是整个研究领域最有把握、最清楚的事实。"[39]

这种认识从计算机科学家扩散到法律专家、政策制定者和公众需要时间，但它已经开始发挥作用。"可能在有些情景中，允许算法考虑受保护的群体实际上能得到更公平的结果，"正如《宾夕法尼亚大学法律评论》最近的一篇文章所说，"这可能需要理论的转变，因为在许多情况下，做决定时考虑受保护群体被法律认定为是一种伤害。"[40]

在那个夏天，莫里茨·哈特和辛西娅·德沃克合作获得了一些早期结果，发表了论文。[41]除了结果之外，这篇论文还向学术界同行发出了信号，提醒这里有一些值得研究的东西：既有大量亟待解决的理论问题，又有不可否认的现实重要性。

回到普林斯顿完成博士学位时，哈特发现自己被安排了一次学术相亲。德沃克一直与海伦·尼森伯姆（Helen Nissenbaum）有交往，她也是计算机伦理方向的先驱。[42]尼森伯姆有一位名叫梭伦·巴罗卡斯（Solon Barocas）的研究生，她和德沃克意识到她俩的学生可能会有共鸣。[43]

第一次会面有点尴尬。

哈特坐在普林斯顿威瑟斯彭街的樱花快递寿司店。巴罗卡斯走了进来。"他坐下来，"哈特回忆道，"然后拿出了那篇论文，令我沮丧的是，他将论文中一些段落仔细划了线。你不应该这样阅读计算机科学论文！"他笑了。"在那之前，我一直认为论文中的文字是数学的填充物……这很尴尬，因为我写的东西毫无意义。"

两人开始交谈。虽然开始很尴尬，两位导师意识到的共鸣显然存在。最终，两人决定向2013年神经信息处理系统会议（NeurIPS）提交提案，举办一场关于公平的研讨会。NeurIPS不同意。"组织者觉得没有足够的研究或材料，"哈特告诉我，"然后在2014年，我和梭伦聚在一起，说，'好吧，在放弃之前，再试一次。'"他们给研讨会起了个新名字，并赋予它更广阔的使命："机器学习中的公平、问责和透明"，简称FATML。这次NeurIPS同意了。当年在蒙特利尔举行的会议上，举办了为期一天的研讨会，巴罗卡斯和哈特介绍了会议情况，德沃克做了开场报告。

哈特从普林斯顿毕业后去了IBM研究院。他继续在关注度不够的环境下呼吁公平问题。"作为计算机科学家，我必须同时做其他事情才能生存。在我的职业生涯中，这一直像一个次要项目。"值得称赞的是，IBM给了他很多自由，尽管他的热情没有引起广泛共鸣。"我在IBM的团队对这个话题并不特别感兴趣，"他说，"但其他人也不感兴趣。"

两人在2015年再次聚首，并再次举办分会。"房间里挤满了人，"哈特回忆道，"人来得很多，但可以肯定地说，并没有引发革命。"他只能将大部分时间花在更传统的计算机科学上。又过了一年，他和梭伦第三次组织FATML。

这一次情况不同了，哈特说，2016年"是它开始爆发的一年，是每个人都开始关注的一年"。数学家兼博客作者凯西·奥尼尔（Cathy O'Neil）曾在2014年的第一次会议上发表演讲，她在2016年出版了畅销书《算法霸权》，讲述了粗心（或恶意）使用大数据可能引发的社会问题。一系列令人震惊的选举结果，嘲弄了全世界民意测量专家的共识，动摇了人们对预测模型可信度的信心；与此同时，像剑桥分析这样的数据驱动型政治分析公司所做的事情，提出了机器学习被用来直接影响政治的问题。像脸书和推特这样的平台在如何——以及是否——使用机器学习来过滤向数十亿用户推送的信息更是被推上了风口浪尖。

ProPublica的一组记者经过一年艰辛的数据清理和分析工作后，公开了他们对美国最广泛使用的风险评估工具之一的研究结果。

公平不再只是一个问题，它正在成为一场运动。

公平的不可能性

康奈尔大学的计算机科学家乔恩·克莱因伯格（Jon Kleinberg）和芝加哥大学的经济学家森迪尔·穆莱纳坦（Sendhil Mullainathan）从2012年开始，一直致力于利用机器学习分析审前羁押决定，将人类法官与预测性机器学习模型进行比较。克莱因伯格说："部分目的是思考在种族不平等的背景下，算法工具对此会有何影响。之前我们已经进行了大量思考。然后ProPublica的文章出现了……社交媒体很快开始大量转发。这的确引起了广泛关注。我们觉得，'他们触及到了某种东西……值得我们深入研究，弄清楚这与我们一直在思考的主题有什么关系'。"[44]

在匹兹堡，卡内基·梅隆大学的统计学家亚历山德拉·库尔德科瓦（Alexandra Chouldechova）自2015年春季以来一直在与宾夕法尼亚州量刑委员会合作，开发一个可视化仪表板来分析风险评估工具的各种数学属性。"我越来越关注这些问题……了解各种公平概念的分类标准以及它们的关系，"她说，"当时我还在做其他项目……我一直在和资深同行讨论，或许可以写一篇关于风险评估工具验证思路的论文——我们做了文献综述——然后ProPublica的报道引起了轰动。我认为这确实推动了许多人对该领域的思考。"[45]

相同的故事正在这个国家的另一边上演。斯坦福大学的博士生萨姆·科贝特－戴维斯（Sam Corbett-Davies）本来"打算做机器人，这对于计算机科学专业很自然"。一年后，他发现自己一点也不喜欢这个，"同时却痴迷于阅读美国公共政策。我当时想，'必须找到一种方法，把我的专业技能和对政策的关注结合起来'"。[46]研究公共政策计算和统计方法的助理教授沙拉德·戈埃尔（Sharad Goel）刚刚加入该学院。[47]俩人一拍即合，很快就启动了一系列项目，研究人类决策中的偏见。他们仔细观察了北卡罗莱纳州的交通关卡，发现警察在搜查黑人和西班牙裔司机时采用的标准似乎比白人司机低：搜查次数更多，**并且**发现违禁品的次数更少。[48]"我们正在努力思考这些刑事司法问题，以及歧视现象的根源，"科贝特－戴维斯解释道，"然后……ProPublica的文章出现了。"

ProPublica强调了COMPAS所犯错误的**类型**，并凸显了这样一个事实，即它似乎一直在高估没有再犯的黑人被告的风险，同时低估再犯的白人被告的风险。北点强调了**错误率**，而不是错误类型，并强调该模型对黑人和白人被告的预测同样准确，此外，对于从1到10每一个风险分值，COMPAS都有"校准"：相同分值的被告有相同的再犯概率，与种族无关。于是，COMPAS是否"公平"的问题归结为公平的两种不同数学定义的冲突。

科学中经常会发生这种事情，某个想法或见解的时机已经成熟，以至于一群人几乎异口同声地提出。

出现了3篇论文。[49]观点具有相似性和互补性。结论并不乐观。

克莱因伯格表示，在确定了ProPublica对公平的定义（即没有再犯的黑人被告被误判为高风险被告的可能性几乎是白人被告的2倍）是争论的关键之后，"我们可以将其与人们更关注的其他定义进行对比，并问一问，这些定义在多大程度上是兼容的？"

"答案是，它们不兼容。"

除非黑人和白人被告碰巧有相等的"基率"，也就是说，碰巧实际上再犯的概率完全一样，才有可能同时满足ProPublica和北点的标准。否则，根本不可能。

这与机器学习无关，也与刑事司法本身无关。克莱因伯格和他的同事写道："在对基率不同的两组进行风险评估时，结果就会是这样"。[50]

库尔德科瓦分析的结果也一样：一个经过校准的工具，"如果不同群体的再犯发生率不同，就不可能有相同的假阳性率和假阴性率"。

"所以不可能同时满足这些，"她说，"这是普适原则，但在这种情况下，它会引导你得出有趣的结论，而这会对现实世界中的风险评估产生影响。"[51]

其中一个影响是，如果**任何**模型都无法同时满足一组可取的标准，那么任何风险评估工具只要曝光，**肯定会**发现一些值得上头条的可恶之处。

正如科贝特－戴维斯解释的，"就ProPublica所认为的偏见而言，不存在他们找不到偏见的世界。不存在这篇文章挑不出毛病的算法，不存在这种可能的COMPAS"。[52]

[具有讽刺意味的是，在对布劳沃德县数据的分析中，科贝特－戴维斯发现，COMPAS**没有**根据性别进行校准。"风险评分为5分的女性再犯的概率同风险评分为3分的男性差不多，"他说，[53]"（ProPublica）本可以追究这个问题。"][54]

这种不可能性的冰冷数学事实也意味着，这些问题不仅对风险评估的机器学习模型有影响，对**任何**分类方式都有影响，无论是人**还是**机器。正如克莱因伯格所写的："原则上，任何风险评分天生都会被批评有偏见。无论风险评分是由算法还是由人类决策者确定，都同样如此。"[55]

既然已经明确了，这些不同的、看似同样直观的、同样可取的公平衡量标准无法调和，并且传统的人类判断在这方面也不会做得更好，另一个问题就显现出来了。

现在怎么办？

不可能之后

我问克莱因伯格，他如何看待自己的不可能结果，以及他认为这表明我们**应该**做什么。"我对此没有什么特别想说的，"他说，"我想这得依情况而定……这些定义都重要，哪个更有分量取决于你工作的领域。"

诚然，在不同领域，考量的重点有根本差异。例如，**贷款**审核在许多重要方面就不同于刑事司法。拒绝向**本来会**还钱的人提供贷款不仅意味着贷款人失去了利息收入，还可能对借款人有严重影响：有一栋房子他们无法购买，有一项业务他们无法启动。另一方面，犯相反的错误——借钱给**不还钱**的人——可能对贷款人只会有金钱损失。也许这种不对称会改变我们对这种情况下公平的

　　　　　　　　　　　　　　　　　　　　　　　　人机对齐

它其实说的是，'首先要明确，预测不是从根本上减少犯罪。我们只是预测它会在何时何地发生，让你在它发生之前抓人'，我认为预测并没有真正提供一种机制来从根本上减少犯罪。这就是我发现的它的反面乌托邦性。我们想要的不是预测何时何地会发生犯罪。这当然有用，但是从本质上来说，我们想要的是从根本上减少犯罪。作为计算机科学家，我在这个问题上没有什么可提供的，完全没有。对这件事我知之甚少。我花了几年时间才了解了一点点。"

对于该领域最早的开拓者来说，后退一步，以更宽广、更宏观的眼光看待刑事司法系统的重要性并未被忽视。

欧内斯特·伯吉斯关于假释制度的初步报告促使风险评估模式在全州推广，此后，在1937年，他觉得是时候进行更全面的研究了。"依我看，伊利诺伊州不应继续将假释作为刑罚问题中的孤立部分来处理，"他写道，"需要的是一项重大行动，国家监狱系统的彻底重组。"[93]

从那时起又过去了80多年。这个看法仍然成立。

3. 透明

规则应该清晰，表达一致，人人都可理解。众所周知，实际很少这样。

——大卫·格雷伯（David Graeber）[1]

提供大量信息，但不给出充分的结构或文档，这不是透明。

——理查德·伯克（Richard Berk）[2]

里奇·卡鲁阿纳（Rich Caruana）是微软的机器学习专家，20世纪90年代中期，他还是卡内基·梅隆大学研究神经网络的研究生，导师是汤姆·米歇尔（Tom Mitchell）。

米歇尔在做一个雄心勃勃的跨学科、多机构参与的项目，将生物统计学家、计算机科学家、哲学家和医生召集到一起，目的是更好地了解肺炎。当患者首次确诊时，医院需要尽早做出一个关键决定，是让他们住院还是门诊治疗。肺炎当时是美国第六大死因，约10%的肺炎患者最终死亡，因此正确识别风险大的患者将能挽救生命。

该小组获得了约15 000名肺炎患者的数据，打算构建机器学习模型来预测患者生存率，以帮助医院对新患者进行分类。用各种机器学习模型进行竞争：逻辑回归、规则学习模型、贝叶斯分类器、决策树、最近邻分类器、神经网络，各种各样的模型。[3]

卡鲁阿纳擅长神经网络（在90年代，最先进的技术是广度网络，而不是深度网络），他对此很在行也很自信。他的神经网络轻而易举地获胜了，是所有复杂模型中最好的，并且明显优于逻辑回归等传统统计方法。[4]

正如该团队在报告中写的，"对于流行且代价高昂的疾病，比如肺炎，预测性能哪怕只有小幅改善，也能显著改善医疗服务的质量和效率。因此，寻找具有最高预测水平的模型非常重要"。[5]

参与该项研究的匹兹堡医院当然打算部署水平最高的模型。这样做行不行？

"我们开始讨论这个问题——对患者使用神经网络是否安全。"卡鲁阿纳说。[6]

"我说，见鬼，不，我们不能对患者使用这个神经网络。"

他们部署了一个更简单的模型，曾经是他的神经网络的手下败将。原因如下。

错误的规则

该项目的另一位研究人员理查德·安布罗西尼（Richard Ambrosino）尝试在同一数据集上训练另一种"基于规则"的模型。基于规则的模型属于最容易解释的机器学习系统，通常采用"如果 x，则 y"的规则列表形式。从上往下找，只要找到一条适用规则就行了。想象一个流程图，没有分支，就像一根藤蔓从上往下延伸："这条规则适用吗？如果适用，这就是答案。如果不适用，继续往下。"基于规则的模型类似编程语言中的 if 或 switch 语句；也很接近人类思考和写作的方式。（更复杂的模型使用"集合"而不是"列表"，可以同时应用多条规则。）[7]

一天晚上，安布罗西尼尝试利用肺炎数据建立一个基于规则的模型。在训练模型时，他注意到它学会了一条似乎很奇怪的规则。规则是"如果患者有哮喘病史，则是低风险，应该让其接受门诊治疗"。

安布罗西尼感觉不对劲。他喊卡鲁阿纳来看。据卡鲁阿纳回忆，"他大概是这么说的，'里奇，你看这是怎么回事？完全没道理。如果你患有肺炎，不是医生也知道哮喘没什么好处'"。两人参加了下一次项目组会议，有许多医生出席，也许医学博士具有计算机专家不具备的洞察力。"他们说：'你们知道吗，数据中可能确实存在这种模式。我们认为哮喘是肺炎患者的一个严重风险因素，因此我们不仅让他们住院……还可能要把他们放在重症监护室，重点护理。'"

换句话说，基于规则的系统学到的相关性是真实存在的。平均而言，哮喘患者死于肺炎的可能性确实低于一般人群。但这恰恰是**因为**他们获得的护理水平较高。卡鲁阿纳解释道："因此，哮喘患者获得的护理使他们处于低风险状态，而这又导致该模型拒收这些患者。你应该能看明白问题出在哪里。"推荐哮喘患者接受门诊治疗的模型不仅是错的，还有可能危及生命。[8]

看着基于规则的系统发现的奇怪逻辑，卡鲁阿纳立刻想到，他的神经网络肯定也会捕捉到相同的逻辑，只是不那么显而易见。

基于规则的系统相对容易纠正；神经网络则很难用这种方式"纠正"，虽然不是不可能。"我不知道它在神经网络中的什么位置，但这个问题我好歹还能够解决，"卡鲁阿纳回忆道，"在此过程中，我可以发表更多论文，这很好，我们会解决这个问题。我们不部署神经网络实际上不是因为**哮喘**，这个问题我已经知道了。"

"我担心的是神经网络会学习到和哮喘同样危险，而基于规则的**系统没有**学习到的东西。"因为神经网络更强大、更灵活，它能够学习基于规则的系统不能学习的东西。毕竟，这正是神经网络的优势，也是卡鲁阿纳的神经网络赢得项目组内部竞赛的原因。"就是**那些**东西让我们不能使用这个模型。因为我们不知道里面有什么需要纠正。神经网络的透明度问题最终导致我决定不使用它。这困扰了我很久。因为最精确的机器学习模型通常不那么透明。我是机器学习专家。我当然想使用最精确的模型，但我也想安全地使用。"

在这个领域，最强大的模型一般也最难理解，最容易理解的也最不精确。"这让我很不爽，"他告诉我，"我想为医疗保健领域做机器学习。神经网络真的很好，很精确；但是它们完全不透明，不可理解，我认为目前这个还很危险。

也许我不应该在医疗保健领域做机器学习。"[9] 然而卡鲁阿纳并没有离开，在接下来的20年，他一直在尝试开发两全其美的模型。理想情况下，这些模型和神经网络一样强大，同时又和规则列表一样清晰透明。

"广义相加模型"是他最喜爱的模型之一，这种模型最早由统计学家特雷弗·哈斯蒂（Trevor Hastie）和罗伯特·蒂布施拉尼（Robert Tibshirani）在1986年提出。[10] 广义相加模型是一组图，每幅图都代表了单个变量的影响。例如，图1可能将风险表示为年龄的函数，图2将风险表示为血压的函数，图3将风险表示为温度或心率的函数，依此类推。这些图可以是线性的，也可以是弯曲的，或者非常复杂，但是所有这些复杂性都能通过看图**直观**理解。然后简单地将这些单变量风险相加，得出最终的预测。这种方式比线性回归要复杂得多，又比神经网络更容易解释。你可以通过常规的二维图形看到输入模型的每个因素。任何奇怪的模式都会直接显现出来。

在最初的肺炎研究过去多年后，卡鲁阿纳重新读取了数据集，构建了一个广义相加模型。结果发现，广义相加模型和他原来的神经网络一样精确，并且更加透明。例如，他绘图将肺炎死亡率风险表示为年龄的函数。这个图很大程度上符合人们的预期：如果患肺炎，年轻或中年会好一点，年老会更危险。但有一件事很引人注目：从65岁开始突然出现了风险剧增。某个**特定**的生日会引发风险突然增加，这似乎很不寻常。发生了什么事？卡鲁阿纳意识到，这种模型捕捉到了**退休**的影响。"这真的很烦人，这很危险，对吗？你预期退休后风险会**降低**；然而，它增加了。"[11]

更重要的是，他看得越仔细，看到的令人不安的关联就越多。他曾担心自己原来的神经网络不仅学会了有问题的哮喘相关性，还学会了其他类似的相关性，尽管当时简单的基于规则的模型还不足以向他展示神经网络中还潜藏着什么。20年后，他有了强大的可解释模型。这就像有了更强大的显微镜，突然可以看到枕头上的螨虫和皮肤上的细菌。

"我看着它，心想，'哦，天哪，简直不敢相信'。它认为胸痛对你有好处。它认为心脏病对你有好处。它认为超过100岁对你有好处……它认为所有这些显然没好处的事情都对你有好处。"[12]

这些和哮喘有相同的医学意义；这种相关性是真实的，但同样真实的是，这些患者会被优先安排重症监护，这使得他们能够存活。

"感谢上帝，"他说，"我们没有部署神经网络。"

卡鲁阿纳发现自己现在的立场变得与大多数研究人员不同。他继续开发模型架构，要做到与神经网络同等水平的预测准确性，同时还要容易理解。但是，他没有宣传自己发明的任何特定解决方案，例如新版本的广义相加模型[13]，而是宣传问题本身。"每个人都在犯这些错误，"他说，"就像我在几十年前犯的错误一样，却不知道自己在犯错误。"

他告诉我，"我现在的目标是吓唬人。恐吓他们。如果他们停下来想，**哦，天哪，这里真的有问题**。我就觉得我成功了。"

黑盒问题

大自然隐藏她的秘密是因为她崇高，而不是因为她是骗子。

——爱因斯坦

给出理由的行为是权威的对立面。当权威的声音失效时，理性的声音就会出现。反之亦然。

——弗雷德里克·绍尔（Frederick Schauer）[14]

卡鲁阿纳绝不是近年来唯一认为**这里真的有问题**的人。随着机器学习模型在世界各地的决策基础设施中激增，许多人意识到自己对这些模型中实际发生的事情知之甚少，并对此感到不舒服。

卡鲁阿纳对于部署大规模神经网络持非常谨慎的态度，因为它们也被称为"黑匣子"。随着神经网络在从工业到军事到医学的各个领域的飞速发展，越来越多的人感受到了同样的不安。

2014年，DARPA（美国国防高级研究计划局）项目经理大卫·冈宁（Dave

Gunning）与信息创新办公室主任丹·考夫曼（Dan Kaufman）聊天。"我们当时正想在AI领域激发新想法，"冈宁告诉我。[15]"他们已经做了很多努力，派了一组数据科学家到阿富汗分析数据，试图找出对战士有用的模式。他们发现，这些机器学习技术正在学习有趣的模式，但用户经常得不到解释。"一组快速迭代的工具能够分析财务记录、移动记录、手机日志等，以确定是否有人在计划发动袭击。"他们可能会得到一些可疑的模式，"冈宁说，"但他们希望得到解释。"没有这样的解释。

大约在同一时期，冈宁参加了由情报部门在北卡罗莱纳州立大学分析科学实验室举办的一场会议。该研讨会汇集了机器学习研究人员和数据可视化专家。"有一位政府的情报分析师在场听我们谈论这些机器学习技术，"冈宁回忆道，"这位分析师提出的问题是，她必须在大数据算法给出的建议上签字。如果你愿意，根据建议正确与否，她可以得到评分。但她不明白学习算法给出的建议是什么道理。"她应该在上面签名吗？她应该根据什么来决定？

随着计算技术的进步，国防领域开始越来越多地思考自动化战场会是什么样子，自主武器的想法有哪些风险和问题。但是很多人认为，大部分这类问题暂时还只存在于理论上。

"机器学习已经应用于情报分析这类领域了，"冈宁说，"你明白我的意思吗？这个问题已经存在了。他们需要帮助。"

在接下来的2年里，冈宁主管了一个持续多年的DARPA项目，这个项目试图直面这个问题。他称之为XAI：可解释的（explainable）AI。

在大西洋的另一边，欧盟正准备通过一项名为《通用数据保护条例》（GDPR）的综合性法律。GDPR于2018年生效，并将极大地改变公司收集、存储、共享和使用在线数据的方式。这些规定总共有260页，是数据隐私史上最重要的文件之一。其中还包括一些更奇怪、更有趣、也许同样深刻的东西。

2015年秋天，牛津互联网研究所的布莱斯·古德曼（Bryce Goodman）正在翻阅立法草案，突然有东西引起了他的注意。"我学了一些关于机器学习的知识，知道一些最好的方法并不具备透明性或可解释性，"他说，"然后我遇到了这个问题。在GDPR的早期草案中，非常明确地提出，人们应该有权要求对基于算法做出的决定进行解释。"[16]

"我觉得这很有趣，"他说，"当有这些立法或诸如此类的东西时，有人会在地上放一个木桩，然后说，这个东西现在已经有了。"

古德曼找到了他的牛津同事塞思·弗莱克斯曼（Seth Flaxman），后者刚刚获得了机器学习和公共政策的博士学位。"嘿，我在GDPR里发现了这个东西，"古德曼说，"这里似乎存在问题。"

"他说：'是的，好像是有问题。'"

无论是贷款被拒绝，申请信用卡被拒绝，被拘留待审，还是被拒绝假释，如果背后有机器学习系统，你不仅有权知道发生了什么，而且有权知道为什么。

次年春天，即2016年，欧洲议会正式通过了GDPR，整个科技行业的高管们都惴惴不安。律师与欧盟监管机构谈判。"你们应该知道，"他们说，"从深度神经网络得到可理解的解释是尚未解决的科学问题。"正如古德曼和弗莱克斯曼所写，这"可能需要对标准和广泛使用的算法技术进行全面修订"。监管机构并没有被这一点打动："这就是为什么要到2018年才生效。"

正如一位研究人员说的："他们给了我们一个2年内解决极为困难的研究问题的通知。"

GDPR现在已经生效，尽管欧盟监管机构要求的具体细节，以及什么构成了充分的解释——对谁，在什么背景下——仍在制定中。与此同时，透明度——理解机器学习模型内部发生了什么以及它为什么会这样做的能力——已经成为该领域最明确而且重要的优先事项之一。此后关于这个问题的工作一直在全力推进，并且最近在很多方面都取得了进展。以下是我们了解的情况。

而不是争吵，因此可以用一对夫妇在几周或几个月内做爱的次数（"定义为有或没有高潮的生殖器结合"），减去他们在同一时间段争吵的次数（"至少一方变得不合作的状态"）。"线性模型的精髓是简单：用性爱频率减去争吵频率。正差对应幸福，负差对应不幸福。"[31] 他用同事的数据集进行了计算，数据来自密苏里州堪萨斯地区的夫妇。数据显示，事实上，在30对自认为"幸福"的夫妇中，28对"性减争吵"为正，而在所有12对自认为"不幸福"的夫妇中，"性减争吵"为负。[32] 在俄勒冈州、密苏里州和得克萨斯州进行的多项研究证实了这种相关性。

事实上，在许多情况下，等权重模型甚至好于最优回归，这似乎不太可能，因为最优权重是通过精确计算选择的。但它们是对于特定的背景和特定的一组训练数据最优，而背景并不总是一致：例如，明尼苏达州大学预测学习成绩的最优权重不一定等于卡内基·梅隆大学预测学习成绩的最优权重。在实践中，等权重似乎在各种情况下都更有效，也更稳健。[33]

道斯对此非常着迷。考虑到世界的复杂性，为什么这种呆板简单的模型——对相等权重属性的简单计数——不仅有效，而且比人类专家和最优回归都**更有效**？

他想到了几个答案。首先，尽管现实世界很复杂，但许多高层关系呈现所谓的"条件单调"，它们不会以特别复杂的方式相互影响。比如说，不管一个人的健康状况怎么变化，20多岁时几乎**总是**好于30多岁。不管一个人的智力、动机和职业道德怎么样，标准化考试分数高10分几乎**总是**要好于低10分。不管一个人的犯罪史和自控力等因素怎么样，记录在案的逮捕次数少一次几乎**总是**要好于多一次。

第二，任何测量都有误差。无论是从理论还是直觉来看，测量越容易出错，就越应当以线性方式进行测量。

道斯认为，从一致性的角度来看，最具挑衅性的也许是，等权重模型胜过了相应的最优权重模型，因为正如我们知道的，权重会根据某种客观函数进行调整。在现实中，我们经常要么无法准确定义该如何衡量成功，要么没有时间等待这个基本事实出现，以便调整我们的模型。"例如，"他写道，"在决定录取哪些学生读研究生时，我们希望预测某种可以被称为'职业自我实现'的长远变量。我们知道这个概念的含义，但是没有完善、精确的定义。（即使有，也不可能基于学生当前的记录进行研究，要等到学生完成博士工作至少20年后才能评估。）"道斯认为，如果我们不知道自己到底想要什么，甚至根本没有数据，非最适模型应该不会差于原始直觉。[34]

然而，有人可能会对道斯和科里甘的比较研究持反对意见，尤其是与人类专家的比较，似乎并不完全公平。模型并不是随机选取几个特征；它们是人类通过几十年甚至几代人的优化，发现的最相关和最具预测性的因素的线性组合。

也许有人会说，所有这些"预处理"活动——从无限的可用信息中决定哪2个、5个或10个与手头的决定最相关——反映了对问题的真正智慧和见解：实际上，人类已经完成了所有的艰苦工作，然后再将其教给线性模型，才让线性模型窃取了所有荣誉。道斯的观点正是如此。他写道："线性模型不能代替专家来决定'看什么'之类的事情，而正是这种在做决定时知道该看什么的知识才是人类专家特有的技能。"[35]

道斯的结论是，人类专家知识的特点在于知道该看什么，而不是知道整合这些信息的最优方式。这一想法最清晰的证明之一来自决策理论专家希勒尔·艾因霍恩1972年的一项研究。[36]艾因霍恩研究了医生对诊断为霍奇金淋巴瘤患者的活检切片的判断。要求医生在看切片时指出他们认为重要的因素，对每张切片的这些因素进行评分。然后，医生对患者的严重程度进行了总体评分。结果发现，专家给出的总体评分与患者生存率**没有**相关性。然而，使用专家所选因素进行评分的简单模型成为了预测患者死亡率的有力工具。

换句话说，我们一直在错误的地方寻找人类智慧。也许它并不位于人类决策者的思维中，而是体现在标准和实践中，这些标准和实践决定了将哪些信息放到他们面前。剩下的只是计算。

道斯用第三种方式表达了这个观点，这可能也是他传奇生涯中最著名的一句话："关键在于知道该看哪些变量，然后是知道做加法。"[37]

最优简单模型

其实简单比复杂更难，你必须竭尽全力才能做到简单。但最终这样做是值得的，因为你一旦做到了简单，你就能移山填海。

——史蒂夫·乔布斯[38]

我不认为贴近复杂的简单毫无价值，但我更喜欢远离复杂的简单。

——奥利弗·霍姆斯（Oliver Wendell Holmes Jr.）[39]

杜克大学计算机科学家辛西娅·鲁丁（Cynthia Rudin）可以说是道斯精神在21世纪的代表。简单是鲁丁的研究的核心驱动力之一。她不仅反对使用过于复杂的模型，而且对挑战简单模型的极限感兴趣。例如，在刑事司法领域，鲁丁和同事在2018年发表了一篇论文，给出了一个和COMPAS一样精确的累犯预测模型，该模型可以用一句话概括："如果一个人有3次以上前科，或者是18到20岁的男性，或者是21到23岁的男性**并且**有至少2次前科，预测他们将会再次被捕；否则，不会。"[40]

对鲁丁来说，道斯的研究既是激励，也是挑战。如此简单的模型，由手工选择的变量组成，性能与复杂模型相当，有时还更好，并且完全不输人类专家。但即便如此，还是留下了许多问题和研究方向。例如，如何从给定的数据集构建**最好的**简单模型，而不仅仅是**某一个**简单模型？

令人惊讶的是，答案在近几年才出现。

鲁丁着眼于21世纪医疗保健中当前正在使用的简单模型，并采取了与道斯不同且不那么乐观的观点。她没有将现有模型视为临床直觉的优秀替代品，而是认为模型过于**依赖**临床直觉。还有很多需要改进的地方。

她举了男性冠心病评分表的例子。"如果你是男性，去看医生，他们会计算你10年内患冠心病的风险。他们会问你5个问题：年龄，胆固醇水平，是否吸烟，等等。你对每个问题的回答都会得到分数，然后把分数加起来，就是你10年内患冠心病的风险。"然后她加重了语气，"但是这5个问题是从哪里来的？他们又是如何打分的？答案是，**他们想出来的！** 一个医生团队想出来的！这不是我想要的方式。我想构建一些可解释的东西，但我想根据数据来构建"。[41]

然而，寻找**最优**的简单规则并不适合心脏问题。事实上，它需要解决一个难解问题或NP困难问题：问题复杂度很高，没有简单方法能保证获得最优答案。有数万份病历，每份病历都有数十甚至数百种属性：年龄、血压等。怎样才能找到最优的简单诊断流程？计算机科学家的工具包里有各种针对这类问题的方法，但是鲁丁认为现有的从大数据中构建简单规则列表和评分系统的算法——比如80年代开发的CART算法[42]和90年代开发的C4.5算法[43]——做得还不够好。计算机科学家在21世纪10年代具备了上世纪所没有的条件：算力提高了大约100万倍。这些算力能用来训练庞大且复杂的模型，例如AlexNet这种有数千万个参数的模型，为什么不用它来搜索所有可能的简单模型的广阔空间呢？有没有这种可能？她和团队成员回到白板前，想出了新的方法——一种是基于规则的模型，另一种是基于评分表的模型——并将这些方法与现有模型进行比较。

鲁丁团队的目标是击败医学中最常用的模型之一：$CHADS_2$。$CHADS_2$是2001年开发的，2010年升级为$CHA_2DS_2\text{-}VASc$，用于预测房颤患者中风的风险。[44]两者的设计由医生和研究人员基于数据集和临床知识密切合作，以找出他们认为最相关的因素。随后的研究证实了这些工具的预测能力。这两种模型尽管被普遍认为有效，并被发现有出乎意料的广泛用途，但在一定程度上仍然是"手工"打造。鲁丁希望通过**计算**找出最相关的因素，并将其组合成一个评分工具。

与最初设计$CHADS_2$时拥有的数据相比，鲁丁的数据要多6 000多倍，她用算法（称为贝叶斯规则列表）研究了12 000名患者的数据，每名患者大约有4 100种属性（服用的药物，报告的各种健康状况），以构建尽可能好的评分系统。[45]然后，她将自己的模型与$CHADS_2$和$CHA_2DS_2\text{-}VASc$针对同一数据集的其余部分进行比较。

结果显示相对$CHADS_2$和$CHA_2DS_2\text{-}VASc$均有明显改善。更有意思的是，相对于更早的 CHADS$_2$，较新的 CHA$_2$DS$_2$-VASc 的准确性有显著**下降**。新模型似乎比旧模型**更糟**，至少从这个数据集来看是如此。正如鲁丁和同事在论文中微妙地指出的，这"突显了人工构建这些可解释模型的难度"。

在随后的一个项目中，鲁丁和博士生伯克·乌斯顿（Berk Ustun）与麻省总医院合作开发了睡眠呼吸暂停评分系统。睡眠呼吸暂停影响到数千万美国人和全球 10 亿多人。[46] 他们的目标是建立一个模型，不仅要尽可能准确，还要简单，用过时的硬件也能快速可靠地运算，比如医生的笔记本。

由于要求模型用纸也能演算，乌斯顿和鲁丁不得不尽量简化模型。只考虑非常少的显式特征，并且尽可能用很小的整系数。[47] 虽然已经是 21 世纪，也还是会有专家凭直觉构想各种模型。这有时被戏称为"纸上谈兵法"：一群人围坐在桌子旁讨论。即使已经有了机器学习建立的模型，通常也会人工对模型进行简化。[48] 今天仍然是这样，目前在医疗实践中使用的模型也是以这种拼凑的方式设计，这意味着准确度受限，并会影响到真实的患者。[49] 乌斯顿和鲁丁想看看是否有更好的方法。

他们开发了一个名为 SLIM 的模型（"超稀疏线性整数模型"），不仅可以给出合理的试探法，还可以证明是在这些严格的约束条件下的最优决策方式。这个成果兼具理论和实践意义，对医学和机器学习都有好处。

首先，与公认的观点和当前的实践相反，该模型表明，患者**症状**远不如其**病史**重要。乌斯顿和鲁丁根据病史——比如过去的心脏病发作、高血压等——训练的模型，比根据当前症状（比如打鼾、气喘和睡眠不佳）训练的模型预测能力更强。此外，向基于病史的模型**添加**症状并没有多大改善。严重的睡眠呼吸暂停如果不接受治疗，死亡风险要高 3 倍[50]，这是对该疾病的诊断向前迈进的一大步。

其次，机器学习界取得了方法论的胜利，这个胜利可以移植到其他领域。"SLIM 的准确度能与应用于该数据集的最先进分类模型相媲美，"乌斯顿和鲁丁的团队报告，"但得益于完全透明，用少量只需是 / 否答案的临床问询就能进行预测。"[51]

正如鲁丁所说："我想在设计预测模型时考虑到最终用户。我想设计这样的东西……不仅准确，还能用得上，让人们可以用来作决策。我想创建高度准确同时又高度可解释的预测模型，可以给出可信的决策。我的研究基于一个假设，即许多数据集都有非常小的预测模型，我相信它成立。这个假设不是我提出的，很多年前就有。但现在我们有了算力、新想法和新技术，让我们可以真正检验这一假设。"

对于研究这些问题的研究人员来说，这是激动人心的时刻。依托人类专业知识的简单模型具有了惊人的竞争力。现代技术给了我们寻找理想简单模型的方法。

尽管如此，在有些情况下，复杂是不可避免的；很显然存在这样一些模型，没有人类专家帮助它们将输入过滤成有意义且可管理的规模。有些模型需要处理的不是诸如"GRE分数"和"既往犯罪次数"之类已经抽象化的概念，而是原始的语言、听觉或视觉数据。一些医疗诊断工具可以接受人工输入，如"轻度发热"和"哮喘"，而其他工具输入的可能是X光或CT结果，需要对其进行解读。自动驾驶汽车必须直接处理雷达、激光雷达和图像数据。对于这类情况，我们别无选择，只能采用大规模、数百万参数的"黑箱"神经网络，它们本来就以难以解释著称。但虽然很难，我们也不是完全束手无策，这里是透明度问题另一个更广阔的领域。

显著性：机器学习的"眼白"

相对于其他大多数物种，人类拥有很大很明显的巩膜，也就是眼白。眼白会暴露我们的注意力，至少是凝视的方向。根据进化生物学家提出的"合作性眼睛假说"，这应该有某种好处，而不是缺陷：它很可能表明了这样一个事实，即合作对人类的生存非常重要，以至于分享关注点的好处大于失去一定程度的隐私或被故意诱导的风险。[52]

因此，对我们来说，期望机器也具备类似的东西应该是可以理解的：不仅知道它们在想什么看什么，尤其还要知道它们在看哪里。

在机器学习中这个想法被称为"显著性"：如果系统正在观察一幅图像并将其归为某个类别，那么在归类时，图像的某些部分可能比其他部分更重要或更值得关注。如果能用某种"热图"凸显这些关键部分，就有可能获得一些重要的诊断信息，作为一种合理性检验，确保系统在按我们预想的方式运行。[53]

这种显著性方法在实践中经常让人惊讶，暴露了机器学习系统有多不直观。它们经常抓住训练数据中人类认为根本不相关的方面，而忽视人类关注的关键信息。

2013年，波特兰州立大学的博士生威尔·兰德克尔（Will Landecker）在研究用于区分有动物和没有动物的场景照片的神经网络。他设计了一种方法，可以观察图像中哪些部分与最终的分类相关。他发现了一些奇怪的东西。在很多时候，网络更关注图片的背景而不是前景。仔细观察发现，动物照片的背景经常会很模糊（摄影师行话是"虚化"），面部聚焦清晰，背景巧妙失焦。相比之下，空旷的风景往往更清晰。事实上，他训练的根本不是动物探测器，而是虚化探测器。[54]

2015年和2016年，皮肤科医生贾斯汀·柯（Justin Ko）和罗伯特·诺沃亚（Roberto Novoa）领导斯坦福医学院和工程学院的团队研发皮肤视觉诊断系统。当时视觉系统已发展到能区分数百种不同犬种，这给诺沃亚留下了深刻印象。"我想，"他说，"既然能对狗分类，对皮肤癌应该也可以。"[55]他们汇集了有史以来最大的良性和恶性皮肤样例数据集，130 000幅图像，涵盖2 000种不同疾病以及健康皮肤。基于一个现成的开源视觉系统，谷歌的Inception v3，该系统已经用ImageNet数据集进行了分类训练，他们对网络进行了再训练，这回辨别的不是吉娃娃犬和拉布拉多犬，而是肢端雀斑样痣黑素瘤和无黑素性黑素瘤等数千种皮肤病。

他们将训练好的系统与25名皮肤科医生进行了对比测试，性能超过了人类。他们2017年在《自然》杂志发表的论文被广泛引用。[56]对于柯来说，这个结果令人鼓舞，让他自己敏锐的诊断眼光都自愧不如，这种敏锐是在10年的训练和临床实践中磨炼出来的。"我练习了很多年，"柯说，"而机器学习只需几周就能达到。"[57] 而且这个系统能够"为世界上最偏远的地方提供高质量、低成本的诊断能力"。

事实证明，这个系统不仅能帮助很难找到一流诊断专家的地区，而且对柯这样训练有素的专家也能提供参考。柯清楚记得，2017 年 4 月 17 日，一名患者来找他，肩膀上有个看起来很滑稽的斑点。"我完全拿不准，"柯说，"感觉不太对劲，但是用皮肤镜观察时，没有任何特征提示我这是一个早期黑色素瘤。"尽管如此，他还是觉得不对劲。

"所以我说，好吧，现在是显摆我的苹果手机的绝佳时机。"柯用各种角度和灯光拍摄了一系列照片，都输入网络。"结果相当惊人，"他说，"不管哪张照片，它的识别都很稳健，它坚定地认为是恶性病变。"柯对其进行了活检，并与皮肤病理专家进行了讨论。"她说，'嘿，你知道吗？这真的很不错。这是一个非常早期的正在演变的黑色素瘤。我们在完全可治疗的阶段发现了它。'"这个日期牢牢印在柯的脑海里。这是该网络首次产生临床影响。"而且，"他说，"我希望这不是孤例。"

不过，完整的故事要更为复杂。次年，柯、诺沃亚和合作者一起向《皮肤病学研究学报》提交了一篇论文，敦促警惕过快将神经网络模型引入常规临床实践。

他们认为，在此类模型被广泛应用于临床之前，需格外小心，并根据自己的经验用一个警示故事强调了他们的观点。他们使用的视觉系统很有可能将任何带有标尺的图像归类为癌症。为什么呢？因为恶性肿瘤的医学图像比健康皮肤的图像更可能包含标尺。"因此，算法无意中'学到了'标尺标志着恶性。"[58] 基于显著性的方法可以解决部分问题。除此之外，还需要辅以各种手段，包括确保数据集包含足够多样的变化，以及确保所有输入图像都以某种方式标准化等等。"要将这些新技术安全地带到病床边，我们还必须深入研究其中许多微妙之处。"他们总结道。

告诉我一切：多任务网络

要让复杂的模型更透明更容易理解，最简单的方法之一是让它们输出**更多东西**。里奇·卡鲁阿纳在研究用神经网络预测医疗结果时，意识到这个网络不仅可以做单一预测，比如病人是否会死亡，还能给出其他各种预测：会住院多久，花多少钱，是否需要呼吸辅助，需要多少疗程的抗生素，等等。

数据集中的这些附加信息在训练中作为模型的**输入**没什么用。学习根据患者的账单预测死亡风险不会在新患者到来时帮助你，因为这时肯定还**不知道**最终账单。但是，这些信息可以作为额外的**输出**，让训练模型提供的额外的信息来源。这种技术称为"多任务学习"。[59]

"奇怪的是，这比训练它一次预测其中一件事可能还更容易，"卡鲁阿纳告诉我，[60]"大致上，你可以认为同时用100件相关的事情训练它提供了更多信息。"

为了便于理解，他让我假想我因某种严重疾病入院，可能是肺炎。假设我能活下来，但得住1个月的院，要花50万美元。"这样我就会知道事情有点严重，"卡鲁阿纳说，"你有麻烦了。虽然不符合对'可怕结果'的定性，但是我现在知道你病得很严重。"

对于专为预测死亡风险构建的系统，我的病例如果作为训练数据，真实死亡风险为0，因为我活了下来，但这样显然丢失了一些信息。正如他所说的，我的病例是"一个相当高风险的0"。如果我的确是出于幸运，也许系统应该预测，比如说，像我这样的病例，死亡概率是80%，而不是0。训练时，让它在预测的同时给出更多输出，也许能推动系统给出更准确的评估。

卡鲁阿纳逐渐意识到，这些"多任务"模型不仅在传统意义上具有更好的性能——训练更快，准确度更高——而且也更透明，更容易发现问题。如果像他在20世纪90年代建立的系统那样只预测病人的生死，你可能会发现它给出的预测不对劲，比如，哮喘患者比普通门诊病人更不可能死亡。但如果是多任务网络，可以根据数据预测各种信息，不仅仅是生死，还包括住院时间或费用，就更容易发现结果不对劲。例如，哮喘患者的死亡率虽然好于平均水平，但医疗费用却是天价。这样就更容易看出这些患者不是普通的"低风险"患者，不应该回家自己吃药，早上再打电话回来。

在某些情况下，这些额外的输出通道还可以提供更重要的东西。一支由谷歌、谷歌的生命科学公司Verily和斯坦福医学院联合组成的团队在2017年和2018年也以谷歌的Inception v3网络为基础，训练对视网膜图像分类。[61]他们给出的结果令人鼓舞，模型能够像人类专家一样准确检测糖尿病视网膜病变等疾病。然而，该团队意识到，他们使用的数据集还有患者的其他信息：年龄、性别、体重指数、是否吸烟等。"所以我们想办法把这些变量加到模型中。"谷歌研究员瑞安·波普林（Ryan Poplin）说。[62]同卡鲁阿纳的做法一样，他们认为，既然有这些额外的患者数据，为什么不让模型预测**所有**这些数据呢？如果加入年龄、性别、血压等一系列辅助数据会怎么样？不是作为模型的输入，而是作为**输出**。这种方法可能会使模型更加稳健，并可能会在模型的疾病诊断不正确时给出提示。"我们觉得这是一种可以添加到模型中的很强大的对照或背景信息。"波普林说。

结果让他们很震惊。仅仅根据视网膜图像，网络就可以几乎完美地分辨患者的年龄和性别。

团队中的医生不相信结果是真的。"你给别人看，"波普林说，"他们会对你说：'你的模型一定有问题。'因为不可能这么准确地辨识……随着研究越来越深入，我们确定模型没问题。这的确是一个真实的辨识。"

该团队尝试用显著性方法来揭示网络是**如何**运作的，至少揭示相关的特征是什么。结果发现，模型主要是通过观察血管判断年龄；通过观察黄斑和视盘判断性别。

波普林说："起初向医生展示结果时，他们会嘲笑你。他们不相信。但是，当你给他们看热图，显示它聚焦于视盘或者视盘周围的特征时，他们会说，'哦，是的，这个我知道，当然能看出来。'通过显示模型在图像中用于判断的位置，它确实提升了信任度，而且对结果也提供了一定程度的检验。"

该模型不仅实现了准确诊断，还为医学本身开拓了一条有趣的前进道路。多任务学习和显著性技术的结合向医学领域展示了，视网膜中存在被忽视的性别差异。不仅如此，它还指出了在哪里可以找到它们。

换句话说，这些解释方法不仅能带来更好的医疗，它们也可能造就更好的医生。

打开盖子：特征可视化

我们已经看到，多任务网络如何通过额外的输出，为我们提供预测和判断的重要背景。显著性方法则给出了网络输入的背景，可以告诉我们模型在**看哪里**。但两者都没有告诉我们黑匣子里发生了什么——也就是说，模型到底**看到**了什么。

自 2012 年 AlexNet 以来，机器学习的标志性突破是神经网络模型，它从杂乱的原始感知中学习：数百万个彩色像素。这些模型的参数不是几十个，而是**几千万个**，而这些参数所代表的东西很大程度上不可言喻：上层参数是低层阈值的总和，而低层参数本身又是更低层阈值的总和，一直追溯到数百万个原始像素。从这样的原始信息无法给出可理解的解释。

那么该怎么办呢？

纽约大学的博士生马修·泽勒（Matthew Zeiler）和导师罗布·弗格斯（Rob Fergus）聚集于这个问题。他们认为，这些庞大的、令人困惑的模型的成功不可否认。"然而，"他们写道，"人们并不清楚它们为什么表现得这么好，或者如何才能提高……从科学角度来看，这完全无法让人满意。"[63]虽然结果令人印象深刻，正如泽勒说的，"还是不清楚这些模型在学习什么"。[64]

人们知道卷积网络的最底层代表一些基本的东西：垂直边，水平边，对角边，强烈的单一颜色，或者简单的梯度。大家也知道，这些网络**最终**的输出层是类别标签：猫、狗、汽车等等。但人们并不完全知道如何解读位于这两者之间的层。

泽勒和弗格斯开发了一种可视化技术，他们称之为"反卷积"，可以将网络的中间层激活重新转换成图像。[65]

他们第一次看到了第二层。这是一个各种形状的大杂烩。"平行线、曲线、圆、T形结、梯度图案、彩色斑点：第二层有各种结构。"第三层甚至更复杂，开始代表物体的组成部分：看起来像面部、眼球、纹理、重复图样的东西。它已经探测到了一些东西，比如云的白色绒毛，书架的多色条纹，或者绿色的草丛。到了第四层，网络开始对眼睛和鼻子的形状、瓷砖地板、海星或蜘蛛的放射状几何形状、花瓣或打字机的按键做出反应。到了第五层，物体被映射到的最终类别似乎施加了很强的影响。

效果很明显，也很深刻。但是它有用吗？泽勒打开了2012年赢得ImageNet竞赛的AlexNet模型的盖子，使用反卷积对其进行探查。他发现了许多缺陷。网络的一些低层部分被不正确地归一化，就像曝光过度的照片。还有一些过滤器已经"死了"，没有检测到任何东西。泽勒猜测，它们对应的尺度不适合它们试图匹配的模式类型。尽管AlexNet取得了惊人成功，但它仍有一些死角，可以继续改进，可视化技术能揭示死角在哪里。

2013年秋天，在几个月连轴转后，泽勒获得了博士学位，离开了纽约大学，创办了自己的公司——Clarifai（清澈），并参加了当年的ImageNet竞赛，他赢了。[66]

其他小组也在同时进行或跟进研究直接可视化神经网络的方法。2015年，谷歌工程师亚历山大·莫尔文采夫（Alexander Mordvintsev）、克里斯托弗·奥拉（Christopher Olah）和迈克·泰卡（Mike Tyka）提出一种方法，从随机噪点图开始，逐步调整像素，以最大化网络为其分配特定标签的可能性，比如"香蕉"或"叉子"。[67]结果证明这种看似简单的方法非常有效。它能产生迷人的，令人难忘的，常常是迷幻的，偶尔怪诞的图像。例如，用"狗"优化噪点图，你可能会得到几十只眼睛和耳朵的邪恶混合体，以各种比例一个叠着另一个分形生长。

它是艺术恶作剧的沃土，本身就是一种新颖的视觉艺术。谷歌的工程师进一步拓展了这个想法：不再人工指定类别标签然后从噪点开始，而是从一幅真实图像开始，比如云或树叶，逐步调整图像，放大网络中碰巧最活跃的神经元。正如他们写的，"这样就形成了正反馈回路：如果云看起来有点像鸟，网络会让它更像鸟。这反过来又会使网络在下一次处理时更强烈地识别出鸟，如此反复，直到变成一只栩栩如生的鸟，不知从哪里冒出来的"。他们称这种生成幻觉的方法为"深度梦境"。[68]

还存在更奇怪的可能。雅虎的视觉团队开发了一个用于检测上传的图像是否色情的模型，加州大学戴维斯分校的博士生加布里埃尔·吴（Gabriel Goh）使用这种生成性方法将噪点图**最大化**调整成网络认为"工作场所不宜观看"的图。结果就像色情版的萨瓦尔多·达利（Salvador Dalí）。如果你针对色情过滤器和常规 ImageNet 类别标签——例如火山——的某种**组合**进行优化，你会得到色情的地理图景：看起来像巨大阴茎的花岗岩，喷出火山灰云。无论是好是坏，这样的图像肯定让人印象深刻。[69]

从更哲学的角度来看，这些技术表明，至少就神经网络而言，评论家和艺术家的界线可能很模糊。经过训练的网络可以**识别**，比如说湖泊或大教堂，利用同样的方法，也可以**生成**一个又一个湖泊，或者一个又一个大教堂的图像，它从未见过的图像。这是一条美丽的，可能也是辛苦的艺术实践路径：任何人只要具备艺术鉴赏力就可以是创造者。你所需的只是良好的品位、随机的变化和充足的时间。

诸如此类的技术不仅开辟了广阔的审美空间，而且具有重要的网络诊断用途。例如，莫尔文采夫、奥拉和泰卡利用从噪点图开始优化的技术，让图像分类系统对所有不同类别都"生成"最类似的图像。"在某些情况下，"他们写道，"这会揭示出，神经网络并不是真的在看我们认为它在看的东西。"例如，最大化"哑铃"分类的图片包括超现实的、肉色的、无身体的手臂。"没错，是有哑铃，"他们写道，"但是生成的哑铃图片都含有举起哑铃的手臂。这说明网络未能完全领会哑铃的本质。也许它从未见过没有被手臂举起的哑铃。可视化可以帮助我们纠正此类训练失误。"[70] 这种方法也可以用来探索偏见和代表问题。

比如从几百张随机噪点图开始，微调以最大化"脸"的类别，生成一组脸，如果都是白人和男性，那就很可能表明，网络不擅长识别其他类型的脸。

从最初的深度梦境项目开始，泰卡在谷歌合作创建了艺术家和机器智能项目，并继续探索机器学习的审美可能。奥拉和莫尔文采夫及其合作者则在继续探索可视化和网络诊断。[71]奥拉现在领导OpenAI的清晰度团队。"我一直着迷于解释，"他告诉我，"我的目标是神经网络的彻底逆向工程，我知道有些人认为这有点疯狂。"[72]这项工作不仅突破了科学的界限，也突破了**发表**的界限；奥拉发现，传统的科学期刊不适合发表他制作的那种丰富的、互动式的、全彩色和高分辨率的可视化效果，所以他推出了一个新的期刊。[73]

这个团队对研究进展总体上表达了有分寸但有感染力的乐观态度。他们写道："为了构建强大且值得信赖的可解释界面，我们还有很多工作要做。但是，一旦成功了，可解释性将有望成为一个强有力的工具，支持有效的人工监督，并建立公平、安全和对齐的AI系统。"[74]

尤其是在视觉领域，已经取得了很大进步。但如果不从视觉层面，而是从**概念**层面来理解网络，又该怎么做呢？例如，有没有办法通过文字来理解网络内部？这是解释的最新前沿之一。

深度网络和人类概念

2012年秋天，MIT的研究生贝·金姆（Been Kim）刚开始攻读博士，就投身于一个将影响她未来人生的项目。她之前一直在机器人领域，为了更熟悉工业机器人环境，她甚至考了叉车驾照，但最终她还是认为这个领域不适合自己。"我意识到机器人有硬件局限性，"她告诉我，"我想做的目前还做不到"。[75]

金姆逐渐意识到可解释性就算不是她的终身事业，至少也会成为她的论文主题。那年12月，她第一次参加NeurIPS会议时，遇到了一位年长的同行。"我告诉那位老师，我在研究可解释性，他说，'哦，为什么？神经网络会解决一切！干嘛研究这个？'我就想，'好吧……'"她一边回忆一边笑，"想象你去看医生，医生说：'嗯，我要把你切开，取出一些东西。'你会问：'哦，为什么？'他说：'嗯，我不知道。机器说这是你的最佳选择。99.9%。'"

"你会问什么？"她说。她举的例子略显夸张，但又不是夸张。"你会对医生说什么？对我来说，这是摆在眼前亟待解决的问题。我不知道人们需要多久才会意识到这很重要。"傍晚时分，夕阳透过玻璃照进谷歌大脑的会议室。自2017年以来，金姆一直在谷歌大脑工作。"时机可能已经成熟。"

金姆认为，解读和阐释包含内在的**人性**维度，因此这个领域存在内在的混乱和跨学科性。"其中尚未被充分开发的很大一部分，涉及对人性的思考，"她说，"我一直强调人机交互和认知科学……没有这些，我们就无法解决这个问题。"认识到可解释性不可避免的人性一面，意味着事物并不总是能干净利落地转化为熟悉的计算机科学语言。

"有些人认为，你必须给出数学定义，说明什么是解释。我认为这不现实，"她说，"不可量化的东西让计算机科学家感到不自在，天生就不舒服。"

金姆的所有论文几乎都涉及基于人类受试者的实际研究，这类研究在计算机科学中很罕见。"通过用户进行迭代至关重要，"她说，"因为它存在的唯一理由是为人类所用……我们必须**证明**它对人类有益。"这个迭代很关键，因为设计师**认为**对人类用户有用的东西经常没有用。如果解释文档或可解释的模型是供真实的人使用，那么它的设计过程就应该像设计驾驶舱控制面板或软件界面一样反复迭代。[76] 不用经验反馈指导这个过程可以说是狂妄自大。

这些研究为之前提倡使用简单模型的故事增加了一些复杂性。金姆指出，使用简单模型是否是最好的解释方法，最终是一个经验问题。"在某些情况下，在非常有限的情况下，你可以十分肯定并通过经验验证，**如果特征很少**，它对于特定的任务是可解释的，在这种情况下，你当然可以就给定问题给出最可解释的模型，然后你可以优化它。"但是金姆等人对真正人类的研究表明，在现实世界中事情很少这么简单。

例如，2017年，微软研究院的詹·沃特曼·沃恩（Jenn Wortman Vaughan）和同事研究了人类用户与机器学习的房屋价值模型的互动方式，该模型基于面积、浴室等特征来预测价格。当模型使用的特征较少并且对用户更加"透明"时，用户预测与模型预测更一致。但是无论是简单性还是透明度都不会影响人们对模型的**信任**度。事实上，当模型更透明时，人们反而**更不**容易意识到模型错了。[77]

金姆认为，"人类使用概念来思考和交流"，而不是数字。[78]我们在言语交流时使用高级概念，并且很大程度上基于概念进行思考，我们不谈论感官体验的原始细节。基于这个认识，金姆认为许多基于显著性的方法还不够深入。她和合作者一直在研究一种使用人类概念来理解网络内部运作的方法，他们称之为"概念激活向量测试(TCAV)"。

例如，某个模型正确识别了斑马图片，如果TCAV发现网络在识别时使用了"条纹""马"和"稀树草原"等概念，则似乎是合理的。又例如，用一组医生照片初步训练的网络可能由于数据集有偏差而认为"男性"概念有一定的判断价值。TCAV将揭示这一点，提醒我们可能需要调整模型或训练数据，以消除这种偏见。[79]

我们怎样才能获得这种洞察力？之前用模型生成的图像不仅使用了最终的类别标签输出，还涉及网络**内部**活动的宏大模式，涵盖数千万个神经元。这些内部激活虽然在人眼看来只是一片嘈杂，但**机器**可以对其进行处理。TCAV的基本思想是，对于任何你感兴趣的概念，比如医生例子中的"男性"概念，你给网络展示一些男性的图像，然后再展示一些随机的其他东西的图像：女人、动物、植物、汽车、家具等等。你把网络的内部状态（比如某个特定的层）输入给另一个系统，一个简单的线性模型，让它学习辨别某个类别（这里是"男性"）的典型激活和非此类图像触发的激活。[80]然后当网络将某个图像归类为"医生"时，你可以观察是否存在"男性"的激活模式，以及它的重要性。

"我认为这种方法有个独特的好处，"她说，"解释用的是用户的语言。用户不必了解机器学习……我们可以用**他们的**语言来解释，用他们自己的术语回答**他们的**疑虑。"[81]

金姆用TCAV探查了两个流行的图像识别模型，Inception v3 和 GoogLeNet，发现了许多此类问题。例如，"红色"概念对"消防车"概念至关重要。"**如果你所在地区消防车是红色的，这是合理的**，"她说。[82] 例如，在美国消防车几乎都是红色，但澳大利亚就不一样，有些地区消防车是白色的，在堪培拉则是霓虹黄色。这可能意味着，比如说，用美国的数据集训练的自动驾驶模型可能需要修改，才能安全地在澳大利亚部署。

金姆还发现"手臂"概念对识别"哑铃"很重要，这印证了谷歌深度梦境团队之前的视觉发现，意味着该网络可能不擅长识别架子上或地上的哑铃。[83] "东亚"概念对"乒乓球"很重要，"白人"概念对"橄榄球"很重要。这些可能反映了某种模式，根据国际乒联的数据，世界排名前10的男选手有7名来自东亚，前10的女选手全部来自东亚，[84] 但从准确性和偏见的角度来看，这些发现可能指出了该模型值得仔细研究的方面。正如Facebook AI研究院的皮埃尔·斯托克(Pierre Stock)和穆斯塔法·西塞(Moustapha Cisse)说的，如果系统将东亚国家领导人的肖像归类为"乒乓球"，那么无论从哪方面来看，我们都不会感到高兴。[85] TCAV提供了揭示和量化此类问题的方法，让我们能防患于未然。

谷歌CEO桑达尔·皮查伊(Sundar Pichai)在谷歌2019年I/O大会上发表主题演讲时，重点介绍了金姆的TCAV研究。"仅仅知道模型是否有效是不够的，"皮查伊说，"我们还需要知道它是**如何**运作的。"

2012年，金姆觉得这些担忧几乎没有听众，只有她，再加上她在MIT的导师辛西娅·鲁丁和朱莉·沙阿(Julie Shah)，"对这个话题有一些兴趣"。到2017年，在该领域最大的会议上，已经有了专门讨论可解释性和解释方法的研讨会。2019年，谷歌CEO在公司最重要的展示舞台自豪地介绍了她的工作。

我问金姆是否感觉像拨云见日。

"我们还有很长的路要走。"她似乎不愿让自己有些许自满，或是"我早就告诉过你"的感觉。相反，她感受到的是沉甸甸的责任：面对技术的快速更新和部署，这些问题必须更快地得到解决。她必须走在潮流的前面，确保不会出现高风险问题。

当我们结束谈话，走出会议室时，我感谢金姆给了我时间，并问她是否还有什么想补充的。她若有所思地停顿了大约10秒钟，然后突然想起了什么。

　　"还记得我之前提到的那位老师吗？"2012年，当她还是博士一年级时，跟他提到她的博士论文是研究可解释性，他认为这是死胡同，还劝她换方向。不过，她并不反感他："我认为他是在很诚恳地给我建议……这在当时其实很合理，完全出于好心。"

　　金姆咧嘴一笑："他现在也在研究可解释性。"

第二篇

自主

4. 强化

强化在人类事务中的作用得到了越来越多的关注，不是因为学习理论的风潮变了，而是新发现的事实和实践增强了我们预测和控制行为的能力，并且在此过程中展示了其无可置疑的真实性和重要性。即使是那些已尽最大努力来证明它的人，也没有完全掌握强化的能力范围，更何况心理学家本来就有很强的文化惰性。这是可以理解的，因为这种变化可以说是革命性的：传统学习理论将被彻底革新。

——斯金纳（ B.F.Skinner ）[1]

现代行为主义理论的问题不在于它们是错的，而在于它们可能成为事实。

——汉娜·阿伦特（ Hannah Arendt ）[2]

1896 年春天，格特鲁德·斯坦（Gertrude Stein）在哈佛大学参加了声望卓著的威廉·詹姆斯（William James）组织的心理学研讨班。斯坦在哈佛研究"自动主义行为"，即在没有刻意思考单词的情况下在纸上写出它们的能力。据此撰写的严肃学术论文将是她的处女作。更重要的是，开始于大学阶段的心理学研究启发了她标志性的现代主义"意识流"散文风格，并因此而闻名。[3] 斯坦记述了她在詹姆斯研讨班上的同学是"一群有趣的人"，其中一个人尤其有意思：他正忙于孵小鸡。[4]

这个人名叫爱德华·桑代克，公平地说，他最初并没有打算将宿舍改造成

　　　　　　　　　　　　　　　　　　　　　　　　人机对齐

鸡舍。他本来想研究人类儿童的学习机制，并以此驳斥所谓的超感官知觉。哈佛没有批准这项研究，所以作为后备计划……孵蛋器里孵出了一群叽叽喳喳的小鸡。[5]

对于一个有抱负的心理学家，伺候一群小鸡在当时确实显得奇怪。动物研究尚未像20世纪那样成为时尚，桑代克自己的同学也认为他有点古怪。这虽然让同行侧目，也引起了女房东的不满，但是照料鸡群虽然烦琐，也并非没有好处。例如，在去坎布里奇的路上，桑代克经常不得不在家族世交莫尔顿的家里停留，借火炉给小鸡取暖。理由当然很正当——研究需要，但从桑代克的信中可以清楚看出，他主要是找机会去和莫尔顿家的小女儿贝丝调情。她后来成了他的妻子。

桑代克在坎布里奇的女房东最终忍无可忍，宣布他的孵蛋箱有火灾危险，并给他下了最后通牒：小鸡必须送走。詹姆斯想帮他在哈佛校园里争取一点实验场地，但学校不同意。最后，詹姆斯不顾妻子的抗议，让桑代克把小鸡、孵蛋器和一大堆东西都搬进了自己家的地下室。（至少詹姆斯的孩子们很高兴。）

1897年，桑代克从哈佛毕业，移居纽约并获得了哥伦比亚大学的研究生奖学金，这次是与各种动物打交道。这一年的经历让人沮丧。他的两只猫跑了，找不到狗，还说"我的猴子太野了，我不能碰它"。更糟糕的是，桑代克的城市动物园里的动物并非都是来为科学献身的，还有许多是害虫。在1898年2月14日给贝丝的信中，他写道："刚才有只老鼠从我脚上跑过去。还有几只老鼠在啃书桌；3只小鸡在我旁边睡觉；地上乱七八糟，有烟叶、烟头、报纸、书、煤、鸡圈、猫奶碟、旧鞋子、煤油桶和一把没起作用的扫帚。我的房子是个破败的山洞。"不过他保证会清理干净，还邀请她去玩——毕竟那天是情人节。

在这个肮脏的环境中，将会产生一些19世纪最具原创性和最重要的研究成果。桑代克建造了一套装置，他称为"迷箱"，里面安装了门栓、杠杆和按钮。他把动物放在盒子里，放一些食物在外面，观察动物——小鸡、猫和狗——如何找到出路。桑代克在给贝丝的信中写道："你会看到各种特技表演，小猫打开门栓和按钮，拉绳子，像小狗一样讨食物，我只需在旁边吃着苹果抽着烟。"

桑代克想研究的是学习机制，一种理论正在他的头脑中成形。桑代克一边吃着苹果抽着烟，一边观察那些寻找盒子诀窍的动物，最初的行为几乎完全是随机的：咬，推。一旦某个随机行为让它们从盒子里逃了出来，它们就会很快学会重复这个行为，并越来越擅长快速逃离盒子。"在许多偶然的动作中，有些动作会带来快乐，"他观察到，"从而越来越强化和牢固。"[6]

桑代克发现的是一种更普遍的自然法则的要点。正如他所说，我们行为的结果要么"令人满意"要么"令人厌恶"。当行为的结果"令人满意"时，我们倾向于继续做。当结果"令人厌恶"时，我们会尽量避免。行为与结果的关联越明确，学习的效果就越明显。桑代克称之为"效果律"，这可能是他职业生涯中最著名也最持久的想法。

正如他所说：

效果律是：如果在情境和作出的反应之间能建立可变的关联，并且伴随或跟随着令人满意的状态，则这种关联会增强；如果作出的反应伴随或跟随着令人烦恼的状态，则关联会减弱。满足感（或烦恼感）与这种关联的联系越密切，对关联的强化效应（或弱化效应）就越明显。[7]

这个思想看似平常，也很直观，却是20世纪建立的大部分心理学的基础。[8]1927年，巴甫洛夫（Ivan Pavlov）提出的**条件反射**由他的学生格雷布·冯·安瑞普（Gleb von Anrep）翻译成了英文，首次用"强化（reinforcement）"一词来指称这种效应。到1933年，桑代克自己也开始使用"强化"这个术语，并由一位名叫斯金纳的年轻的哈佛博士后进一步阐释（我们将在第5章中正式与他见面）。[9]"强化"——连同利用动物来理解试错学习机制，从而理解人类思维的想法——设定了未来几十年心理学发展的框架。

下一代的杰出心理学家爱德华·托尔曼（Edward Tolman）后来写道："动物学习的心理学，更不用说儿童学习的心理学，过去和现在主要是围绕桑代克的观点。"[10]

桑代克在心理学经典中占有了一席之地，但他自己对此倒是非常谦虚。1905年，桑代克出版了教科书《心理学的要素》，书中声称要推翻之前的主流教科书《心理学：简明教程》，这本书的作者不是别人，正是他在哈佛的导师威廉·詹姆斯。桑代克寄给他一张100美元的支票以补偿损失的版税。詹姆斯回答说："说真的，桑代克，你是大自然的怪胎。自然的第一法则是消灭所有竞争对手（尤其是在教科书领域），你却用收益供养他们！"詹姆斯拒绝兑现支票，将它退了回去。[11]火炬就这样被传递下去，20世纪的心理学曙光初现。

数字试错法

什么样的力通过什么样的过程或机制起作用，能产生什么样的肯定反应？在我看来，符合所有或几乎所有事实的答案是……施加于连接的强化力和机制。

——桑代克[12]

如果跟随桑代克的动物研究员和桑代克一样，最终感兴趣的是人类儿童心理学，那么他们并不孤单，研究计算机科学的先驱也是如此。1950年，艾伦·图灵（Alan Turing）在他最著名的论文《计算机与智能》中，就明确用这方面的术语来构想AI。"与其尝试构建程序来模拟成人大脑，"他写道，"为什么不模拟儿童大脑呢？如果能做到，然后用适当的课程对其进行教育，就能成为成人大脑。"图灵将他构想的模拟儿童大脑称为"无组织机器"，从随机配置开始，然后根据其（最初是随机的）行为的效果来改进。

通往AI的路线图成形了。"无组织机器"将直接借鉴关于神经系统的知识，"教育课程"将直接借鉴行为主义研究发现的关于动物（和儿童）如何学习的知识。沃伦·麦卡洛克和沃尔特·皮茨在40年代初已经发现，用大量人工"神经元"，通过适当连线，几乎可以计算任何东西。图灵已经开始构想用试错法训练神经网络的方法。事实上，这正是50年前桑代克在烟雾缭绕的宿舍动物园里描述的"固化"过程；图灵的描述与桑代克的效果律几乎一模一样：

面对出现的情形，如果应对行为不确定，对缺失数据进行随机选择，并在描述中给出适当的暂定输入，然后应用。如果引发了疼痛刺激，所有暂定输入都被取消，如果引发了愉悦刺激，则都被永久化。[13]

20世纪50年代末，IBM纽约波基普西实验室的亚瑟·塞缪尔（Arthur Samuel）构建了一个下西洋跳棋的程序，这个程序能以一种粗糙原始的方式，根据输赢调整参数。没过多久，塞缪尔就输给了自己的创造物。正如《纽约客》1959年的报道："塞缪尔博士可能是历史上第一个被自己设计的对手击败的科学家。"[14]他发表了一篇报告，题为《利用下跳棋进行机器学习的一些研究》。"机器学习"一词就此诞生。塞缪尔写道：

本文报告的研究与数字计算机的编程有关，其行为类似人类或动物的学习过程……我们的计算机已具备足够的数据处理能力和计算速度，能够利用机器学习技术，但我们对这些技术的基本原理的掌握仍处于初级阶段。由于缺乏这方面的知识，不得不详细准确地说明解决问题的方法，这个过程耗时且成本高昂。通过编程让计算机从经验中学习，应该可以省去很多烦琐的编程工作。[15]

他用大白话解释道："这是我经历过的最让人兴奋的事情之一……据我所知，还没有人曾让数字计算机自我改进。你看，计算机能够模拟的思维活动一直受到严重限制，因为我们不得不告诉它们到底该做什么和怎么做。"

开发能够通过人类指令或自身经验学习的机器，能减轻**编程**的负担。此外，它将使计算机能够做我们不知道**如何**编程让它们做的事情。

塞缪尔的演示成为了计算机科学的传奇。另一位AI先驱约翰·麦卡锡（John McCarthy）回忆说，当塞缪尔准备在国家电视台演示跳棋程序时，"IBM创始人兼总裁老托马斯·沃森（Thomas J. Watson Sr.）说，演示会使IBM股票上涨15个百分点。他没说错"。[16]

享乐主义神经元

> 每个神经细胞都在为自己的生命奋斗，这与我们为获得满足的奋斗是平行的。
>
> ——桑代克[17]

1972年，俄亥俄州赖特-帕特森空军基地空军科学研究所的哈利·克劳夫（Harry Klopf）发表了一篇题为《大脑功能和适应性系统：异体平衡理论》的革命性报告。克劳夫认为"神经元是享乐主义者"：它致力于最大化某种近似的、局部的"快乐"，并最小化某种"痛苦"。克劳夫认为，人类和动物行为的复杂性都是由这些"享乐主义"神经元连接形成的复杂系统产生的。

在克劳夫之前的一代人，也就是从20世纪40年代到60年代的控制论运动，是基于所谓的"负反馈"来构建智能行为。他们认为，生物的驱动力主要是维持自体稳态或平衡。它们努力保持舒适的体温，吃东西充饥，交配以排解性欲，睡眠以消除疲劳。一切似乎都是为了回到平衡。

1943年的控制论开创性论文《行为、目的和目的论》区分了有目的和无目的（或随机）的行为。[18]顺便提一下，这篇论文创造了"反馈"一词，意指"用于调控的信息"，这个概念现在已成为常识。在控制论中，目的等同于一个可以稳定下来的目标。控制论专家诺伯特·维纳用恒温器举例，解释什么是具有"内在目的"的机器：当温度太低时，它开启加热，当温度足够高时，它关闭加热。他还举了引擎"调速器"的例子。毫不奇怪，"控制论（cybernetics）"这个词就源自希腊词根"kybernetes（掌舵人）"。[19]["控制论"这个词现在听起来很具科幻意味，其实本来可以是更平淡更官僚气的"管控学（governetics）"]机械"调速器"在引擎运转过快时打开阀门，在引擎运转过慢时关闭阀门，帮助引擎保持平衡。"请注意，反馈往往与系统正在做的事情相反，因此是负的。"维纳写道。[20]从控制论的角度来看，任何目标导向的系统都需要这个。"所有有目的的行为，都可以认为需要负反馈。"[21]

克劳夫不认同生物的驱动力主要是维持自体平衡的观点。他认为，生物体是**最大化者**，而不是最小化者。在任何意义上，生命都是生长、繁殖，是无穷无尽和永不满足的前进。在克劳夫看来，生命的目标根本不是自体平衡，而是相反。"生物适应系统的主要目标是寻求一个最大状态（异体平衡），而不是……稳态（自体平衡）。"他还以一种极富诗意的方式提倡正反馈而不是负反馈："正反馈和负反馈对生命过程都必不可少。但是，正反馈占主导，它提供了'生命的火花'。"从单细胞到有机体再到社会，正反馈无处不在。克劳夫对于他提出的这个观念的意义毫不谦虚。"这似乎是第一个能够提供统一框架的理论，在这个框架内，生物适应系统的神经生理学、心理学和社会学特性都能得到解释，"他写道，"神经元、神经系统和国家都是异体平衡。"[22]

神经元是贪得无厌的最大化者？这能解释国家行为？这个想法雄心勃勃，但也很不正统，甚至可能很荒谬。空军给了他资金，让他寻找研究人员或组建实验室进行研究。他在马萨诸塞大学阿默斯特校区组建了团队，聘请了一位名叫安德鲁·巴图（Andrew Barto）的博士后研究员，来研究这个想法——如巴图所说——"是一个疯狂的、不切实际的想法，还是有一些科学价值？"[23]

与此同时，克劳夫还同斯坦福大学一名心理学本科生保持联系。在巴图加入时，克劳夫撺掇他："有个非常聪明的孩子，你应该让他加入。"[24]这个聪明的孩子名叫理查德·桑顿（Richard Sutton），还不到20岁时，他去了阿默斯特，成了巴图第一个研究生。

我问巴图对后来的事情是否有所预知。"我们不知道。"他告诉我。桑顿和巴图将在克劳夫的空军基金资助下，开始为期45年的合作，并开创一个新的领域。这一领域涉及神经科学、行为主义心理学、工程学和数学，被称为"强化学习"；他们的名字——"巴图和桑顿""桑顿和巴图"——将永远与他们共同撰写的AI领域权威教科书联系在一起，几乎成了强化学习领域本身的代名词。[25]

我在马萨诸塞大学校园里见到了巴图，他已经退休。"幸福地退休了，"他说。"坦率说，很高兴摆脱了关于AI和强化的鼓吹和狂热的漩涡。"

我告诉他，我很兴奋能听他谈论强化学习（通常简记为"RL"）的发展史，尤其是它对安全、决策和人类认知的影响，他打断了我。

"你有多少时间？"

我告诉他，一天。的确要这么久。

奖励假说

巴图和桑顿基于克劳夫的生物是最大化者的思想，给出了具体的数学表示。假设你处于一个提供数值奖励的环境中，如果你采取某些行动并达到一定的状态，就能得到这些奖励。你的任务是尽可能获得最多奖励——最高"分数"。

例如环境可以是迷宫，行为可以是向北、向南、向东或向西移动，到达出口就能获得奖励（也许超时会有惩罚）。环境也可以是棋盘，行为是移动棋子，将死对手可以奖励一分（和棋得半分）。环境也可以是股市，行为是买入卖出，奖励以你投资组合的价值来衡量。环境还可以是国家经济，行为可能是颁布立法或外交手段，奖励可能是长期的 GDP 增长。对环境的复杂性没什么限制，只要求奖励是一个**标量**，就像可互换的共同货币。

事实证明，强化学习框架是如此普适，以至于产生了一个"奖励假说"："我们平时所说的目标和目的**都**可以视为获得的标量奖励的累积总和最大化。"[26]

"这差不多是哲学了，"桑顿说，"但很有些道理。"[27]

当然，并不是所有人都同意这个前提。在体育、下棋、电子游戏和金融中，可能确实存在这样的标量，一种用来衡量所有结果的单一货币（字面意义或比喻）。但这真的能适用于复杂多变的动物甚至人类吗？我们做出决定产生的后果经常是有得有失。加班到深夜可能会让老板高看我们一眼，但是会考验爱人的耐心。我们是更看重人生成就、冒险经历还是人际关系或心智成长？例如，牛津大学哲学家张美露（Ruth Chang）几十年来一直在论证，人类境况最典型的一面就是我们拥有的各种动机和目标的**不可比较性**。我们**不能**简单地将主要的生活选择放在天平上，权衡哪一个最合适，否则就只有纯粹理性，无所谓道德，也没有机会创造意义和塑造个性。[28]

桑顿自己也承认，奖励假说"可能最终是错误的，但它是如此简单，我们必须先推翻它再去考虑其他更复杂的"。

即使暂且接受奖励最大化和标量奖励可比性的框架，要成为异体平衡最大化者也不是那么容易。事实上，强化学习在哲学和数学上都带来了诸多挑战。

第一个挑战是，我们的决定**是相互关联的**。对于这一点，强化学习与无监督学习（用于构建第 1 章探讨的向量词表示）和监督学习（用于 ImageNet 竞赛、人脸识别、再犯风险评估等问题）存在微妙但重要的差异。在这些背景下，每个决定相互独立。给系统输入一张图片，比如说鸡油菌，并要求对其分类。系统给出的答案可能正确也可能错误，如果错了参数可能会微调，但无论对错，你只需从图库随机抽取下一张图片，然后继续。这种输入数据被统计学家称为"i.i.d"：独立同分布。我们所看到的和所做的与接下来看到的没有因果关联。

在强化学习中——迷宫、下棋，甚至人生——我们没有在真空中做决定的奢侈。我们做出的每个决定都给下一个决定设定了背景。事实上，它可能会**永久改变背景**。以某种走法挪动棋子，会对可能出现的棋局和未来可选的策略施加强约束。在一个虚拟或真实的空间中，运动的固有特征决定了，我们采取的行动，无论是在迷宫中向北移动，回家陪爱人，还是到佛罗里达过冬，会塑造我们在未来得到的输入，可能是暂时的，也可能是永久的。如果下象棋时弃后，在剩下的棋局中就不能再使用它。如果从屋顶跳下去，可能会再也没有机会跳。如果对某人不友善，可能会永远改变那个人对我们的行为，我们可能永远无法知道，如果当初友善一点，他会怎么做。

强化学习的第二个挑战是，由于奖励是标量，与监督和非监督学习相比，环境给出的奖惩很**简略**。猜测缺失词的语言模型在训练过程中每次猜测后，会被告知正确的词，对图像分类的模型会被立即给予"正确"的标签。然后，它们可以肯定地向正确答案的方向进行调整。相比之下，强化学习系统，在某种环境下尽力最大化某个数值，在结束时会知道自己的成绩，但无论输赢，它可能永远无法知道"正确的"或"最好的"行动是什么。当火箭爆炸，桥梁垮塌，或者搬运的一叠盘子倒了，踢的球没进网，世界给出的结果非常清楚。但到底哪些步骤做得不对，很难说清楚。

正如巴图说的，强化学习与其说是跟随**老师**学习，不如说是跟**评论家**学习。[29]评论家可能眼光很毒辣，但却没什么帮助。在你做事时，老师会盯着你，随时纠正你，告诉你**该**怎么做或者演示给你看。评论家等你做完后，在礼堂的阴暗角落大声喝倒彩，让你不知道他们到底喜欢哪部分不喜欢哪部分。评论家甚至可能不会有任何洞见或建设性的反馈意见。用桑代克的话来说，除了"满足或烦恼"的程度之外，他们可能也没什么想法。

强化学习的第三个挑战是，反馈不仅简略且不具建设性，还有**延迟**。例如，我们可能会在开局后第5步就犯了无法挽回的错误，导致100步后被将死。当人们经历失败或挫折时，无论是失望的父母、破产企业主或是被捕的小偷，一般都会想"我是哪里做错了？"这在强化学习中被称为"信用分配问题"，半个世纪以来一直困扰着研究者。例如，MIT的马文·明斯基在1961年的著名论文《走向人工智能的步骤》中写道："在象棋和跳棋等复杂游戏中，或者在编写程序时，有明确的标准，赢还是输，成功还是失败。但在游戏过程中，最终的成败涉及大量决策。如果成功，我们如何将成功的信用分配到众多的决定？"

明斯基解释道："假设一个复杂的任务（比如下赢一盘棋）涉及100万个决定。我们是不是给参与完成任务的每个决定分配1/1000000分？"[30]

如果在长途旅行几天后遭遇了车祸，我们不会追溯我们的行为一直到转动钥匙发车的时刻，然后想："好吧，下次出门再也不**左拐**了！"但我们也不会认为，在棋局的第89步被将死后，错误一定发生在第88步。

那么，我们如何才能从成功和失败中正确吸取教训呢？强化学习框架开始在学习和行为的基本问题上打开新视野，最终发展成为完备的领域，并在最近10年指导了AI的研究进程。而且正如克劳夫设想的，这反过来又给自然智能的研究带来了许多启发。

多巴胺之谜

如果人类和动物可以被视为"异体平衡"奖励最大化者，那么这些奖励肯定是通过大脑的某种机制起作用。如果人类和动物真的存在某种用于最大化的单一标量"奖励"，会不会就是大脑中的某种化学物质或回路？ 20世纪50年代，蒙特利尔麦吉尔大学的两位研究人员，詹姆斯·奥尔兹（James Olds）和彼得·米尔纳（Peter Milner）似乎找到了它。

奥尔兹和米尔纳在实验中将电极放在老鼠大脑的不同位置，并让老鼠有机会按压杠杆，杠杆会导致电极刺激大脑的特定区域。他们发现，大脑的一些区域似乎对老鼠的行为没有影响。在有些区域，老鼠似乎会**避免**杠杆被按下。但在一些区域，尤其是所谓的"隔区"，老鼠似乎很想按下杠杆，向该区域输送电流。老鼠会每小时按下操纵杆5 000次，彻夜不休。[31] "这种奖励对动物行为的控制极为明显，"奥尔兹和米尔纳写道，"可能超过以往在动物实验中使用的任何其他奖励。"[32] 这项研究为从奖励最大化的角度研究人和动物的行为，甚至研究奖励本身的分子机制奠定了基础。

起初，这些区域被称为"强化结构"，但很快奥尔兹开始称之为"快感中枢"。[33] 随后的研究表明，不仅是老鼠，人类也一样，会不遗余力地向大脑的类似部位输送电流。

随着时间推移，研究逐渐证实，大脑中电刺激快感最强的区域是产生名为3，4-二羟苯乙胺的神经递质的区域，这种神经递质有一个更耳熟能详的名字：多巴胺。[34] 产生多巴胺的细胞很罕见，在大脑中远不到万分之一，而且聚集在特定区域。[35] 有时候一个多巴胺细胞就能与**数百万**个神经元连接，横跨大脑的大片区域。[36] 事实上，它们是最具连接性的细胞，几乎是唯一这样广泛连接的，轴突长达5米。[37] 与此同时，它们的输出幅度和复杂度却相当有限。正如纽约大学神经学家保罗·格列姆彻（Paul Glimcher）所说，这意味着"它们不会对大脑的其他部分说太多，但它们说的必定被大范围听到"。[38]

这很像是"奖励标量"，就像记分牌上的分数，非常简单，但传播范围广，而且至关重要。多巴胺似乎也与成瘾物质密切相关，包括可卡因、海洛因和酒精。难道多巴胺真的是大脑中的奖励分子货币？

20世纪70年代末的研究似乎也印证了这一点。例如，1978年的一项研究发现，如果让学习过按压杠杆获得食物的老鼠摄入多巴胺阻断药物匹莫齐特，它们对按压杠杆的兴趣并不比从未学习过食物关联的老鼠高。食物奖励似乎对摄入匹莫齐特的老鼠没有影响。研究人员写道，匹莫齐特"似乎选择性地减弱了食物和享乐性刺激的奖励效应"。[39]对此，神经科学家罗伊·怀斯（Roy Wise）在1982年写道，就好像"生活中所有的快乐——初级强化的快乐和与其关联的刺激的快乐——都失去了唤起动物的能力"。[40]事实上，一旦摄入多巴胺阻断药物，老鼠也会停止向大脑输送电流。用神经科学家乔治·福里耶佐斯（George Fouriezos）的话说，这种药物消除了"伏特的震荡"。[41]仿佛一切，食物、水、性，以及自己掌控的电流，都失去了愉悦的效果。

20世纪80年代，电生理学发展到了可以实时监测单个多巴胺神经元的水平。在瑞士弗里堡的实验室里，德国神经生理学家沃尔夫拉姆·舒尔茨（Wolfram Schultz）研究了猴子的多巴胺神经元的行为。它们把手伸进盒子，里面有时是空的，有时装有小块水果或烘焙食品。果然，嘀的一声，"当猴子的手碰到食物时，产生了一阵冲击"。[42]这似乎验证了科学家的确发现了奖励的化学物质。

但是有些奇怪的事情。

在一些实验中，如果盒子里有食物，实验员会提供某种视觉或听觉线索，这种**线索**会引发多巴胺活动的激增。然后猴子会伸手去拿食物，舒尔茨继续监控读数——什么也没发生。就像平常的活动基线一样，没有尖峰。他写道，多巴胺神经元"对(线索)起反应，释放出一阵冲动，但在触碰到食物时完全没反应"。[43]

这到底是怎么回事？

"我们搞不清是怎么回事。"舒尔茨说。[44]他分析了几个假设。也许猴子吃饱了，不想再吃了。他尝试让猴子挨饿，没用。它们狼吞虎咽，但没有多巴胺尖峰。

在20世纪80年代末90年代初，舒尔茨和合作者试图为他们看到的现象寻找合理解释。[45]在重复的过程中，多巴胺尖峰从食物转移到了线索，但这**意味**着什么呢？如果食物已经不再是"奖赏"，为什么猴子还是那么快地抓起来吃呢？这没道理，说明多巴胺并不直接对应奖励。他们还排除了与工作记忆的联系，也排除了与运动和触觉的联系。

舒尔茨告诉我："我们无法把它归因于某件事。一开始把它归因于激励，动机，作为对刺激的反应驱使你前进……我们最初是这么想的，但后来发现这个概念太模糊。"实验室同事开始认同一个观点，即它与惊喜或出乎预期有关。心理学中有个观念，叫做雷斯科拉-瓦格纳模型，认为学习的关键在于惊喜。[46]也许多巴胺与这种联系有关：也许它以某种方式代表了惊喜本身或惊喜引发的学习过程。这就解释了为什么食物在没有线索的情况下会引发多巴胺尖峰，而在有线索的情况下则不会，以及为什么在有线索的情况下，是**线索**引发尖峰。"这没问题，"舒尔茨说，"但我们掌握的数据还有一部分无法解释。"[47]

舒尔茨还观察到了另一个现象，比第一个更神秘的现象。他当时正在做后续研究，使用了类似的装置，但这次用的是杠杆和果汁，而不是盒子和食物。等猴子习得线索可靠地意味着果汁后，舒尔茨尝试了一些新东西：给出一个假警报。他触发了提示；和往常一样，猴子的多巴胺活性激增，高于神经元平常的基线。猴子按下杠杆，没有果汁。猴子的多巴胺神经元短暂但明确地陷入**静默**。"然后我说，**好吧。这与惊喜相反。**"[48]

多巴胺是个谜。起初，它似乎很明显是大脑的奖励货币，它显然在测量什么。如果不是奖励，不是注意力，不是新奇，也不是惊喜，那到底是**什么**？

策略和价值函数

很难聪明到一分钟内都骗不倒你。

——雷欧·斯泰因（Leo Stein）[49]

们开始猜测通过时序差分学习的神经系统会如何运作。

"我们知道这肯定和神经科学有关联，"达扬在优步总部的会议室向我解释，他在伦敦大学学院任教，现在正在旧金山过学术休假年。

"然后，"他说，"我们拿到了沃尔夫拉姆·舒尔茨的数据。"[60]

达扬站起身来，在白板上很快画出了多巴胺反应图。他指着猴子在获得提示后得到预期的果汁奖励时平静的反应说："**这部分信号和平常一样，就是你在雷斯科拉－瓦格纳模型中看到的，很漂亮的传统心理学。**"

然后，他指向前面由提示本身引起的多巴胺尖峰。"令人困惑的是信号的**这一部分**，"他说，"从心理学角度来看这出乎预料，所以舒尔茨经常纠结于这一点。"

舒尔茨和整个神经生理学界都觉得这些数据难以理解，但是当达扬和蒙塔古看到舒尔茨的数据时，他们马上明白了。

这就是时序差分。这是猴子期望值的突然波动，它的价值函数，它对事态好坏的预测。

大脑多巴胺的基线波纹上方突然出现尖峰，意味着这个世界突然比刚才更**有希望**了。反过来，突然的静默则意味着事情突然变得**不像**想象的那么有希望。正常的背景波纹意味着事情没有出乎**预期**，无论好坏。

多巴胺尖峰本身不是奖励，但与奖励有关；它本身不是不确定性、惊讶或注意力，但与所有这些因素密切相关。这种关联终于现身了。这是猴子预期的波动，表明之前的预测是错的，它的大脑在从猜测中学习猜测。

在论文中被证明，在芯片上被验证的算法，现在在大脑中被发现了。时序差分学习不仅是**模仿**多巴胺的功能，它**就是**多巴胺的功能。

1997年，舒尔茨、达扬和蒙塔古联名在《科学》杂志上发表了一篇轰动世界的论文。正如他们所说，他们发现了"预测和奖励的神经基础"。[61]

这个发现对神经科学和计算机科学有深远影响。一个受心理学中经典和操作性条件反射模型启发，完全在机器学习领域发展出来的想法，突然形成了完整的闭环。它不仅是AI的可能模型，似乎还描述了智力的普遍原则，完美。

"眼睛独立进化了四五十次……生物圈一次又一次发明了眼睛，各种不同的眼睛，"蒙塔古解释道，[62]"我认为在学习领域也存在这种现象。学习算法对于获取经验、重组神经结构以及未来的行动是如此重要……毫不奇怪这种算法会在各种生境的生物身上一次又一次进化出来。你在蜜蜂、海蛞蝓、鸟类、人类和啮齿动物身上都可以看到强化学习和奖励系统。"[63]

达扬也有相同看法。"我们天生就拥有这些，"他说，"你能在多巴胺神经元的活动中如此清晰地看到它的想法……这是一个重要启示。"[64]

75岁的舒尔茨仍然在精力充沛地工作。参观他位于剑桥的实验室时，我问他，在当时是否就感觉这是一个启示。让我惊讶的是，他说不是。在他看来，真正的启示是，描述猴子在寻找食物时大脑活动的TD-学习模型，虽然很简单，却在20年后促成了当前AI的突破。我们能够从自然界获得这样的普适性方法，并综合应用，这才是让他大吃一惊的。

"当我看到TD模型催生了我们现在看到的围棋程序之类的AI和机器学习时，才意识到了启示，"他说，"这时我才说，**我的上帝，我做了什么？**你知道我的数据来自雷斯科拉-瓦格纳模型，来自一个预测误差，但结果却……天哪！我的意思是，我知道泰索罗用TD模型下双陆棋。好吧，我不下双陆棋，但我下围棋，下得不太好。我说，还行，但如果他们能对围棋编程，那这个模型才**真**厉害。而我其实在他们写这些程序之前已经发现了这个。"

我告诉他，我认为发现神经生理学和机器学习领域如此清晰和强大的综合性成果，而且对两个领域都有如此大影响，这很了不起。

"当然，"他说，"是这样。这就是它的魅力所在。所有东西都契合到了一起。完美解释。"[65]

这对神经科学的影响是革命性的。[66]正如普林斯顿大学雅艾尔·尼夫（Yael Niv）所说："在基底神经节多巴胺依赖功能水平上理解学习和行动选择的潜力怎么强调都不为过：多巴胺与帕金森病、精神分裂症、重度抑郁症、注意力缺陷多动障碍等多种疾病有关，并导致药物滥用和成瘾等病态决策。"[67]

诚然，还有许多问题需要解决，而且现在看来这个经典解释有可能会被推翻，或是随着时间推移变得复杂。[68]但是，尼夫说，很明显，"强化学习已经在大脑决策研究中留下了永久烙印"。[69]

她讲述了自己第一次参加神经科学年会的经历。年会聚集了该领域大约3万名研究人员。"我第一次去时留意过强化学习，大概是在2003、2004年。整个会议期间只有大约5张海报。会议持续整整一周，每天都有两轮海报张贴，上午一轮，下午一轮。"现在，"她说，"每轮海报张贴强化学习都占了一整段，或者一整行。它确实在这10到15年取得了长足进步。"[70]

她补充道："有很多研究都在大脑中验证这一理论的猜测，并发现'天哪，这些神经元好像读过教科书。它们读过桑顿和巴图的教科书。它们非常清楚自己要做什么。'"

幸福与误差

如果TD-学习模型揭示了多巴胺在大脑中的功能——不是作为大脑的**奖励货币**，也不是作为大脑对未来奖励的**预期**，而是作为大脑对未来预期的误差——那么它就留下了一些问题。

首先，它打开了与快乐和幸福的主观体验的关联。如果多巴胺水平的增高预示着**事情会比我想象的要好**，那么这种感觉本身就是愉悦的。你可以看到人类和动物如何不遗余力地想获得这种感觉，包括直接通过化学和电流刺激多巴胺神经元。

你也会看到人工提高多巴胺水平是如何导致不可避免的崩溃。认为事情**会**比你想象的要好只会持续这么久。最终你会意识到并**没有**你想象的那么好，就像舒尔茨对猴子做的实验那样，当果汁提示灯闪烁但没有果汁时，多巴胺会静默。多巴胺有可能开出环境无法兑现的支票。这些支票最终必然会被驳回。你的价值函数终将回归现实。

这正是多巴胺相关药物的特点，可卡因就是典型例子。这种毒品会抑制大脑对多巴胺的再吸收，从而导致多巴胺的暂时"泛滥"。TD对此的解释是，大脑把这理解为一种总体感觉，事情**将**变得很好，但多巴胺开的是空头支票，环境无法兑现奖励。最终，预测的利好不会到来，随之而来的是等量且相反的**负面**预测错误。"**似乎**一切都将变得更美好……"我们可以用化学愚弄大脑的预测机制，但只骗得了一时。

正如作家大卫·伦森（David Lenson）所说："可卡因承诺在1分钟内将获得最大快感，正确的景象将出现在眼前，另一剂毒品将被注射，性交将很和谐。但那个未来永远不会到来。诚然，毒品能带来生理快感，但与即将发生的事相比，这是偶然的、微不足道的。"[71] 将可卡因理解为一种多巴胺药物，将多巴胺理解为一种时序差分（即预期波动）化学物质，脉络就清晰了。通过人为向大脑大量供给，体验到的不是事情很棒的喜悦，而是事情**极有希望**的兴奋。如果承诺不兑现，时序差分误差就会反过来，多巴胺系统就会静默。我们的**高**预期是错的，我们被骗了。

多巴胺与快乐愉悦的主观体验的关联仍然在深入研究。例如，密歇根大学的肯特·伯里奇（Kent Berridge）在职业生涯的大部分时间都在剖析**想要**而不是**喜欢**的神经科学。[72] 伦敦大学学院的罗布·拉特利奇（Robb Rutledge）开发了明确涉及多巴胺的快感数学模型。

拉特利奇与彼得·达扬以及伦敦大学学院的团队合作，设计了一个实验，让受试者下各种赌注，积累一笔钱，同时周期性地问受试者："你现在有多开心？"[73] 他们使用强化学习的数学工具对任务进行建模，输入受试者到目前为止赢了多少钱，他们预期总共能赢多少钱，以及他们最近在调整这些数值时是喜是忧。目标是找出他们自我报告的当下快乐的最佳数学关联。

拉特利奇的发现在许多方面都很有启发性。首先，快乐是**短暂的**。无论你在某次下注中赢了1英镑后有多高兴，5次下注后，92%的高兴都消失了。10次下注前发生的任何事就像从未发生过。这意味着受试者的高兴实际上与他们赢了多少钱无关。

快乐似乎至少部分是由受试者**预期**能赢多少钱决定的，但似乎最关键的是**违背**这些期望。正如拉特利奇写的："短暂的快乐不是反映事情的进展有多好，而是反映是否比预期的要好。"[74]这听起来正是时序差分误差，换句话说，正是多巴胺扮演的角色。

　　放宽视界，我们会注意到神经科学和经济学中一个众所周知的现象，所谓的"享乐适应"。这个现象说的是，不管长期生活质量如何变化，人们总是会顽固地不断回到情绪基线。[75]众所周知，彩票中奖者和截瘫者在生活发生剧变后，情绪都会大致恢复之前的状态。[76]对此多巴胺和强化学习提供了解释的线索。如果幸福不是来自事情**正**进展顺利，也不是来自事情**即将**进展顺利，而是来自**事情进展得比预期更好**，那么的确，无论是好事还是坏事，只要期望不断适应现实，长期的惊喜状态就应该是不可持续的。

　　不幸的是，这项研究也不赞同"总是保持低期望"这类简单的生活原则。正如拉特利奇所说："较低的预期使结果更有可能超出预期，并对幸福产生积极影响。然而，在决定产生后果之前，预期也会影响幸福。如果你打算在喜欢的餐馆和朋友会面，一旦制定了计划，积极的预期也可能会让你更快乐。"[77]

　　在论文中，他和合著者提到了一种可能性，例如，一家航空公司声称有50%的几率会延误6小时，然后宣布实际延误将是1小时。"降低预期会增加正面结果的可能性……然而，较低的预期会在结果到来之前降低幸福感，从而限制了这种操纵带来的好处。"[78]

　　用拉特利奇的话说："你知道的，你不能用降低预期来解决一切问题。"[79]

　　多巴胺、TD误差和快乐的关联启发一些研究者思考强化学习自主体的主观快乐是否有伦理意义。基础研究所的布莱恩·托马西克（Brian Tomasik）关注理解和减轻痛苦的问题，他严肃思考了强化学习项目是否存在道德立场问题——我们如何对待它们重要吗？他给出了试探性和有限的肯定答案：就它们建立在与动物和人类大脑相似的原则上而言，很可能它们应该得到一点伦理考虑。[80]"当前的强化学习算法还远不如动物重要，"他指出，"尽管如此，我认为强化学习自主体的重要性也并非为零，在大范围内，它们可能会开始增加一些有意义的东西。"[81]其他人的后续工作甚至用强化学习自主体的TD误差明确定义它的"幸福"。[82]根据这一逻辑，他们指出："完美了解世界的自主体少了预期的幸福。"如果多巴胺"快乐"在很大程度上来自惊喜，来自有机会获得更好的预期，那么对任何领域的彻底掌握似乎都必然导致厌倦，这一点不仅对强化学习自主体的未来伦理有意义，对人类也有意义。

一方面，它为解释享乐适应的进化和计算提供了线索。如果主观幸福感与**惊喜**密切相关，并且不知疲倦地预测和减少惊讶是智力的天性，那么我们就能理解这种幸福感为何转瞬即逝。我们也可以看到它的进化优势。婴儿可能会为自己能随心所欲挥动手臂而高兴。对于成年人来说，这种能力不再像婴儿期那样令人兴奋。尽管我们可能会哀叹成年人的不知足，这却是人生课程的必需部分。如果基本的运动技能就能让我们一直兴奋，我们就永远无法成年。

正如安德鲁·巴图说的，这种转瞬即逝是克劳夫早在20世纪70年代初就预料到的。"他的观点是，（自体平衡）稳定机制试图将差异降至零，当差异为零时，它会感到高兴，然后停止。他想要的那种系统永远不会满足。因此会不断探索。"[83] 强化学习、多巴胺、快乐和探索（以及成瘾）的关联，将在第6章继续讨论。

超越强化

强化学习萌生于20世纪初的动物学习研究，在20世纪七八十年代繁荣于机器学习抽象的数学世界，最后居然以近乎完美的模型成功反哺动物行为研究，成为了大脑中多巴胺作用的公认解释。[84] 因此，这个模型反过来又让我们对人类动机和人类幸福有了更深入的了解。

与此同时，就在2018年，神经科学证据开始表明，克劳夫的疯狂假说——即神经元是"享乐主义者"，受其自身桑代克效果律的驱动——可能与事实相去不远。[85] "我认为神经科学正在趋近与克劳夫提出的非常相似的东西。"巴图代表他的已故导师颇感自豪地说，他和桑顿的教科书献给了他。[86]

强化学习还为我们提供了一个强大的，甚至可能是普适的，关于智力是什么的定义。[87] 正如计算机科学家约翰·麦卡锡的名言，如果说智力是"在世界中实现目标的能力的计算部分"，[88] 那么强化学习就为其提供了一个非常通用的工具箱。事实上，它的核心原则很可能一次又一次被进化俘获，很可能将成为 21 世纪所有 AI 的基石。

然而，在某些方面，对动物和机器在世界中实现目标的**能力**的更深入理解，还开启了更深刻的哲学之路。很显然，这一理论并没有告诉我们评估什么价值，或者**应该**评估什么价值。在这方面，多巴胺的神秘一如从前。如果它代表了某个标量预测误差，那么它就隐藏了如何"评估"该预测的巨大复杂性。如果，在第一扇门背后，不是我们期待的加勒比海假期，而是观看北极光之旅，我们的多巴胺会迅速可靠地表明我们对此是喜是忧。但是，这些选项的**价值**到底是如何评估的呢？[89] 多巴胺对此守口如瓶。

与此同时，我们还遇到了另一个问题。经典形式的强化学习认为世界的奖励结构是给定的，并提出了如何算出最大收益的行为也即"策略"的问题。但在许多方面，这掩盖了 AI 前沿面临的更有趣也更可怕的问题。我们发现自己对这个问题的**逆**更感兴趣：给定我们希望的机器行为，如何构建环境的奖励来诱导这种行为？当**我们**坐在观众席后面，坐在评论家的位置，我们如何通过操控食物或它们的数字等价物，得到我们想要的？

这就是强化学习背景下的对齐问题。这个问题在过去 5 到 10 年变得越来越紧迫，但正如我们将看到的，它和强化学习本身一样深深植根于过去。

5. 塑造

大自然将人类置于痛苦和快乐这两个至高无上的主人的统治之下。只有它们才能指引我们该做什么，以及决定我们要如何做。

——杰里米·边沁（Jeremy Bentham）[1]

奖励函数的设计可能是建立强化学习系统最困难的方面，却很少被讨论。

——玛雅·马塔里奇（Maja Matarić）[2]

1943年，斯金纳在研究一个战时秘密项目，这个项目最初是由通用磨坊食品公司赞助的。通用磨坊把明尼阿波利斯金牌面粉厂的顶楼给斯金纳做实验室。这个项目是当时最大胆的构想之一：斯金纳打算训练鸽子啄食轰炸目标的图像，然后把鸽子3只一组放在真正的炸弹里，在投弹时制导。"我和同事们知道，"斯金纳说，"在全世界眼中，我们是疯子。"[3]

斯金纳意识到，许多人会认为这个项目疯狂且残忍。关于疯狂，他指出，人类将动物（超越人类）的感官用于人类目的的历史悠久且有传奇色彩：导盲犬、搜寻松露的猪等等。关于残忍，他辩解道："我们是否有权将低等生物转化为不自知的英雄，思考这个伦理问题是和平时期才有的奢侈。"[4]

斯金纳长期致力于强化研究，他著名的"斯金纳盒子"可以说是桑代克迷箱在20世纪中期的升级版。盒子中的灯、杠杆和机械食物给料器（通常是用自动售货机改装）可以对强化进行精确和定量的研究，它们将被几代研究人员沿用

（例如舒尔茨将其用于研究猴子的多巴胺）。1950年代，斯金纳利用他的盒子研究动物如何在各种条件下学会采取行动来最大化奖励（通常是以食物的形式）。他提出了"强化程序"的概念，测试了各种类型的强化程序并观察效果。例如，他比较了按"比率"强化（一定**数量**的正确行为会得到奖励）与按"间隔"强化（一定**时间**后的正确行为会得到奖励）。他测试了"固定"和"可变"强化，前者的行为数量或时长保持不变，后者允许波动。斯金纳的著名发现是，最强烈、最重复、最持久的行为往往来自**可变比率**的程序——也就是说，奖励出现在重复多次的行为之后，但重复次数会波动。[5] 这些发现对理解赌博成瘾有一定启示——可悲的是，它们无疑也启发了如何设计更容易让玩家上瘾的赌博游戏。

然而，在顶楼的秘密实验室，斯金纳还面临另一个挑战：不仅要弄清楚哪些强化程序能植入最根深蒂固的简单行为，还要弄清楚如何仅仅通过奖励来产生相对复杂的行为。有一次，当他和同事试图教鸽子击球时，困难变得很明显。他们建了一个微型保龄球馆，里面有木球和玩具球瓶，打算在鸽子向球猛击时给予它第一次食物奖励。不幸的是，什么都没发生。鸽子没有这样做。实验员等啊等啊……最终失去了耐心。

然后他们改变了策略。如斯金纳所述：

我们决定强化任何与击球稍有关联的反应，也许起初只是看向球的行为，然后选择更接近最终目标的反应。结果令我们惊讶。几分钟后，球开始在盒子壁间碰撞，就好像鸽子是壁球冠军。

效果是如此惊人，以至于斯金纳的两位助手——玛丽安·布雷兰（Marian Breland）和凯勒·布雷兰（Keller Breland）夫妻俩——决定放弃心理学学术生涯，成立一家动物训练公司。"我们想利用斯金纳的行为控制原理来谋生，"玛丽安说。[6]（他们的朋友保罗·弥尔，我们在第3章见过面，跟他们赌10美元，赌他们会失败。他赌输了，他们骄傲地把他的支票框了起来。）[7] 他们的动物行为公司将成为全世界同行业最大的公司，训练各种动物在电视、电影、商业广告和海洋世界等主题公园中表演。不仅仅是谋生：他们建立了一个王国。[8]

斯金纳也认为，在面粉厂秘密实验室的微型保龄球馆里的这一刻对他是一种顿悟，改变了他职业生涯的轨迹。他认为，关键是"通过强化与最终目标大致相似的行为来逐渐**塑造**行为，而不是等待完全一样的行为"。[9]

然而，鸽子计划最终没有付诸实施。鸽子们干得非常出色，如此出色，以至于转移了政府科学研究和发展办公室委员会的注意力。"由活着的鸽子执行任务的景象，不管多么美丽，"斯金纳写道，"只会提醒委员会我们的提议多么不切实际。"[10]斯金纳当时还不知道，政府正在努力推进曼哈顿计划，研发一种杀伤半径非常大的炸弹，用他的话来说，"有一段时间，精确轰炸的需要似乎已经彻底消失了"。然而，鸽子项目最终在海军研究实验室找到了安顿之所，改名为ORCON（"生物控制"的简称），研究一直持续到战后的20世纪50年代。

斯金纳认为这个概念已经证明可行，在20世纪50年代末，他自豪地写道："可以说，用生物来制导，不再是一个疯狂的想法。"[11]虽然可行，但已经不合时宜。

关键是他们发现了**塑造**：通过简单奖励来灌输复杂行为，奖励一连串近似的行为。"这使得塑造动物的行为成为可能，"斯金纳写道，"就像雕塑家捏黏土一样。"[12]这个想法，以及这个术语，将在斯金纳的职业生涯中扮演关键角色。[13]他从一开始就意识到，它对商业和家庭生活都有影响。

他写道："其中一些［强化程序］类似工业中广泛使用的不固定的日工资或计件工资；还有一些类似赌博机中精心设计的偶然事件，具有诱导持续行为的能力，让人欲罢不能。"[14]他还认为强化对**养育子女**可能产生显著影响："对强化的科学分析有助于更好地理解人际关系。无论是否有意，我们几乎总是在强化他人的行为。"斯金纳指出，父母的注意力是一个强大的强化因素，父母如果对礼貌的要求反应迟钝，就可能在不知不觉中训练孩子变得烦人和爱出风头。（他说，补救方法是对可接受的吸引注意力的行为——而不是大喊大叫或不礼貌的行为——做出更迅速、更一致的回应。）[15]

也许最具预言性的是，斯金纳认为，基于他的研究发现的原理，广义的教育，无论是针对人还是动物，可能会成为一个严格的、客观的领域，这个领域有可能实现飞跃。正如他所说："人们常说，教学是一门艺术，但我们越来越有理由希望它最终会成为一门科学。"[16]

斯金纳可能比他预想的更正确。在21世纪，机器学习专家也可能会使用"塑造"这个术语，而且用法同心理学家一样。对奖励的研究，尤其是如何战略性地**管理**奖励以获得你想要的行为，而不是你不想要的行为，的确已成为一门严格的定量科学，尽管可能不是像斯金纳想象的那样针对生物学习者。

稀疏问题

还有更好的方法……找出来！

——爱迪生[17]

"试错法"这个短语可能是苏格兰哲学家亚历山大·贝恩（Alexander Bain）在1855年创造的，用来描述人类和动物是如何学习。[18]（他创造的另一个短语——"探索实验"——也很贴切，但似乎没有流行起来。）

从最基本的角度来说，强化学习是通过试错学习，这种试错（也可以说是探索）最简单的算法形式是所谓的"ε-贪婪"（厄普西隆-贪婪）算法。希腊字母 ε 在数学上常用来表示"一点点"，ε-贪婪的意思就是"贪婪，除了一点点时间外"。一个按照 ε-贪婪运行的自主体，大部分时间——比如说，99%——会根据到目前为止的有限经验，采取它认为能带来最大收益的行动。但是偶尔——例如，1%——会完全随机地尝试一些东西。比方说，在雅达利游戏中，偶尔随机敲击按钮，看看会发生什么。[1]

如何用这种探索行为学习，有许多不同的风格，但基本想法是相同的——反复学习，多做让你得到奖励的事情，少做让你受惩罚的事情。你可以尝试显式地理解世界是如何运作的（"基于模型的"强化学习），或者打磨你的直觉（"无

1　译注：雅达利（Atari）公司是20世纪70年代末80年代初家用游戏机市场的霸主，开发的雅达利2600游戏机和一系列游戏风靡一时。

模型的"强化学习）来做到这一点。你也可以通过学习某种状态或行为能带来**多少收益**来做到这一点（"价值"学习），或者只需知道哪些策略总体上做得更好（"策略"学习）。不管怎样，几乎所有方法都是基于这样一个想法：首先偶然成功，然后倾向于去做更多看起来有效的事情。

事实证明，有些任务比其他任务更适用这种方法。

例如，在像《太空入侵者》这样的游戏中，成群的敌人向你扑来，你所能做的就是左移、右移和射击。随机敲击按钮可能有机会干掉几个游戏角色，每个角色都值几分，这些初步的分数就可以用来启动学习过程，通过学习，某些行为模式得到加强，更好的策略得到发展。例如，你可能会发现，只有射击才会得分，所以你会更频繁地射击，得分也会更多。这类游戏一般都有"密集"的奖励，从而相对容易学习。

在其他游戏中，比如国际象棋，奖励不是那么立竿见影，但它们仍然是确定的。一盘棋要么输要么赢要么和棋，一般几十步，几乎不可能下到几百步。即使你对策略一无所知，只会在棋盘上随意摆弄，至少你很快就会知道你是赢了、输了还是和棋。

然而，在许多情况下，获得**任何收益**都是奇迹。斯金纳就有亲身体会，他在奖励鸽子在迷你保龄球馆击球时发现了这一点。鸽子不知道它面对的是什么游戏，可能需要**几年**时间才能做出正确行为。当然，它（和斯金纳）在那之前早就饿死了。

机械学习者也是如此。例如，让人形机器人将足球踢进网，可能需要对几十个关节施加成千上万次精确的扭矩，所有这些都必须完美协调。很难想象机器人**随意转**动几十个关节能直立起来，与球进行有意义的接触更难，更不要说将球送入网。

强化学习研究人员称这个为**稀疏奖励**问题，或者更简洁地称为**稀疏**问题。如果是根据最终目标或与最终目标相当接近的东西来给奖励，那么人们基本上只能等待，直到随机按按钮或动作产生预期的效果。数学可以证明，大多数强化学习算法最终都会实现，但实际上，可能在太阳毁灭后很久才会实现。如果你试图训练一个围棋程序来击败世界冠军，而世界冠军每次投子认输你都奖励它1分，否则就给0分，你将会等很长时间。

稀疏问题还有安全隐患。如果你打算利用 ε-贪婪强化学习开发一种能力极强的超智能AI，并且决定，如果它能治愈癌症，你就奖励它1分，如果它不能治愈癌症，得0分，那你得小心，因为在它得到第一个奖励之前，它将不得不做大量随机尝试。其中许多尝试都很笨拙。

和布朗大学的迈克尔·利特曼（Michael Littman）聊天时，我问他，他对强化学习的研究对他教育子女有没有帮助。他立刻想到了稀疏问题。他曾和妻子开玩笑说要对儿子使用稀疏奖励："这样怎么样？在他学会说中文前，我们不要给他东西吃。那会是很好的激励手段！我们看看这行不行得通！"利特曼笑了。"我妻子头脑非常清醒……她说：'不，我们不玩这个游戏。'"[19]

同斯金纳一样，利特曼当然知道不能那样做。事实上，稀疏问题已经促使强化学习研究者去追溯斯金纳的时代，他们相当直接地借鉴了他的建议。[20]具体来说，他关于塑造的想法已经启发了两种不同但又相互交织的思想：一种是关于**课程**，另一种是关于**激励**。

课程的重要性

为了获得复杂行为，可能先要策略性地奖励**简单**行为。塑造的这个关键见解既适用于动物，也适用于人类。"先学会走，再学会跑。"这句谚语不仅在字面意义上是对的，还刻画了人类经验的诸多方面。

这是人类生活的一个显著特征，在生命最初的十几年里依靠文字和比喻的辅助穿行于世界，就像在文字和比喻组成的球道护栏里练习保龄球。许多动物被直接抛进残酷的生活：野生动物出生几小时就必须准备好全速奔跑以逃避捕食者。相比之下，我们至少要到十几岁时才能操作重型机械，等我们彻底自立时，甚至已经过了**身体的黄金年龄**。

将21世纪的人类与其穴居祖先区分开来的不是智力天赋，而是精心设计的课程。事实上，斯金纳认为我们不应草率对动物的智力下结论。就像人类一样，通过学习正确的课程，动物也可以习得惊人的能力，超越我们对它们的认知。

正如斯金纳说的，如果实验员只在旁边干等，等到出现复杂的行为，才去强化行为，那将很难检验动物"能不能"做到。

考验的是实验者而不是动物的能力。断言某个物种或年龄的动物不能解决问题是靠不住的。通过精心安排的课程，鸽子、老鼠和猴子在过去5年里做到了这个物种从未做到的事情。并不是说它们的祖先做不到，而是大自然从来没给出过有效的课程。[21]

人类生活的世界在很大程度上已被改造成了"有效的课程"，虽然很难意识到这一点。在某种程度上，我们认为有绳索让我们顺利登船是"自然的"，其实不然，自然本来没有教程。

实际上，人类世界被精心设计成适合学习。例如电子游戏，伟大的游戏之所以伟大，部分在于它们"塑造"了我们玩游戏的方式。任天堂1985年发布了《超级马里奥》，是有史以来最著名的电子游戏之一。你可能很难回想起第一次玩的经历，但仔细观察游戏的前10秒就会发现它是精心设计的，它在教你玩。你首先会遇到右边走过来的蘑菇仔，如果什么都不做，你会死。游戏设计师宫本茂已成为传奇人物，他说："你得以自然的方式告诉玩家，他们需要跳起来躲开。"[22] 这是游戏的第一课，也是最重要的一课：长得像蘑菇的是坏蛋，你必须跳起来。

但是宫本茂遇到一个问题，也有好蘑菇，你得学会不要躲开，要靠上去。"这让我们很头痛，"宫本茂解释道，"得用某种方式确保玩家明白这是好东西。"该怎么做？在好蘑菇滑向你的地方，没有足够的空间让你跳过它。你只能接受冲击，但它没有杀死你，反而让你变大。游戏的机制就这样建立了，现在你学会了。你认为你只是在玩，其实你正在被精心地，准确地，不露声色地训练。你学习规则，然后学习例外。掌握了基本的机制，就可以自由发挥了。

通过逐步逼近灌输复杂行为，这个塑造原则适用于斯金纳的鸽子，也适用于人类。对此我们或许不会感到惊讶。如果我们发现塑造原则同样适用于机器，或许也不应惊讶。

当然，自从机器学习诞生以来，人们就知道，问题、环境和游戏有难易之分。但是后来人们才逐渐认识到，接受过简单问题训练的系统，可能比没有训练过的系统更能学习复杂问题。[23]

20世纪80年代，桑顿和巴图与同事奥利弗·塞尔弗里奇（Oliver Selfridge）合作，利用强化学习来训练一辆模拟的轮式推车，要控制推车让车上直立的长杆不翻倒。杆子越长越重，就越容易保持直立，就像立在手上的棒球棒比尺子更容易保持平衡一样。他们发现，如果先用又长又重的杆子训练，**然后换成又短又轻的杆子**，那么总的训练次数会比一开始就用又短又轻的杆子少很多。[24]

研究人员在其他背景下也一再发现同样的情况。例如，加州大学圣地亚哥分校的语言学家杰弗里·埃尔曼（Jeffrey Elman）在20世纪90年代初尝试用神经网络来预测句子中的下一个词。令人沮丧的是，最初的几次尝试都失败了。"简单地说，"他说，"如果一开始就用完整的'成人'语言进行训练，网络无法学习复杂语法。但是，如果先用简单语句训练，网络不仅能成功掌握这些语句，还接着掌握了复杂语句。"[25]

"这个结果令人鼓舞，"埃尔曼说，"因为网络的行为有些类似儿童的行为。儿童并不是一开始就能掌握复杂的成人语句，而是从最简单的结构开始，逐步构建，直到达到成人水平。"

这两个例子都是试图直接学习更难的问题，但做不到，借助课程，先学习容易的问题，再学习更难的，从而取得了成功。

在动物行为公司，在训练猪将木制大硬币放进"存钱罐"的过程中，凯勒和玛丽安认识到了良好的课程的重要性。他们先是将硬币放在存钱罐旁边，渐渐地，让硬币离存钱罐越来越远，离猪也越来越远。[26]

最近，机器学习也利用了这种"回溯"法。2017年，加州大学伯克利分校的一组机器人专家想训练机器人用手臂将垫圈套到长螺栓上。等待机器人以某种方式偶然发现这种行为需要很长时间。但是从垫圈已经在螺栓上开始，先教机器人把垫圈往下推最后一截。然后，将垫圈放在螺栓正上方，机器人可以学会顺着螺栓滑下去。然后，让垫圈在螺栓附近并且角度合适，机器人也可以学会将垫圈套上去。他们最终回溯到垫圈在任何位置任何角度，机器人都能灵巧地旋转和安装它。[27]

同游戏设计专家一样，传奇国际象棋冠军鲍比·费舍尔（Bobby Fischer）在《跟费舍尔学棋》中也使用了类似的策略。这本书针对初学者，先给出几十个一步就可以将死的棋局，然后是两步将死，然后是要用不同棋子配合三四步将死。在续册才讲中局、开局和长期策略。在第一本书中费舍尔专注于教新手抓住获胜的机会。事实证明，这个课程非常成功：直到今天仍有许多大师认为它是完美的入门书，[28] 它也是有史以来最畅销的国际象棋书。[29]

既然课程如此重要，一个自然而然的想法是，能否将一门好的、适合学习的课程的构建**本身**视为一个机器学习问题，并探索课程设计过程的自动化。最近的研究在探索自动识别适当难度的任务，以及能最高效促进神经网络学习的例子。这方面的初步结果很有希望，工作正在进行中。[30]

自动化课程设计最精彩的成就可能是 DeepMind 主宰了棋类游戏的 AlphaGo 及其后继 AlphaGo Zero 和 AlphaZero。首席研究员大卫·西尔弗（David Silver）解释说："AlphaGo 总是有水平相当的对手。[31] 它一开始非常幼稚，从完全随机下棋开始。然而，在学习过程中，它始终有一个与它水平相当的对手，也可以称之为陪练。"这个水平总是被校准到恰到好处的完美陪练到底是谁？

答案很简单也很优雅，事后看来，也很理所当然。它是与自己对弈。

微妙的激励

无论是与猴子、老鼠还是人类打交道，我们都可以肯定，大多数动物都在寻找关于哪些活动能得到奖励的线索，然后试图做（或至少假装做）那些事情，并排除那些没有得到奖励的活动。

——史蒂夫·克尔（Steve Kerr）[32]

如果奖励制度这样设计，以至于遵守道德是不划算的，虽然这并不一定会产生不道德行为。但这不是自找麻烦吗？

——史蒂夫·克尔[33]

这是奖励系统，笨蛋！

——管理学会执行委员会编辑[34]

前面介绍的克服稀疏问题的方法是使用"课程"，并从问题的简化版开始。还有一种方法则是直接从问题的完整版开始，与此同时增加奖励，为学习者指明正确方向或鼓励与成功相关的行为。这种奖励被称为"伪奖励"或"塑造奖励"，也可以简单将其视为激励。

斯金纳在鸽子看向和接近球时会给一点食物奖励，因为这些是在他希望的击球之前必需的动作，同样的想法也适用于机器学习。例如，扫地机器人的"真正"目标可能是房子一尘不染，但你可以在它每扫除一点灰尘时给予奖励；无人机的最终目的可能是到达某个位置，但你可以在它朝正确方向前进时给它一点奖励。

这通常有助于让系统感觉到是"更热"还是"更冷"：它是否总体上在以正确方式运行，并朝着正确方向改变它的行为。否则的话它就只能随机乱动，直到完全依靠运气完成目标。

我们通常会将任务分解成一系列步骤，这样在心理上更容易保持动力。想象几年后才能完成的博士论文或书稿很难让你评估某一天的工作质量。想象我们希望下一年能减掉的体重，会让某个蛋糕或过量食物的成本和收益被摊平。作为父母、老师或教练，我们知道适时击掌喝彩以鼓励学习者坚持艰苦的练习，即使熟练掌握还遥不可及。

当然，任何对人性稍有了解，或是对自我有认识的人，都知道激励是在走钢丝。激励的设计必须非常谨慎，否则就会惹麻烦。[35]正如管理学专家史蒂夫·克尔在他1975年的经典论文中说的，一旦你开始考虑增加额外的奖励，你就会面临"想要A却奖励B的愚蠢"的危险。[36]

克尔对激励机制出错的分析已成为管理科学的里程碑，他职业生涯的大部分时间都在与通用电气和高盛等企业合作，研究如何更审慎地设计激励机制。令人惊讶的是，当被问及灵感来自哪里时，克尔同时引用了机器学习和斯金纳。"通过编程，机器可以学习，弈棋程序不会犯两次相同的错误，这一事实对我非常有吸引力，"克尔说，"我立刻对一种可能性产生了兴趣，那就是机器可能会成为比程序员自身更好的棋手"！[37]

克尔还承认："至于那篇'愚蠢'文章，很明显，斯金纳比我先到'那里'。我没见过还有别人说过。我记得斯金纳写过，如果老鼠不会做他想要它做的事，他会呵斥老鼠'你为什么不做？'如果斯金纳知道人们没有读过他的作品就读我的文章，他可能会在棺材里坐起来。很明显，斯金纳已经做了这项工作，但我把它包装成了适合商业应用。'责备老鼠'是一堂很好的学习课。'愚蠢'的真正含义在于它并不总是员工的错，管理层对太多的员工能力障碍负有责任。"

事实上，在斯金纳看来，人们几乎永远不应责怪老鼠（或员工）。他认为，我们的行为几乎完全取决于激励和收益。有记者曾在电视上问斯金纳："自由意志还有位置吗？"斯金纳回答说："它还有虚构的位置。"[38]

抛开自由意志的争论不谈，激励问题的影响不仅仅限于动物心理学和公司管理；事实上，体现得最淋漓尽致的是那些无情的和极具创造性的收益最大化者，我们称之为**孩子**。

多伦多大学的经济学家约书亚·甘斯（Joshua Gans）想让女儿帮忙，训练弟弟上厕所。所以他做了任何优秀的经济学家都会做的事情。他给了她一个激励。每帮弟弟上一次厕所，都可以得到一块糖果。女儿很快发现了她的经济学家父亲的漏洞。"我发现喝得越多拉得越多，"她说，"所以我不断给弟弟喝水。"甘斯证实："效果并不太好。"[39]

普林斯顿认知科学家汤姆·格里菲思（Tom Griffiths）在自己女儿身上也发现了类似的现象。"她真的很喜欢打扫，"他告诉我，"她对此很感兴趣。我们给她买了小扫帚和撮箕。你知道，地上有一些薯片，她拿起扫帚和撮箕，把它们打扫干净，我对她说，'哇！干得漂亮！扫得真好！太棒了！'"[40]

通过适当的表扬，格里菲思成功培养了女儿的动作技能，还获得了保持清洁的好处：在养育上一举两得。真是这样吗？他女儿几秒钟就找到了漏洞。

"她抬头看着我们，笑了，然后把薯片从撮箕里倒回地板上，再次打扫，试图获得更多表扬。"

格里菲思的研究方向是心理学与机器学习的融合，这件事让他很受启发。"这让我想到了在构建奖励驱动的 AI 系统时遇到的一些挑战，在这些系统中，你必须非常仔细地考虑如何设计奖励函数。"

格里菲思从养育子女的角度来思考强化学习。"作为父母，你在为你的孩子设计奖励函数，对吗？无论是你的表扬还是你给的反馈。没有人认真思考'你该为你的孩子提供怎样的明确奖励函数？'"

格里菲思认为子女养育也蕴含了对齐问题。他指出，人类文明故事的一条主线就是关于如何向奇怪的、陌生的、人类水平的智慧生物灌输价值观，这些将从我们手中接管社会的智慧生物也就是我们的孩子。而且这种相似之处甚至更深，对 AI 和子女养育的仔细分析表明，两者在很大程度上能相互启发。

孩子的智慧可能不如我们，但即使是幼儿，也能打败我们的规则和激励措施，部分原因是他们**渴望**这样做。就强化学习系统而言，它们是奖励的奴隶；但是它们是拥有强大算力和不断试错的奴隶，无论我们设计怎样的激励，它们都会试图找到所有可能的漏洞。机器学习研究人员已经心酸地吸取了这一教训，他们也学会了一些应对技巧。

防止你的奖励绕圈：塑造定理

阿斯特罗·泰勒（Astro Teller），曾经是谷歌 X 实验室（Alphabet 的前身）的"登月队长"，主管和督导了谷歌的自动驾驶（发展成了后来的 Waymo）、增强现实项目谷歌眼镜和谷歌大脑项目。但是在1998年，他曾专注于一个不同的问题：足球。泰勒和他的朋友、同学大卫·安德烈（David Andre）开发了名为"达尔文联"的虚拟足球程序，准备参加一年一度的 RoboCup 机器人足球赛。[41] 他们在教系统比赛时利用了奖励塑造。他们发现一个问题。在足球中，控球是好的进攻和防守的一部分，显然比漫无目的在球场上闲逛要好。因此，他们向机器人提供了控球奖励，分值比进球低很多。令他们惊讶的是，他们发现机器人在球旁边"振动"以累积分数，很少做其他事情。[42]

也是那一年，丹麦哥本哈根玻尔研究所的杰特·兰德尔夫（Jette Randløv）和普里本·阿尔斯特勒姆（Preben Alstrøm）尝试让强化学习系统骑模拟自行车。他们的系统面临的任务挺复杂，在朝远处目标前进的同时保持直立。这似乎是应用塑造奖励的完美场合。因为摇摆不定的系统不太可能随机抵达目的地，所以他们决定只要自行车向目标前进就给点奖励。

令他们惊讶的是，"系统在起点周围半径20-50米的范围绕圈"。[43]他们奖励了**朝**目标前进，但是忘了对**远离**目标进行**惩罚**。系统发现了漏洞，并无情地利用漏洞。

"掺杂多个成分的强化函数，"他们写道，"必须非常小心地设计。"

20世纪90年代末，加州大学伯克利分校的斯图尔特·罗素（Stuart Russell）和他当时的博士生吴恩达（Andrew Ng，后来曾担任百度副总裁兼首席科学家）很关注这些警示故事。这种利用漏洞的绕圈似乎是一种难以避免的危险。[44]

吴恩达雄心勃勃。他回忆道："当我开始研究机器人时……我问了很多人，'你认为最难的控制问题是什么？'当时，我最常听到的回答是'让计算机驾驶直升机。'我说，'那我来试试。'"[45]这后来成了他的博士论文，用强化学习驾驶直升机，不是模拟的，是一架真正的雅马哈R-50直升机，长3米，重50多公斤，单价7万美元。[46]风险非常高。现实世界中不稳定或不可预测的行为可能会彻底摧毁直升机，更不用说如果有人不小心挡在了它前面会发生什么。

关键问题是：描述他们实际上想要直升机做什么的奖励函数就算能写出来也很难学习，他们能添加什么样的"伪奖励"激励，使得训练过程更容易，同时最大化修改后的奖励的最优解也是真正问题的最优解？用克尔的话说，他们奖励哪种A仍能得到希望的B？吴恩达描述道：

一个很简单的额外奖励设定经常就能让原本棘手的问题变得简单。然而，奖励塑造的一个困难是，通过修改奖励函数，它将原来的问题 M 变成了某个新

问题 M'，并用算法求解 M'，希望这样可以比原问题更容易或更快地找到答案。但并不总是很清楚，为修改后的问题 M' 找到的解或策略是否也适用于原问题 M。[47]

"我们在给定奖励函数时有多少自由度，"吴恩达写道，"能让最优策略保持不变？"[48]

结果证明，关键的洞察隐藏在自行车的故事中。为了防止自行车绕圈，无休止地累积分数，你还必须对**远离**目标进行**惩罚**。罗素最初学的是物理，他把奖励问题和能量守恒联系起来。罗素解释道："关键是让塑造成为物理中的'守恒场'。"[49]伪奖励得像势能：只关心你**在**哪里，不关心你走什么路径。这也意味着回到出发点等于0，不管你走的什么路径。

这个思想在自行车问题中很直观：如果你奖励朝目标前进，你也必须**惩罚****远离**目标。换句话说，奖励"积分"应该始终反映自行车离目标有多近，而不是它所走的路径。但将激励机制视为"势能"会更深刻和更具普适性。这是一个必要和充分条件，确保你用修改过的奖励训练的系统不会将其行为与实际问题割裂开来。

"一般来说，"罗素说，"最好是根据环境的实际需求来设计绩效指标，而不是根据所认为的自主体应该如何表现来设计。"[50]换句话说，关键的洞察是，我们应该奖励**世界的状态**，而不是**自主体的行为**。这些状态通常代表朝着最终目标的"前进"，无论这种前进是表示为物理距离还是更概念性的指标，比如完成的子目标(比如，书的章节或机械组装的部件)。

尽管这不是解决**所有**人类激励问题的灵丹妙药，但将焦点从行动转向状态，确实启发了我们重新思考为他人有意或无意设计的激励结构。假设孩子为了收益翻倍，将垃圾又倒出来，我们可以把奖励变成一个"守恒场"，责骂乱倒垃圾，使得重复的净收益为0。不过，改为表扬状态而非行动可能更容易：我们可以说："哇，地板真干净啊！"

当然，奖励的艺术和科学远不止是避免恶性绕圈，这是一个开始。吴恩达和罗素在总结工作时谦虚谨慎地指出："我们认为，寻找好的塑造函数将越来越重要。"[51]

设计的奖励

我对他说："你要多生养几个。"但不是用那些话说的。

——伍迪·艾伦（Woody Allen）[52]

从达尔文的角度来看，人们想要的是相当清楚的：繁殖和保护他们的遗传谱系。人们具体想要的，因时而异，更加混杂和短视：高潮、巧克力、新车、尊重。因此，似乎我们在生理和文化上被诱导，想得到一些眼前的具体的东西，这些东西通常会引导我们的行为模式，使其与最终的进化目标相一致，否则目标会太遥远或定义不清，难以有意识地瞄准。[53]

听起来熟悉吗？

理解塑造的本质和作用——首先在行为心理学中，然后在机器学习中——不仅教了我们如何设计更好的自主体。也许它最令人惊讶的贡献在于让我们从另一个角度思考进化。

20世纪80年代末，布朗大学的迈克尔·利特曼在读研究生时，曾到贝尔通信研究所（Bellcore）工作过一段时间，这家研究所位于新泽西州，之前是美国电话电报公司（AT&T）的一部分。在那里，他很快遇到了一位导师和朋友，戴夫·阿克利（Dave Ackley）。

利特曼问阿克利关于行为问题的研究，即随着时间推移做决定和行动。利特曼回忆道："他大概是这样说的，'哦。你说的是强化学习。我看过一点。我给你找篇论文。'他给了我桑顿1988年的时序差分论文。"[54]

利特曼开始阅读关于时序差分学习的文献，并着了迷。他问阿克利在哪里可以深入学习。"他说，'邀请桑顿来做个演讲吧'。我很惊讶，'啊？你能请到他？你读了一篇论文，上面有个人的名字，然后你就能和他当面交流？……在我眼里那是文献，不认为它是圈子'；'不，那是一群人，他们相互认识，阿克利说，'我可以邀请他。'所以他把他请来了。"

桑顿来了，让阿克利和利特曼都迷上了强化学习。

他们感兴趣的问题是，进化如何塑造我们的奖励函数，从而产生对一个生物或物种的长期整体生存有利的短期行为。生物的奖励函数本身已经做到了这一点，否则行为可能看起来非常随机。阿克利和利特曼想知道，如果直接让奖励函数进化和变异，让模拟的虚拟实体死亡或繁殖，会发生什么变化。[55]

他们创造了一个二维虚拟世界，让模拟生物（或"自主体"）可以在一个生境中移动、进食、被捕食和繁殖。生物的"遗传基因"包含了自主体的奖励函数：它有多喜欢食物，它有多不喜欢靠近捕食者，等等。在它的一生中，它会使用强化学习来学习如何采取行动以最大化收益。当生物繁殖时，它的奖励函数会和一些随机突变一起遗传给后代。阿克利和利特曼用随机生成的自主体启动了原始种群。

"然后，"利特曼说，"我们看着它运行，700万个时间步，这在当时是很大的规模。那时计算机速度较慢。"会发生什么？正如利特曼总结的："奇怪的事情发生了。"[56]

大致看来，大多数成功的自主体最终的奖励函数很好理解。食物通常被认为是好的。食肉动物通常被认为是不好的。但仔细观察就会发现一些怪癖。例如，一些自主体只学会了食物位于其北面时才接近食物，而在食物位于其南面时则不会。

"它不是所有方向的食物都喜欢，"利特曼说，"在奖励函数中有些奇怪的洞。如果人为修补这些洞，这些自主体会变得非常擅长进食，它们会把自己撑死。"

他们创建的虚拟生境中有树，自主体可以在那里躲避捕食者。自主体学会了在树附近闲逛。被树吸引的自主体最终存活了下来——因为当捕食者出现时，它们有地方可以躲藏。

然而，有个问题。它们天生的奖励系统，经过进化的修补，告诉它们围着树闲逛很好。渐渐地，它们的学习程序明白了，根据这个奖励制度，靠近树是"好的"，远离树"不好"。它们逐渐学会为此优化行为，越来越长久地守着树不离开，到了阿克利所说的"陪树老去"的地步。它们从不远离树，耗尽食物，饿死。

然而，这种"陪树老去"行为总是在自主体达到生殖年龄后开始，因此没有被进化淘汰，庞大的爱树自主体社群蓬勃发展。

对利特曼来说，这除了体现进化的怪异和任性，还有更深层的信息。"这是对奖励函数有趣的案例研究，有意思的不仅仅在于孤立的奖励函数，而是奖励函数与它所产生行为的相互作用。"

特别是，**如果**"陪树老去"自主体不是那样过于擅长最大限度地获得奖励，它们最初的奖励函数是最适合的。一旦它们变得更有能力和更熟练，它们就滥用奖励函数到了危险的地步，直至将自己毁灭。

这其中不难看出对智人的警示。像"有机会尽可能多吃糖和脂肪"这样的启发式方法是最优的，只要环境中没有那么多糖和脂肪，并且你并不特别擅长寻找。一旦环境变化，为你和你的祖先服务了数万年的奖励函数会突然让你偏离正轨。

安德鲁·巴图认为，思考进化中的这类线索很有用，因为我们现在扮演了奖励设计师的角色。"进化为我们设计了奖励函数，所以这对我们为人工系统设计奖励函数非常有启发，"他说，"自然界就是这样。进化产生了这些奖励信号，鼓励我们去做那些让我们成功繁衍的事情。"[57]

正如巴图指出的："一个有趣的事情是，进化并没有用生殖成功作为我们的奖励信号，而是给了我们预测器奖励。"我们优化自己的行为，以最大化我们认为有收益的东西，但在更大的背景中，进化在塑造我们会认为什么东西是有收益的。"所以，这是一个两级优化，"巴图说，"我对此非常感兴趣。"

近年来，巴图与密歇根大学的萨廷德·辛格（Satinder Singh）和理查德·刘易斯（Richard Lewis）以及当时还在读博士的乔纳森·索尔格（Jonathan Sorg）合作，研究"最优奖励问题"。[58]如果你有目标x，最好的做法可能不是直接告诉你的自主体做x。

"人工自主体的目标应该和自主体设计者的目标一样吗？"他们写道，"这个问题很少被考虑。"[59]

他们说，考虑一个游戏，其中只有一个自主体、一根钓竿、一些蠕虫和养了很多鱼的池塘。[60]假设自主体的整体进化适应性是吃尽可能多的卡路里。理想情况下，它们会学会抓虫子，克制自己不吃虫子，并用虫子来钓鱼——但这相当复杂。寿命足够长的聪明自主体最好是厌恶吃虫子，这样它们就能更快地开始学习钓鱼。但如果自主体的注意力持续时间较短或寿命较短，尝试学习钓鱼将是浪费时间——因此，如果它们觉得蠕虫很美味，会得到更好的适应性。

也许最有趣的是这样的情形：一个自主体聪明到足以学会钓鱼，并且寿命也长到**刚好**可以学习钓鱼——但是还不够长到能从这种投资中获得**好处**。那它就应当讨厌吃鱼，这样它们就别无选择，只能吃虫子了！

自主体的寿命、资源或设计的微妙变化可能会对最优奖励的结构产生剧烈和突然的影响。对于在**特定**环境下什么样的奖励对**特定**的自主体来说是理想的，似乎无法给出简单答案。这方面的研究还在继续，但学会明确区分你想要什么和你奖励什么，是答案的重要组成部分。[61]

最近，心理学家和认知科学家正在利用这些工具来问一个有趣的问题，不是关于机器，而是关于人类。他们问，如果这个计算能力有限、不耐烦、目光短浅的自主体是你自己，你应该怎样设计最优的奖励函数来帮助自己学习优化？

我们应该怎样训练自己？

机器学习中奖励塑造的理论和实践，不仅给出了操控自主直升机的方法，还为理解人类智能和改善人类生活贡献了两个不同的视角。第一，对于为什么有些问题或任务比其他的更难解决或完成的问题，它给出了一个原因：**稀疏性**。第二，对于如何增加奖励让棘手问题变容易，同时又不引入不适当激励的问题，它提供了一个理论：奖励状态，而不是行为。

这些见解在改善人类生活方面的潜力巨大。光是经济利益就很大——最近的一份报告估计，英国每年因工作拖延造成的损失达760亿英镑——更不用说对我们的身心健康、生活质量和成就感造成的隐形损失了。[62]

我们生活在电子游戏成瘾和现实世界拖延的时代，也许这不是拖延者个人的错。正如斯金纳说的："我很想对实验动物大喊，'乖一点，该死的，乖一点！'最终，我意识到实验动物总是正确的。它们的表现就应该是这样。"[63]如果它们没有学会，那是实验者的错，他们没有正确塑造任务。所以，也许不是我们缺乏意志力，而是——正如简·麦戈尼格尔（Jane McGonigal）2011年的畅销书《游戏改变人生》所言——现实被打破了。

麦戈尼格尔是一名游戏设计师，她的职业生涯是设计游戏来帮助人们——包括她自己——克服生活中的挑战。她认为，大多数游戏，尤其是电脑游戏，之所以如此令人着迷和上瘾，是因为它们总是让你需要做的事情很清晰，并且有可能做到。

首先是无论你何时登入这些网络游戏……有很多不同的角色愿意无条件相信你拯救世界的使命。不会是随随便便的任务，而是与你目前在游戏中的等级相匹配。是不是？所以你可以做到。他们永远不会给你一个你无法完成的挑战。但是很接近你的能力，所以你必须努力才能做到。[64]

换句话说，游戏之所以吸引人，是因为游戏非常擅长**塑造**。关卡是完美的课程，绩点是完美的伪奖励，它们是斯金纳式的杰作。

强化学习不仅提供了框架来理解和阐释游戏吸引人之处，还提供了方法来对这些直观认识进行实证。一个从最简单到最难的关卡都有清晰课程的游戏，并且用清晰的伪奖励指引前进方向，同时激励探索和促进技能发展，应该更容易让算法学习。不难想象游戏公司在不远的将来会用自动化玩家测试关卡，以发现真正的人类玩家可能会放弃或退出的地方。

当然，问题在于这些虚拟环境比真实环境更擅长塑造。正如麦戈尼格尔说的："现在，像《魔兽世界》这样的协作在线环境的问题是，一直处于史诗级胜利的巅峰是如此令人满足，以至于我们把所有时间都花在游戏世界里。游戏比现实更好。"对麦戈尼格尔来说，解决方案不是让自己摆脱这些完美的奖励塑造环境，而是相反："要让现实世界更像游戏。"

在这方面，麦戈尼格尔自己也倡导了一些运动，她还利用游戏来克服自己生活中的障碍，包括脑震荡长期康复后出现的自杀性抑郁症。[65]"在（抑郁症）发作34天后——我永远不会忘记这一刻——我对自己说，'要么自杀，要么把这变成游戏'"。[66]所以她设置了伪奖励：给姐姐打电话值几分，绕着街区走一圈值几分，这是一个开始。

这个领域被称为**游戏化**，[67]在过去10年里，借助强化学习的洞见，它已经从艺术变成了科学。[68]

马克斯·普朗克智能系统研究所的认知科学家福尔克·利德（Falk Lieder）无论是在研究中还是在生活中，对这个问题都有很深刻的认识。

利德的研究主要围绕他提出的"理性增强"。他研究人们如何思考和做决定，与大多数研究人员不同，他不仅对理解人类认知感兴趣，还致力于设计有效的工具和干预措施让人类思考得更好。他最早的人类实验对象就是他自己。

在成长过程中，利德发现学校教育让他感到沮丧，尽管给了他很多思考的空间，却从未触及思考本身。"我一直觉得我真正想学的是思考方法，以及如何做出好的决定，"他解释道，"没人能教我这个。他们只教我关于世界的事实陈述，这不是很有用。我真的很想学习如何思考。"[69]

随着时间推移，对个人进步的追求逐渐演变为更大的追求：理解人类推理原理，并创造工具对其进行改进。"我研究的一部分，"他解释道，"就是发现最优的思考和决策策略，这样我们就可以为好的思考创建真正基于科学的课程。"

利德对游戏化感兴趣，具体说是他提出的**最优**游戏化：给定一个目标，帮助实现该目标的最优激励结构是什么？[70]这很有前面讨论的"最优奖励设计"的味道，但是这里自主体是人而不是算法。

利德与汤姆·格里菲思合作，建立了一些最优游戏化的基本规则。他们借鉴了吴恩达和斯图尔特·罗素的发现，最重要的规则之一是奖励**状态**，而不是**行为**。因此，分配给行为的分数必须能体现由此导致的状态有多好——而且，正如利德指出的，"分数的分配方式必须是当你撤销某件事时，你失去的分数和你做这件事时获得的分数一样多"。这就是兰德尔夫和阿尔斯特勒姆在骑自行车机器人身上学到的东西，也是安德烈和泰勒在振动的足球机器人身上学到的东西，也是格里菲思在女儿把垃圾倒到地板上时学到的东西。

吴恩达和罗素的论文曾指出，对于一个预测自身行为影响的能力有限的自主体，塑造奖励可以使其表现得好像更有远见。[71]这个说法引起了利德的兴趣，部分原因是人类在许多决策中是出了名的冲动和短视。

利德和格里菲思设计了一项实验，让受试者扮演航线规划者的角色。让飞机飞往某些城市的航段可能有利可图，但可能会导致下一航段没什么有利可图的路线，反过来也是一样：为了其他航段的收益，亏本飞某个航段可能是值得的。他们尝试在航段票价上增加额外的收益(或罚款)，以反映执行该航段后的后续成本或收益。结果符合预期，这使得人们更容易做出更好、更有利可图的决定。

只有一个缺点：塑造奖励将选择的长期成本和收益加在了票价中，因此规划者无需长远考虑。这使得他们的决策更加**准确**，但有些无力。人们不再需要努力思考，他们也的确没有。"如果你在一个(短视)决策能奏效的环境中行动，"利德说，"你会越来越依赖系统。"[72]

这引出了一个有趣的可能：能不能利用最优游戏化，不是**消除**规划的需要，而是让人们**更擅长**规划？

如果是这个目的，激励措施会截然不同。与其将界面构造一个容易的问题，纳入长期成本——能带来更高质量的决策，但或许会导致受试者怠惰或自满，让他们更依赖界面——不如调整价格来创建一个**课程**。受试者可以逐步被**教导**如何长远思考，从简单的图开始，随着受试者越来越擅长，慢慢增加复杂性。这个界面不是作为拐杖，而是使用一组不同的激励来做相反的事情："教人们做更长远的规划，"利德解释道，"这样他们就可以在短期收益与长期价值不一致的环境中取得成功。"

利德最新的一项实验不是关于飞行计划，而是更熟悉的背景：拖延。他和格里菲思精心设计了一项很难的任务——就5个主题写一系列短文，其中一些更长也更难——并发布到MTurk网站上，人们可以选择在10天后的截止日期前完成所有短文并获得20美元。在所有注册的人中，40%的人甚至从未开始。（这尤其有讽刺意味，因为在认领任务时，他们有机会拒绝参与并获得15美分！）[73]

利德和格里菲思还试验了奖励措施，参与者完成一篇文章就能获得"分数"，没有现金价值，但是令人鼓舞。每篇文章的分数相同。结果没用。

最后，他们向第三组参与者提供了**最优激励**：分值能精确反映每个主题有多难或有多令人不愉快，以及当他们完成这个主题时离挣20美元有多近。（例如，为朝鲜经济政策写100个字，大约是为他们最喜欢的电视节目写50个字的分值的3倍。）这次有85%的参与者完成了所有5篇短文。[74]

利德将这样的系统视为"认知假体"，[75] 它们不仅仅是他的研究兴趣，甚至也是他能完成自己的研究的关键。

攻读博士时，利德发现自己陷入了可怕的文章写作任务的放大版本。"我认为最糟糕的情形之一是无法得到自己进步的信息，"他说，"官方规矩是，你是博士生了，然后是你获得了博士学位，仅此而已，其间5年没有反馈。"

博士生是焦虑和抑郁率较高的群体，对他们来说，拖延几乎是流行病。[76] 可以说他们是斯金纳保龄球馆里的鸽子，大约5年后，如果能打出一个完美的好球，帽子和长袍形状的食物在等着他们。我们已经知道，这样的环境对动物不友好，对强化学习算法也不友好。

那样行不通。利德需要别的东西。他给自己设计了5年课程——"我把它分解成几百个关卡。"当他做出他认为可能在几年后带来**真正引用**的研究时，他会奖励自己虚拟的"引用"分。他使用为参与者写短文打分一样的最优游戏化计分，给他攻读博士的每个子任务赋予适当分值。为了克服一些坏习惯，他甚至还引入了惩罚——利用帕夫洛克手环[2]。"每当你沉迷于某种你想摆脱的习惯时，它会电击你，"利德解释道，"我的主要坏习惯与使用电脑有关。比如，当

2　帕夫洛克（Pavlok）手环，一种流行的克服拖延的工具，没做到计划事项可以电击佩戴者。

我不开心时，会去YouTube看视频。时间跟踪软件发现后会通知手环，它会立即电击我。"有趣的是，这并没有抑制他在需要放松时看YouTube的习惯，但确实培养了他一旦这样做就立即关闭页面的习惯。

在利德自己的行为训练实验中，他既是实验者也是受试者，这让他获得了解决奖励塑造问题的独特优势。对自己的训练同时也是进行研究的过程和研究的中心问题。结果令人鼓舞，现在有了自己的实验室的利德用博士头衔证明了这一点。

超越外部强化

对斯金纳来说，不仅个人的自由意志令人不安地处于"虚构的位置"，甚至整个人类文明的故事本质上都是奖励结构的故事。斯金纳本人对此持乐观态度，他写了乌托邦小说《瓦尔登湖第二》，构想了一个完美的行为主义社会。

然而，任何接触过儿童或动物的人可能都有一种挥之不去的怀疑，即对于我们为什么要做我们所做的事情，奖励最大化实际上**并不是**全部。我们玩自己发明的游戏，不是为了明显的奖励。我们翻开石头，或者登山，只是为了看看会发现什么。我们探索。我们很爱玩，也很好奇。简而言之，我们既受**外在**奖励驱使，也受**内在**奖励驱使。

碰巧的是，在机器学习的世界里，这也变得越来越受欢迎。

6. 好奇

未经训练的婴儿大脑要成长为智慧的大脑，必须具备规训性和主动性。目前我们还只考虑了规训性。

——图灵[1]

2008年春天，阿尔伯塔大学的计算机科学家迈克尔·鲍林（Michael Bowling）和研究生马克·贝勒马尔（Marc Bellemare）在巴巴多斯的海滩上散步。鲍林有个想法。当时，研究强化学习通常是研究人员从头开始自己设计游戏，然后搭建系统来挑战那个游戏。[2]

鲍林心想，能不能建立一个统一的环境，所有人都可以用，不是一个游戏，而是一个庞大的游戏库。另外游戏能不能就用**真**游戏，比如20世纪七八十年代风靡一时的雅达利2600游戏机上的经典游戏？

贝勒马尔回忆自己当时的反应，"这是我听过的最愚蠢的想法"。[3]

"然而3年后，嗯，我不再觉得这个想法很蠢。"事实上，贝勒马尔发现他非常喜欢这个想法，于是鲍林成了他的博士导师，这个想法也成了他的博士论文。

这个电子游戏库项目被称为街机学习环境（ALE），很有点疯狂，不仅因为它工作量很大，还在于它对该领域的研究者提出的挑战。[4]研究人员可以基于ALE设计各种学习系统来竞赛，不是只玩一个游戏，而是玩60个游戏。当时在机器学习领域还远未完成这一挑战。

问题的很大一部分难点在于，当时使用的特定游戏环境经常是用精练的术语向自主体描述世界，自主体获得的输入更高层也更好用。在用轮式推车平衡杆子的例子中，推车的位置、速度和杆子的倾斜角度、速度等会提供给系统作为输入。在有树、食物和捕食者的二维网格世界的例子中，会提供自主体的位置、健康和饥饿度、附近是否有捕食者、最近的食物在哪里等信息。这些信息也就是所谓的"特征"。

ALE则是直接提供屏幕像素，信息更多，但是更底层，也更难使用。除此之外没有其他信息。每个游戏都不同，不仅规则不同，像素转换为可用信息的方式也不同。一个被扔进新游戏的学习系统必须从零开始算出所有东西：当我得分时，这里的像素会闪烁，我挂掉之后那里又会出现那样的像素，我把游戏杆向左推时中间的这些像素会向左移动——哦，也许这就是我。要么研究人员必须预先找到在屏幕上提取有用特征的通用方法——这样就能应用于所有60个游戏——要么所有的理解和意义构建都必须由系统即时生成。这就是"特征构建"问题。

贝勒马尔开始尝试将一系列特征构建算法嵌入标准的强化学习系统中，并让它们开始游戏，结果不怎么样。不过，令他惊讶的是，这个研究很容易发论文，可能是因为评审专家对创建ALE的工作印象深刻。"有趣的是，"他说，"当时评审专家告诉我，'不错，你用街机游戏做了一件了不起的事情。我没法拒稿'。……它太大了……相比之下结果好坏已经不重要了。人们只会说，'哇。你真的做到了'"。

他和同事们可以说是堆出了一座山，现在该由这个领域的专家来想办法爬山了。

2013年贝勒马尔获得了博士学位，并从埃德蒙顿搬到伦敦加入了DeepMind。[5] 在那里，由沃洛德梅尔·姆尼（Volodymyr Mnih）领导的团队正致力于研究类似AlexNet风格的深度神经网络，并将其应用于强化学习问题。这种网络在一年前的ImageNet竞赛中表现优异。如果深度网络可以观察数万个原始像素，并判断它们是面包圈、班卓琴还是蝴蝶，也许可以用来解读游戏像素，实现特征构建。

他回忆道："这个团队说，嘿，我们有一些卷积神经网络很擅长图像分类。嗯，能不能用卷积网络替代你那个不成熟的特征构建机制？"

贝勒马尔不看好。"实际上我很长一段时间都不看好……感知强化学习的想法非常非常奇怪。而且，你知道，对神经网络的能力范围存在合理的怀疑。"

但对这件事，贝勒马尔很快也会改变看法。

将深度学习融入经典的强化学习算法后，姆尼用7款雅达利游戏进行了测试，在其中6款游戏击败了之前最厉害的强化学习算法。不仅如此，其中有3款游戏，他们的程序似乎能和人类玩家相媲美。他们在2013年末的一篇会议论文中报告了进展。[6]"这篇论文从概念上证明了，"贝勒马尔说，"卷积网络可以做到。"

"论文引入深度学习解决了强化学习领域长时间无法解决的问题：即时生成特征。你可以在任何游戏中使用它，都适用。就这样……"

贝勒马尔略微停顿了一下："它起飞了。"

深度强化学习的超人表现

2015年2月，《自然》杂志刊出了一篇封面文章，题为《学习曲线：自学的AI软件玩视频游戏的表现媲美人类》。[7] DeepMind将经典的强化学习与神经网络相结合，在数十款雅达利游戏中表现出了媲美甚至远超人类的水平。深度学习革命波及强化学习，开创了"深度强化学习"的新领域，效果惊人。

这种模型——被称为"深度Q网络"，简称DQN——玩《小钢珠》游戏的得分是专业的人类游戏测试员的25倍。玩《拳击》比人类表现好17倍。玩《打砖块》好13倍。《自然》杂志的文章中用一张表格列举了DQN取得的令人瞠目结舌的压倒性优势，占了几乎整整一页，玩所有游戏都使用同一个通用模型，不用更改或微调就能玩各种游戏。

然而，在表格底部，有一些顽固的游戏拒绝向DQN屈服。其中一个特别显眼，位于表格最底部。

特立独行的是《蒙特祖玛的复仇》，1984年发行的游戏，主角是一个名叫巴拿马·乔的探险者，他必须穿过一座神庙，到处都是绳子、梯子和致命且**非常**隐蔽的阿兹特克陷阱。["我对蒙特祖玛和阿兹特克文化没有任何研究，"设计者罗伯特·耶格（Robert Jaeger）承认——他把这个游戏卖给帕克兄弟时才16岁——"我其实只是觉得这个主题很有意思，名字也很酷。"][8]在《蒙特祖玛的复仇》中，强大的DQN得分只有人类最高分的0%——你没看错，就是0。

怎么回事？

一个原因是在这个游戏中**非常**容易挂掉。几乎任何错误——碰到敌人，从太高的地方跳下，碰到挡墙——都必死无疑。DQN系统使用了ε-贪婪探索，即有一定的概率随机按按钮来了解哪些动作会带来奖励。在《蒙特祖玛的复仇》中，这几乎是不断自杀。

第二个也是更重要的原因是，在《蒙特祖玛的复仇》中，得分点少得可怜。在玩家得分之前，需要做很多事情。在《越狱》或《太空入侵者》这样的游戏中，即使是从没玩过的新手，随机按按钮，也能很快意识到自己多少做对了一些事情。这足以启动学习过程：对这类游戏，DQN能得分，并逐渐学会对类似情况采取类似行动。相比之下，在《蒙特祖玛的复仇》中，除了死亡之外，很少有事件能提供反馈。例如，第一关，在拿到第一个道具之前，你要跳过4个裂缝，爬3个梯子，逆向跑过一条传送带，抓住一条绳子，跳过一个滚动的头骨，拿到道具后才会奖励可怜的100分（以及很不合时宜的《蟑螂歌》的前5个音符）。

在奖励很少的环境中，随机探索的算法无法立足；通过随意拨动操纵杆和按按钮，做对**所有**必要步骤获得第一个奖励，基本上没有可能。而如果没有得分，它无法知道自己是否走上了正确道路。[9]

上一章曾讲到，应对稀疏问题的一个办法是**塑造**：用额外的奖励推动算法朝正确方向前进。但我们也看到了要确保不会有算法可以利用的漏洞有多困难。例如，如果每过1秒钟只要巴拿马·乔**没**死就奖励他，可能会导致自主体学会永远不要离开安全的出发平台。那将是动物研究人员所说的"习得性无助"的机器版本。[10] 正如著名格言家阿什丽·布莱恩特（Ashleigh Brilliant）所说："如果你过于小心，那么你既不会遇到坏事也不会遇到好事。"[11]

其他类似的想法也行不通。比方说，在巴拿马·乔成功跳过滚动的头骨时给予奖励，可能会让自主体在头骨上跳来跳去，而不是冒险深入虎穴。同样，在他成功跳上或跳下绳子时给予奖励也会激励他像人猿泰山一样荡来荡去。这些都不是我们想要的。

此外，塑造奖励通常因游戏而异，并且需要了解特定游戏通关技巧的人类监督者帮忙设置。这有点像作弊。ALE背后的理念——以及DQN激动人心的成就——是用单一算法从零开始掌握几十种不同的游戏环境，只以屏幕图像和游戏得分作为输入。

那该怎么办？面对《蒙特祖玛的复仇》这样的诅咒，像DQN这样的通用试错算法应该怎么改进？

有一个诱人的线索藏在显眼处。人类可以在没有任何额外塑造奖励的情况下学会玩《蒙特祖玛的复仇》。人类玩家本能地**想**爬上梯子，到达远处的平台，进入下一场景。我们想知道锁着的门后面是什么，神庙到底有多大，以及外面还有什么。不是因为我们凭直觉知道这样会得"分"，而是出于更纯粹、更根本的原因：我们就是想知道会发生什么。

那么，面对《蒙特祖玛的复仇》这类奖励稀疏的游戏，也许需要的不是额外增加奖励，而是一种完全不同的方法。也许答案正相反，与其创建更复杂的胡萝卜加大棒系统，不如设计受**内在**而非外在动机驱动的自主体。[12] 这样的自主体愿意穿越马路，不是因为有奖励，单纯就是想去马路对面，或者我们可以说，有**好奇心**的自主体。

在过去几年，科学对好奇心这个主题的兴趣大增，机器学习研究人员和研究儿童认知的心理学专家之间也出现了以前不太可能的合作，目的是从更精确、更基础的角度更好地理解好奇心。到底什么是好奇心？为什么我们会有好奇心？我们如何才能将好奇心不仅仅是赋予我们的孩子，还赋予机器？

为什么这变得越来越重要？

好奇心是一门科学

"渴望"知道为什么和怎么做，"好奇"……是一种心灵的欲望，通过不断和不知疲倦的知识产出获得的持久喜悦，超越了任何短暂激烈的肉体快乐。

——托马斯·霍布斯（Thomas Hobbes）[13]

好奇心是所有科学的开端。

——司马贺（Herbert A.Simon）[14]

丹尼尔·伯莱因（Daniel Berlyne）是心理学好奇心研究的教父。1949年，伯莱因发表的第一篇文章就是试图定义，当我们说某件事"有趣"，或者一个人或动物对某件事"感兴趣"时，我们到底是在说什么。[15]就像他说的："我最感兴趣的是兴趣。"[16]

一个完备的子领域逐渐成形。动物在**没有**任何奖励的情况下是怎样学习的？

伯莱因指出，心理学的历史在很大程度上是人和动物**被迫**做事的故事：填写调查问卷或口头回答问题，按下杠杆获得食物。这种模式使得该领域存在方法盲区。心理学居然还想研究生物如何自主行动的问题？从专业角度来看，这几乎是矛盾的。

"在某种程度上，人类如此乐于助人和顺从是心理学的不幸，"他写道，[17]"人类很容易被人为的外在动机诱导，这使得我们很难研究外在动机之外的动机因素。"

在心理学中，到20世纪中期，用奖惩训练动物的研究占据了主导地位，一度似乎可以解释关于智能生物行为的一切。但是有些数据无法解释。1950年，威斯康星大学的哈利·哈洛（Harry Harlow）观察恒河猴玩由锁和闩组成的物理拼图，他创造了"内在动机"一词来描述它。[18]有时这种内在动机不仅能在没

　　　　　　　　　　　　　　　　　　　　　　人机对齐

有外在奖励的时候存在，甚至还有可能**胜过**它们。饥饿的老鼠有可能放弃一点食物，或者穿过电击栅栏，去探索陌生空间。猴子按下杠杆，不是为了饼干和果汁，而仅仅为了向窗外看。[19] 在严格的斯金纳式世界里，对这种行为的外在奖惩几乎没什么空间，也无法用简单的故事解释。

然而，正如伯莱因认识到的，这种内在动机，就像对食物和性的追求一样，是人性的核心——尽管"多年来被心理学过度忽视了"。[20]（事实上，除了死刑之外，美国允许的最严厉的惩罚——单独监禁——就是让人闲极无聊。）在他1960年里程碑意义的著作《冲突、唤醒和好奇心》中，伯莱因指出，对好奇心的正式研究最早始于20世纪40年代末。他认为，信息论和神经科学也在这个时候开始发展并不是巧合。[21] 对好奇心的正确理解似乎只有在这三者的交叉中才有可能。[22]

生活中的好奇心对伯莱因的驱使似乎和做研究一样强烈。他至少懂10种语言（其中流利的有六七种），钢琴造诣很深，还热衷慢跑和旅行。在52岁英年早逝时，他正在尝试坐遍全世界的地铁。尽管著述量惊人，但他很少在晚上或周末工作，他还有很多其他事情要做。[23]

他的想法，尤其是向神经科学和信息论寻求线索的提议，将会激励20世纪下半叶的几代心理学家，在21世纪，他们将回到这里。从21世纪00年代末开始，一直持续到21世纪10年代的深度学习热潮，数学家、信息论专家和计算机科学家——在《蒙特祖玛的复仇》这样的例子中，他们一直在研究内在动机的问题——会在**他的**想法中寻找启发。

他认为，从广义上讲，人类的内在动机似乎包含3种相关但不同的驱动力：追求新奇、惊讶和掌控。其中每一个都提供了关于动机和学习的诱人想法，在这10年里，人们发现，这些想法既适用于我们自己，似乎同样也适用于机器。

新奇

> 设计实验时想要回答的问题经常是"这种动物会对这种刺激做出什么反应？"……一旦实验情况变得复杂……一个新问题出现了："这种动物会对哪种刺激产生反应？"
>
> ——丹尼尔·伯莱因[24]

> 左右为难时，我通常会选择那个从未尝试过的。
>
> ——梅·韦斯特（Mae West）[25]

新奇是人类好奇心和内在动机的核心概念之一。在缺乏强有力的激励的情况下，我们并不会像使用 ε-贪婪探索的简单强化学习者那样随机行动。相反，我们非常稳健可靠、可预见地被新事物吸引。

20世纪60年代中期，凯斯西储大学的罗伯特·范茨（Robert Fantz）注意到，如果给人类婴儿展示已经看过的杂志图片，他们的目光停留在图片上的时间会减少。[26]范茨意识到，婴儿在还没有掌握**用身体**探索世界的运动技能之前，就已经在**用视觉**探索世界，而且非常明显被吸引这样做。这种行为被称为"优先注视"，是婴儿行为最显著的特征之一，现在已成为发展心理学的基石。

婴儿观察新事物的强烈偏好，被心理学家利用来测试婴儿的视觉辨别能力，甚至**记忆力**。[27]婴儿能分辨两幅相似图像的区别吗？相同颜色的两种不同色度呢？婴儿能回忆起一小时、一天、一周前看到的东西吗？对新奇图像的内在吸引力能提供答案。如果婴儿持续凝视，表明婴儿能分辨出相似图像在某些方面是不同的。如果婴儿在一周内没有见过图像，当它再次出现时没有看太久，表明婴儿**记得**见过它。许多实验结果表明，婴儿的认知能力发展比先前认为的要早。视觉新奇感成为了心理学家工具箱中最强大的工具之一，开启了对婴儿大脑能力的大量深入研究。[28]

强化学习领域很快就注意到了这种内在新奇偏好的想法，并意识到了在计算领域可以用它来做什么。[29]一个最直接的想法是**计算**一个学习自主体已经遇到某一特定情形多少次，在所有条件相同时，让它更倾向做以前做得最少的事情。例如，理查德·桑顿在1990年建议，如果自主体采取了一项从未采取过的行动，或者是一项很久没有尝试过的行动，就给它额外的"探索奖金"。[30]

然而，这里面有一个明显缺陷。计算在某种情形下采取"某种行动"的次数是什么意思？正如伯莱因在1960年说的："'新'这个词常用于日常语言，似乎很容易理解。但如果想明确一个刺激模式是新奇的，以及它有多新奇到底意味着什么，就会面临一连串的陷阱和困境。"[31]

对于像走迷宫之类的简单环境，当然可以直接记录遇到的每一个情形，并在每次遇到同样情形时计数。（用铅笔描绘走迷宫的路径就是将这个数据直接记录在迷宫上。）这种方法——保存一张巨大的表格，记录经历的每种情况、做过的事情和发生的事情——被称为"表格式"强化学习，不幸的是，除了非常小的环境，对其他环境完全不可行。例如井字棋可能是最简单的棋盘游戏，但也有上千种独特的棋局。[32] 围棋可能的棋局总数是一个170位的数。全世界所有计算机内存加在一起都存不下这张表。

然而，除了实际可行性之外，在更复杂的环境中，还有更深、更哲学的问题：处于"同样"的情形是什么意思？例如，在雅达利游戏中，像素的组合方式太多了，详尽记录遇到的每帧画面，并据此略微偏好新的画面，对产生有趣的行为没有任何帮助。对于复杂一点的游戏，你不太可能多次遇到完全相同的像素组合。从这个角度来看，几乎每个场景都是新奇的，几乎每个动作都未曾尝试过。即使你能存储这样一张表，也没什么指导意义。

在人类日常决策中，当有人说，他们"以前从未遇到过这种情况"，我们通常不会把这句话理解为"在这个精确的地点，在这个精确的时间，这个精确的光斑图案击中了我的视网膜，这个精确的思维序列出现在我的大脑里"，否则这句话总是正确的，没有任何意义。我们指的是情境的**关键**特征，有时无法言说，我们据此来判断它的新奇性。

在一款雅达利游戏中，我们想要的是以某种方式衡量，我们所处的情形——由屏幕上的像素表示——是否与我们之前所处的情形在某种意义上存在相似性。我们想将有更深层相似性的情形关联起来。

记录你见过某种情形多少次，这种"基于计数"的方法很被看好，但又不好操作。在伦敦的 DeepMind，贝勒马尔想知道如何才能将这种方法推广到更复杂的环境中。在像《青蛙过街》或《过马路》这类雅达利游戏中，你试图穿过一条繁忙的道路，理想情况是，每次你成功过去时，都应该增加某种"计数"，记录你已经这样做了多少次，即使交通总是以某种新的随机模式运行。

贝勒马尔和同事在尝试一种称为"密度模型"的数学思想，似乎看到了一些希望。[33] 基本思想是使用无监督学习来建立一个模型，该模型可以根据周围的背景猜测图像缺失的部分。（与猜测文本中缺失单词的 word2vec 之类的语言模型很类似。）他们将自主体之前看到的所有屏幕截图都输入密度模型，然后根据模型的猜测分配一个概率，概率值表示根据之前看到的情形，新画面"可猜测"的程度有多高。概率越高，越熟悉；概率越低，越新奇。这个想法很有趣，但还需要给出具体实例。

他们用 20 世纪 80 年代早期的一款名为《Q 伯特》的雅达利游戏做实验。在这个游戏中，你绕着一个由方砖组成的金字塔跳跃，把每块砖都变成不同的颜色，然后再进入全新的、不同颜色的下一关，在下一关你又可以做同样的事情。他们让一个随机初始化的、空白的 DQN 自主体从头开始玩《Q 伯特》，屏幕左侧有一个面板实时显示自主体体验到的"新奇感"，用密度模型衡量。

起初——就像我们一样——一切都是新的。面板停留在最大值。每一帧画面都被认为几乎是全新的。

他们对自主体进行了几个小时的训练，使其逐渐变得更擅长得分（在《Q 伯特》中，它每翻一块砖就能得 25 分）。他们让自主体重新登入，然后在一旁看它怎么玩。现在有了经验的自主体四处走动，获取积分。度量新奇感的绿条（专业术语"负对数概率"）几乎不会闪烁。自主体以前都见过。

贝勒马尔发现自主体第一次过第一关时训练过程启动了。他看了重播，想明确发生了什么。不出所料，当自主体快过关时，绿条升起来了。

"现在，"贝勒马尔说，"当自主体快过关时，它会说，**嘿，这些情形很新奇！**

我从未体验过。这对我来说很新奇。这是非常好的进展：随着越来越接近过关，这个信号越来越强。"[34]

自主体跳到最后一块砖，第一次完成这一关。突然，屏幕闪烁起来。棋盘重置为下一关，青砖金字塔消失了，取而代之的是全新的亮橙色金字塔。"看这个！"贝勒马尔说。绿条一路高歌猛进。新奇的信号几乎爆表。"自主体马上意识到，我从未来过这里。"

密度模型似乎捕捉到了纷繁复杂的环境中的新奇性，这些环境太大、太丰富了，无法直接计算。"我们看着结果，心想一定能做些什么。"

他们称这个模型为"伪计数"。现在的问题是，他们能利用伪计数激励自主体寻找新奇状态吗？[35] 如果不是只有得分能获得奖励，体验到新奇感也能获得奖励，会发生什么？这样能否构造出更好的自主体，比只接受奖励最大化训练、偶尔会随意捣鼓按钮的自主体更快地取得进展？

很明显，如果他们成功了，回报会是什么。"我们迫不及待，"他说，"想尝试破解《蒙特祖玛的复仇》。"

困住巴拿马·乔的神庙有24个场景。在相当于没日没夜玩了3个星期游戏后，在其他几十种雅达利游戏中表现出超人能力的DQN自主体只到了第2关——几乎还停留在起跑线。有一整个神庙等待被探索，充满危险；如果自主体看到以前没见过的东西能获得奖励，也许就能到达其他自主体没去过的地方。

贝勒马尔和他的团队猜测，一个能感知新奇的自主体，如果把新奇感当作游戏分数的补充奖励，会更有动力，玩游戏会更成功。他们进行了尝试，并让它像之前的DQN自主体一样训练同样长的时间，1亿帧，3周的时长。表现差异令人震惊。

同样的DQN自主体接受了基于新奇奖励的训练后，拿到第一把钥匙的速度快得惊人。它最终过了15关，而不是2关。

新奇驱动的自主体不仅得到了更多分数，似乎还表现出了不同的行为，不仅仅是量的区别，还有质的区别。"优先注视"可以被利用来驱使它探索那些仅靠奖励做不到的区域。新奇驱动的自主体似乎更有**魅力**，甚至更人格化。当奖励稀缺时，它不仅仅是乱摇游戏杆，它有驱动力。

贝勒马尔说："伪计数自主体马上就会出去探索世界。"

惊讶的快乐

认知好奇心的机制……通过类似于概念冲突的方式起作用，它有显著的激励功能。

——丹尼尔·伯莱因[36]

不是说孩子是小科学家，而是说科学家是大孩子。

——艾莉森·高普尼克(Alison Gopnik)[37]

除了新奇，与好奇心密切关联的另一个高层概念是**惊讶**。[38]好奇的孩子不仅关心事物在某种程度上是"新的"，还关心事物有东西可以教给他们。有紫色圆点的棒球初看上去很有趣，但如果在其他方面的表现和标准棒球一样，好奇将不会持久。而那些似乎出乎预料、行为不可预测、让我们乐于了解接下来会发生什么的事情则会让我们保持兴趣。

MIT的劳拉·舒尔茨（Laura Schulz）是最早研究惊讶在人类好奇心中的作用的人之一。在2007年的一项研究中，她让儿童玩盒子里的小丑之类的玩具，杠杆会打开盖子把玩偶从盒子里举起来。[39]研究人员会短暂地把玩具拿走，然后带着原来的盒子和不同颜色的新盒子回来。他们把盒子都放在孩子面前，然后走开，看孩子会拿哪一个。

"关于儿童的玩耍和好奇心，以前我们只知道，"舒尔茨解释道，"嗯，如果4岁的孩子已经玩了一段时间一个盒子，那么当你拿出一个新盒子，他们应该会喜欢这个新盒子。他们应该马上会去玩新盒子，因为关于好奇心的基本思想是它是**感知**到的新奇感，感知到的显著性：这个东西他们没见过。"[40]

但舒尔茨发现，事情没那么简单。在一些试验中，第一个盒子的展示被故意弄得模糊不清。这个盒子有两个杠杆，如果两个都按下，两个不同的玩偶会同时从盒子中升起。但是不演示单独按下一个杠杆会有什么作用。一个杠杆负责所有玩偶，另一个不起作用？还是杠杆对应自己这边的玩偶？还是对面的那个？面对模糊不清的情形，如果有机会，4岁的孩子**不会**立刻从原来的玩具换到新奇的玩具。他们会继续玩那个双杠杆盒子，弄清楚它到底是怎么工作的。

"对于并不特别新奇的事物，只要让我们感到困惑，我们经常也会很好奇。"舒尔茨说。[41]

事情开始变得清晰，**惊讶**——不确定性，排除歧义，获取信息——同新奇一样，也是儿童内在动机的驱动因素。

这启发了另一条研究脉络，同样丰富，跨越认知和计算。

舒尔茨和罗格斯大学的心理学家伊丽莎白·博纳维茨（Elizabeth Bonawitz）以及一群合作者一起，进一步使用配重积木块进行了研究。之前的研究表明，大约在6岁时，儿童就开始有了如何最好地平衡不同大小和形状的积木的理论。6岁的一些孩子（错误地）认为，即使积木不对称，也总能在中间位置保持平衡，而另一些孩子（正确地）推断，积木在**质心处**，在更靠近厚边的地方保持平衡。这启发了研究人员使用磁铁制造积木，这些积木可以被很巧妙地制造成与这两种假设都不相符。如果孩子们玩的积木和他们预想的一样，他们标准的新奇偏好会悄悄潜入，如果有新玩具，他们会放弃手中的积木，选择新玩具。但如果他们感到手中的积木似乎**违反**了他们关于积木应该如何平衡的理论——不管他们的理论是否正确！——他们会保持专注，继续玩这个积木，即使可以换新玩具。[42]

四五岁的孩子往往对如何平衡积木缺乏具体的理论，当有新玩具时，他们几乎总是去玩新的。无论这些积木是什么特性，似乎更年幼的孩子知道的还不够多，或者没有足够强的信念或预测，不足以让他们感到惊讶。

循着这一思路的其他研究——例如，约翰·霍普金斯大学的艾米·斯塔尔（Aimee Stahl）和丽莎·费根森（Lisa Feigenson）在2015年进行的一项研究——进一步表明，婴儿玩玩具的**方式**也与玩具令人惊讶的**方式**有关。[43] 如果玩具车神秘地飘浮在半空，婴儿会把它举起和放下。如果玩具车神秘地穿过一堵坚固的墙，婴儿会用它来敲桌子。在这两种情形中，如果有机会尝试新玩具，幼儿会选择继续玩这个令人惊讶的玩具。(没有看到玩具出人意料的对照组则更喜欢新玩具。斯塔尔和费根森说，11个月大的婴儿就会把"违反先前预期的行为作为特殊的学习机会"。)

"很容易认为婴儿是一块白板，"费根森说，"但实际上，婴儿对世界有丰富而复杂的预期——可能比人们认为的要多。"她认为，婴儿"根据他们对世界的理解来激励或推动下一步的学习，来决定他们该学习什么"。[44]

从计算的角度看，这就是不仅受奖励激励，还试图理解和预测环境的自主体。这种想法和强化学习本身一样古老，但是刚刚才突然开花结果。

丹尼尔·伯莱因在20世纪50年代见证了一些最早的机器学习实验，并思考了使用惊讶或预测错误作为强化手段的问题。"进一步的研究很可能是设计一种根据经验改进技术的解题机器，"他写道，"肯定是用不匹配或冲突的减少作为强化因子，按照先后顺序改进前面的操作。"[45]

德国的AI研究者于尔根·施密德胡伯(Jürgen Schmidhuber)自1990年以来一直在探索这样一种想法，让自主体通过学习周边环境是如何运作的——也就是提高预测能力——来获得奖励。"它们可以被视为简单的人工科学家或艺术家，"他解释道，"它们有一种内在愿望，想对世界以及它们能做什么建立更好的模型。"[46]同伯莱因在60年代的想法一样，施密德胡伯也认为，这种关于学习的思想根植于信息论的数学基础，尤其是数据压缩的思想：更容易理解的世界也更容易**压缩**。

在施密德胡伯看来，我们穿行于世界努力更好地压缩我们对世界的表示，这个想法提供了一个"创造力和乐趣的正式理论"。他解释道："你需要计算资源。在学习一个模式之前，你需要很多计算资源，学习之后，你需要的计算资源减少了。减少的就是你节约的。你懒惰的大脑喜欢节约。而且，"他打了一个响指，"这就是乐趣！"[47]

同伯莱因一样，让施密德胡伯着迷的，不是人们为了解决面临的问题而做的事情，例如如何赢得比赛或逃出迷宫，而是人们在**没有**明确的事情可做的时候做的事情。

他认为，婴儿就是这方面的完美例子。"即使没有及时满足口渴或其他天生的原始需求，婴儿也不会无所事事，而是积极探索：如果我这样动眼睛、手指或舌头，会得到怎样的感官反馈？"[48]

施密德胡伯指出，好奇心的内核存在一种基本的**张力**，可以说是一场拔河：当我们探索某个环境和我们在其中可选的行为时——无论是雅达利游戏中的微小世界、户外的真实自然，还是微妙的人类社会——我们会喜欢让我们惊讶的事情，同时我们也会变得越来越难以惊讶。就好像大脑中有两个不同的学习系统相互较劲。一个尽力不感到惊讶。另一个尽力让它惊讶。[49]

能不能尝试直接模拟这种张力关系呢？2017年，加州大学伯克利分校的博士生迪帕克·帕塔克（Deepak Pathak）领导一个团队尝试构建这样的自主体。帕塔克构建的自主体包含两个模块，一个用来预测行为的结果，当现实与其预测匹配时给予奖励，另一个用来执行最大化惊讶的行为，当预测**错误**时给予奖励。[50]

例如，在《超级马里奥》中，如果按下跳键，你会预期在屏幕上看到马里奥跳起来一点，但前提是你已经尝试过几次。如果按向下的方向键，你会预期看到马里奥下蹲，但是你可能**没**想到这会让马里奥消失在管道中，进入一个地下世界！核心的想法是激励自主体探索游戏，让这种惊讶对自主体来说和对我们一样令人愉快，也就是说，把这些预测错误转化为**奖励**。只要结果令人惊讶就可以认为做对了，行为也会得到强化，就像能明确得分的行为一样。

帕塔克团队研究了这种惊讶奖励可能产生的行为。他们将自主体放置在各种3D迷宫中（用90年代经典的玩家视角射击游戏《毁灭战士》的引擎构建），离"目标"位置很远。对于只有发现目标才有奖励的自主体，如果随机摇动操纵杆和敲击按钮后找不到目标，它们会倾向于直接"放弃"。用惊讶奖励训练的自主体则有探索迷宫的动力：角落里有什么？那个远处的房屋走近看是什么样子？因此，与没有内在驱动力的自主体相比，具有好奇心的自主体更能在复杂宏大的迷宫中找到通往目标的路。

帕塔克的伯克利团队与OpenAI合作，一起继续探索将预测错误作为奖励信号的想法。令人惊讶的是，他们发现这种方案的一种显著简化——用预测屏幕上图像随机特征的网络代替专为预测未来可控方面而设计的网络——同样有效，在某些情况下甚至更好。[51] 尤里·布尔达（Yuri Burda）和哈里森·爱德华兹(Harrison Edwards)领导OpenAI的研究人员进一步完善这个想法，他们称之为随机网络蒸馏(RND)。[52] 没过多久，他们就开始尝试《蒙特祖玛的复仇》。

他们将RND自主体放到神庙中。在惊讶的内在奖励激励下，自主体大概能探索20到22个场景。其中有一次自主体取得了前所未有的成绩，他通关了全部24个场景，一直抵达神庙左下角，然后逃离了神庙。[53] 巴拿马·乔穿过最后一扇门，发现自己站在镶满宝石的蓝色背景前，就好像在滑过天空。这是《蒙特祖玛的复仇》中的巅峰时刻，这些宝石每颗值1000分——非常令人惊讶。[54]

超越奖励

因此，越来越明显的是，"内在动机"——新奇、惊讶等相关范式——是系统能拥有的一种很棒的驱动力，能作为来自环境的外在奖励的补充，尤其是在外在奖励稀疏或难以获得的情况下。

当然，从这个角度来看，一个自然而然的问题是，如果我们将这种算法好奇的想法发展到极致，让强化学习自主体完全不在乎外在奖励，会怎么样？

这样的自主体会是什么样子？它会做什么？

几乎所有研究内在动机的人都对此感兴趣，谜底也在逐渐揭晓。

马克·贝勒马尔和DeepMind的同事一直在致力于将基于计数的新奇奖励扩展到更复杂的领域，在后续研究中，他们尝试"突破内在动机的极限"。[55] 他们将自主体的新奇奖励增大了10到100倍，观察行为的定量和定性变化。

不出所料，自主体的行为表现得很不安分。追求分数的自主体通常会形成相当稳定和一致的最佳实践，而对于"最大化好奇"的自主体来说，唯一的收益来自探索行为，而这种收益并不稳定，随着所在的区域变得越来越熟悉，收益会消失。[56]因此，自主体会不停探索，而不是守成求稳。

出乎意料的是这些自主体无需分数就能在游戏中表现得很好。新奇奖励极度膨胀的自主体在4个游戏中获得了**最高分**。好奇心培养能力。令人惊讶的是，**仅凭新奇奖励，无需游戏分数，就足以玩好许多雅达利游戏——以它们无法获知的分数衡量！**

当然，游戏（或者说好游戏）在设计时就是为了吸引具有内在动机的人。毕竟，分数只是屏幕角落里不重要的像素，人类玩家可以决定要不要在意。因此，从这个角度来说，好奇心和探索的驱动力本身就能很好地替代得分最大化，至少在大多数游戏中是这样。例如，在《超级马里奥》中，吃金币、破砖块和踩敌人都会得分——但游戏的**重点**是让马里奥向右前进，那里有没有见过的风景。从这个意义上说，具有内在动机的自主体可能比以（其实没有意义的）得分为目标的自主体更符合游戏的预期模式。

伯克利的帕塔克小组和OpenAI的布尔达和爱德华兹小组还在继续合作，研究大规模、系统性的、没有任何外在奖励的机器学习。[57]

他们最惊人的一个发现是，在大多数情况下，没有必要明确告诉自主体它是否已经死亡。如果你试图最大化外在分数，死亡的信息的确非常有用，因为这既是你的最终评分，也是一个标志，表明那样做你只能得0分（从而有助于避免重蹈覆辙）。但对于纯粹由好奇心驱使的自主体来说，死亡仅仅意味着从头开始——这很无聊！游戏的开头是最熟悉的部分，既不新奇也不令人惊讶。结果证明，只需要用无聊作为自主体的抑制因素就够了。[58]

虽然具有内在动机的自主体被证明很擅长得分，但他们也发现了一个有趣的例外——《乒乓》游戏。一个只受内在动机激励的自主体，对得分毫不关心，玩游戏不是为了得分打败对手，而是为了故意延长反弹时间。得分后的"重置"本质上与其他游戏中死亡后的"重启"相同。与长时间反弹中出现的各种特异状态相比，回到老掉牙的初始位置简直令人厌烦。

他们想知道，如果这样一个自主体与**自己**的副本对抗，会发生什么。在零和游戏中，好奇心和好奇心会如何对抗？答案是：出现了非零和的合作，因为双方追求的目标是一致的，即远离游戏中常见的初始状态。换句话说：它们达成一致，永不停止。"事实上，"研究人员写道，"**一局球变得如此之长，以至于雅达利模拟器都崩溃了**。"屏幕开始出现小故障，随机闪烁彩色斑点。当然，寻求惊讶的自主体会很高兴。[59]

取消游戏分数，创建只有内在动机的自主体，某种程度上可能看起来像一个奇怪的实验：强化学习领域一开始是围绕外在奖励最大化展开的。为什么要放弃用分数衡量行为？

密歇根大学的萨廷德·辛格和心理学家理查德·刘易斯与安德鲁·巴图合作，从哲学角度探讨了这个问题。他们问："奖励来自哪里？"[60] 他们指出，对事情状态好坏的评价是在大脑中进行的，而不是在环境中。"这意味着，"他们写道，"奖励信号总是在动物体内产生，例如，通过多巴胺。因此，**所有奖励都是内在的**。"[61]

只用屏幕上的像素玩雅达利游戏，做任何你想做的事情——而不是循着一些固定的奖励信号——其实视频游戏就是这样玩的。

《传送门》是2000年代最受欢迎的电脑游戏之一，游戏中的 AI 反复承诺玩家完成游戏会有"蛋糕"。然而，在游戏进行到一半时，玩家发现了不祥的涂鸦，其中有句话写着："蛋糕是谎言。"事实上，游戏结束时没有蛋糕。当然，这个著名的出尔反尔之所以能被接受，不仅仅是因为它充其量只能给出虚拟蛋糕，更是因为我们玩游戏就是为了取得进展、推进剧情和探索游戏世界，并没有其他奢望。

我们不会将屏幕上闪烁的数字作为我们在游戏中获得的"真正"奖励。闪烁绚丽的色彩，以及它们在我们身上激起的任何反应，都是奖励。就我们在游戏上花的时间来说，这似乎已经足够了。

厌倦和上瘾

强化学习的内在动机驱使人类渴望求知和探索。然而，内在动机不仅会引导良性行为，也会导致这些行为的病态镜像：厌倦和上瘾。

我问迪帕克·帕塔克，厌倦的概念是否有意义。自主体会感到厌倦吗？

当然，他说。

在《超级马里奥》的第一关有一条沟，自主体几乎不可能知道如何跨越，因为这要求自主体连续15帧按住跳按钮。长序列的精准动作比短动作难学得多。[62] 因此，自主体到达悬崖边上只会往回走。

"所以它没法过去，"帕塔克说，"就像死胡同，世界的尽头。"但是游戏的设计是不能往回走。自主体进退两难，学会了什么也不做。

帕塔克观察到，还有一种更普遍的厌倦。在他的自主体玩《超级马里奥》很多回后，"它干脆直接停留在起点……因为任何地方都没有收益——游戏里的一切都不再让它好奇——所以它学会了哪里都不去"。自主体只在游戏起点处闲逛，没有动机做任何事情。

这甚至有点让人伤感。人类厌倦了会停止游戏，而且通常可以停止。我们可以换新游戏，或者干脆关掉显示器，去玩其他的。而自主体则被残忍地困在一个它不再有任何动力去玩的游戏里。

自从有了电子游戏，就有了专门的领域来研究是什么让游戏有趣，是什么让一个游戏比另一个更有趣。这显然既是出于心理学动机，也有经济动机。[63]

我突然想到，强化学习为我们提供了一个实用的基准，不仅可以衡量一个游戏有多难——玩家需要多长时间才能熟练——还可以衡量它有多有趣：玩家在失去兴趣和放弃之前会玩多久，或者他是否会选择花时间玩这个游戏而不是另一个游戏。今后很有可能会用内在动机驱动的强化学习自主体来对电子游戏的吸引力打分评级。

认知科学家侯世达（Douglas Hofstadter）1979年出版的《哥德尔、埃舍尔、巴赫》获得了普利策奖，在书中他构想了高级游戏程序的未来，指出了游戏能力、动机和智力的关联：

问：会有比任何人都强的象棋程序吗？

猜测：不会。可能会有程序能在国际象棋上击败任何人，但它们不会只是国际象棋程序。它们将是通用智能，它们将和人一样喜怒无常。"你想下棋吗？""不，我厌倦了下棋。让我们谈谈诗歌。"

这句话在现在看来已经过时了——当然这是后见之明，我们已经知道，不到20年后的1997年，IBM的深蓝国际象棋机器战胜了人类世界冠军卡斯帕罗夫（Garry Kasparov）。深蓝是纯粹的象棋程序，它是在硬件层面定制的，只会下棋。它肯定不是通用智能，它只思考象棋，对文学不感兴趣。

但这句话也许揭示了某种本质的真实内核。虽然深蓝不是通用的，但现在最先进的强化学习系统实际上是通用的，至少在棋类游戏和视频游戏上通用。DQN能玩几十种雅达利游戏，AlphaZero则擅长下各种棋。

而且，那种能够学会流畅应对现实世界的通用人工智能（AGI）可能的确需要内在动机架构，这种架构可能会让它对自己玩得太多的游戏感到"厌倦"。

与厌倦相对的另一面是上瘾——不是脱离，而是其黑暗的反面，病态的重复或坚持。在这方面，强化学习在某些情况下也表现出不可思议的、令人不舒服的人类行为。

内在动机研究中有所谓的"嘈杂电视"问题。如果环境中存在本质上取之不尽、用之不竭的随机性或新奇性来源呢？受内在动机驱动的自主体会无力抗拒它吗？

例如，如果屏幕上有不可预测的视觉噪声：电视雪花噪声就是典型例子，再比如噼啪跳跃的火焰、沙沙作响的树叶或紊乱的水流。如果是这样，每一帧新的和不可预测的光影状态都将是好奇心奖励。至少在**理论**上，看到这些的自主体应该会立即变得惊讶不已。

然而，20世纪七八十年代的大多数简单的雅达利游戏中并没有这种视觉随机性来源，因此也没有被实际检验过。帕塔克、布尔达和爱德华兹决定将这个思想实验付诸实践。他们设计了一个简单的3D迷宫游戏，让自主体探索迷宫并找到出口。在游戏的一个版本中，迷宫的墙上有一个电视屏幕，自主体可以按按钮切换电视频道。会发生什么？

结果是，自主体一旦看见电视屏幕，它对迷宫的探索就戛然而止。自主体将屏幕置于其视野中心，开始换频道。一会儿是飞机飞行的视频，一会儿是可爱的小狗，一会儿是一个人坐在电脑前，一会儿是汽车行驶在市中心。自主体不断换频道，充满新奇和惊讶，一动不动。

视觉信息并不是唯一的能产生这种行为的随机因素，像掷硬币这样简单的事情也可以。近10年前，DeepMind研究员洛朗·奥索（Laurent Orseau）就已经意识到了这一点，他是DeepMind安全团队的第一个成员，现在是DeepMind基础研究小组的一员。早在有内在动机（可以瞬间变成电视迷）的雅达利游戏自主体出现之前，奥索就在思考一个更强大的，会被一枚硬币迷住的自主体。

奥索思考的是一个假想的自主体，他称之为"知识寻求自主体"，这个自主体的目标是收集尽可能多的关于未知世界的信息。[64]奥索的自主体基于一个名为AIXI的理论框架，该框架构想了一个具有无限算力的自主体。当然，这样一个心智上无所不能的自主体永远不会成为现实，但它可以提供某种参考：如果你可以在采取行动之前思考无限久，你最终会采取什么行动？令人惊讶的是，一遇到硬币，构想的各种具有无限资源的知识寻求者就会止步不前——"更喜欢观察硬币翻转，而不是探索环境中信息更丰富的部分，"奥索指出，"其原因是这些自主体将随机结果误认为是复杂信息。"[65]

斯金纳除了训练鸽子，还着迷于研究赌博上瘾。平均来说，赌场总是会赢，而根据桑代克的心理学，应该是有收益时，你会做得更多，亏损时，你会做得更少。从这个角度来看，赌博成瘾是不可能的。然而在现实世界中它偏偏存在，挑战行为主义者的理论。"赌徒似乎违反了效果律，"斯金纳写道，"虽然净收益为负，他们还是继续赌。因此有人认为，沉迷赌博一定还有其他原因。"[66]是什么原因呢？我们现在似乎有了一个很好的候选答案。

赌博成瘾可能是内在奖励压制了外在奖励（毕竟，赌场总是会赢）。随机事件总是多少有点令人惊讶，虽然它们的概率已被理解得很透彻（例如一枚公平的硬币)。

第4章曾讨论多巴胺编码时序预测误差的作用：发现收益好于或不如预期。然而，有一些奇怪的情形不符合这种模式。20世纪发现了越来越多的证据表明，**新奇**和**令人惊讶**的事情会触发多巴胺的释放，无论是否存在与之相关的"收益"。[67]

在强化学习界发现新奇和惊讶的奖励价值的同时，神经科学界也在人类大脑中发现了这种机制。

与此同时，关于这些通常对我们有益的机制为何会出错，原因也越来越清晰。强化学习自主体可能会沉迷于更换频道和玩老虎机，我们也同样如此。因为这些行为的结果从来都不符合我们的预期，所以总有一些令人惊讶之处，似乎总是需要"学习"。并不是说成瘾就一定是**学习动机**的过度，**好奇心**的过剩，但沿着这个思路深入，很有可能解释它实际上是如何起作用的。

出于自身

内在动机的计算研究为困难环境下的学习提供了强大的工具包，《蒙特祖玛的复仇》就是典型例子。在更深层次上，关于为什么**我们自己**会有如此惊人的动机的问题，计算研究的成功经验也为我们带来了启发。

通过更好地理解我们自己的动机和驱动力，反过来又有机会让两方面的见解互惠互补，进一步将AI构建得像我们自己的智能一样，灵活、富有弹性和多才多艺。

虽然深度学习很成功，但迪帕克·帕塔克意识到，它有一个明显的弱点：每个系统——无论是机器翻译、物品识别，甚至是游戏——都是专门构建的。众所周知，深度学习首次真正展示出潜力，就是用手工标记的图像库训练了一个庞大的神经网络，以对图像分类为目的，明确地对系统进行修正。他说，这没错。"但问题是，这些AI系统实际上并不智能。因为它们缺乏对人类至关重要的部分，就是通用的目的性行为，或者说通用目的的学习系统。"[68]

他认为，要构建通用系统，就需要打破这种针对特定任务的思维定式，还需要打破一个关键的、引人注目的技巧：这些模型需要大量明确的奖励信息。像AlexNet这样的图像识别系统可能需要数十万幅图像，每幅图像都由人类标注。很显然，我们在刚出生时获得视觉技能**不是**用这种方式。同样，对于强化学习来说，在雅达利游戏的世界里，每一帧画面都清清楚楚地告诉你你做得怎么样。"它做得很好，但它还需要一些东西，同样，非常非常奇怪，"他说，"仍然是奖励。"

去掉明确的外在奖励可能是构建真正通用AI的必要环节：因为生活不像雅达利游戏，它绝对不会实时反馈我们每一个行为的对错。当然，父母和老师会纠正我们的拼写和发音，偶尔也会纠正我们的行为。但这仅仅涵盖了我们所做、所说、所想的一小部分，而且生活中的权威并不总是能达成共识。并且，我们必须学会建立自己的认知，自己做出判断，这是人类发展的核心过程之一。

贝勒马尔说："对我来说，要把好的探索做到极致，一直都是完全取消奖励。这超出了我通常的舒适区，但是你知道，我认为我们能对AI自主体做的最有趣的事情就是让它们有出于自身的目标，如果你愿意的话。当然，这样做存在安全问题，"他承认，"但正如你说的，我希望我的AI自主体玩《蒙特祖玛的复仇》，只是因为它喜欢玩。"[69]

贝勒马尔说："我们之前谈论了ALE（街机学习环境），以及它是如何成为一个很好的基准。从某种意义上说，我们差不多完成了对ALE的研究，也基本不再研究分数最大化。"他认为，借助 ε - 贪婪算法将按钮敲烂来得分，再用分数进行强化，很难称得上是智能，尽管结果可能令人印象深刻。"实际上我认为，应该根据行为而不是奖励函数来衡量智能。"有智能的行为应该是什么样子？这是他关注的核心问题之一。

奥索对寻求知识的自主体的研究也描绘了一个纯粹追求知识的头脑会是什么样子。初步分析令人鼓舞。一个被激励去最大化某种分数，或者达到某种目标状态的人工自主体，总是会有利用某个漏洞来这样做的风险；更聪明的自主体甚至可能尝试破解评分系统，或者为自己构建一个逃避现实的幻想，在幻想中它的目标更容易实现。奥索强调，虽然这对我们来说是"欺骗"，但它不认为是欺骗，它只会说，"嗯，我这样做是为了最大化我的收益"。奥索解释道："自主体不知道这样做不好。它只是尝试了许多不同的行为，然后这个起作用了：为什么不做呢？"[70]

寻求知识的自主体不会走这种捷径。尤其是自我欺骗，没有任何意义或吸引力。"假设你可以随意修改你的观察结果……那么，你获得了什么信息？什么都没有，因为你可以预测它。"[71]由于这种弹性，"在我们所处的这个有机会作弊，并且有许多方式自我欺骗的世界中，寻求知识的自主体可能是最合适作为AGI的自主体"。[72]

然而，在构建具有超级智能的知识寻求自主体之前，仍然有理由谨慎，比如自主体在寻求知识时可能会强行征用地球资源。但它至少能避开一些最简单的陷阱。"如果能将它构建出来，我相信它会有惊人表现，"奥索说，"因为它会尽可能地了解环境。它可以说是终极科学家。它会设计实验来搞清楚会发生什么……我真的很想看看它会是什么样子。"

主要或纯粹由好奇心引导的智能的概念及其伦理，并不是什么新想法；它也不是才出现数十年，而是有数千年。在柏拉图著名的对话《普罗塔戈拉》中，苏格拉底思考了这个问题，并且说得很好：

"知识是好东西，能够规范一个人，"苏格拉底说，"如果他能分辨善恶，除了知识的指引，没有谁能强迫他做什么，智慧是他唯一需要的强化动力。"[73]

　　　　　　　　　　　　　　　　　　　　　　人机对齐

第三篇

示范

7. 模仿

我6岁时，父母告诉我，在我脑子里有一颗黑色小宝石，正在学习成为我。

——葛雷格·艾根（Greg Egan）[1]

看我的。

——埃隆·马斯克在还没上保险并即将失控撞毁的迈凯伦F1上对彼得·蒂尔（Peter Thiel）说的话[2]

在英语中，"ape"（猿猴）一词也有"模仿"之意。而且不只是英语这样，这种看似没有道理的语言用法在不同语言和文化中反复出现。意大利语中的scimmiottare、法语中的singer、葡萄牙语中的macaquear、德语中的nachäffen、保加利亚语中的majmuna、俄语中的обезьянничать、匈牙利语中的majmol、波兰语中的małpować、爱沙尼亚语中的ahvima：在许多语言中，"模仿"一词都以表示灵长类的词为词源。[3]

事实上，猿猴作为擅长模仿者的名声不仅体现在词源上，科学对此的关注至少可以追溯到一个半世纪前。1882年，生物学家乔治·罗马尼斯（George John Romanes，与达尔文是朋友）关于达尔文提出的"模仿的原则"写道：

众所周知，猴子将这一原则发挥到了可笑的地步，它们是唯一单纯为了模仿而模仿的动物……可能除了会说话的鸟之外。[4]

这确实众所周知，甚至跨越了文化和语言。然而，具有讽刺意味的是，这个事实似乎并不成立。

灵长类动物学家埃利沙贝塔·维沙尔伯希（Elisabetta Visalberghi）和多萝希·法拉加西（Dorothy Fragaszy）问道，"猴子有模仿行为吗？"并通过文献综述和实验，认真研究了证据，最后得出结论，数据表明，事实上，猴"明显缺乏模仿行为"。她们写道，"在使用工具的行为中和在诸如姿势、手势或解决问题的其他行为中，猴子都明显缺乏模仿行为"。[5]

比较心理学家迈克尔·托马塞洛（Michael Tomasello）随后的研究针对与我们稍近的灵长类亲属提出了同样的问题——"猿类有模仿行为吗？"——并得出了同样明确的结论，在遗传上与人类最接近的黑猩猩**可能**是唯一的例外。（黑猩猩在野外到底能模仿到什么程度，或者在接受人类训练时能模仿到什么程度，仍然是很微妙的问题，目前还悬而未决。）"对于猿类是否模仿这一更普遍的问题，我的答案是：只有当人类正式或非正式地训练它们这样做时（而且可能只是在某些方面）。"[6] 所以灵长类动物善于模仿的名声或多或少名不符实。

然而，有一种灵长类动物是不可思议的、多产的、看似天生的模仿者。

是我们。

1930年，印第安纳大学心理学家温思罗普·凯洛格（Winthrop Kellogg）和妻子卢埃拉（Luella）将他们的小儿子唐纳德（Donald）和一只名叫谷阿的小黑猩猩一起抚养了9个月，对他俩一视同仁，就像对待人类的兄弟姐妹一样。凯洛格夫妇将这个经历写成了一本书——《猿与孩子》。他们指出"由于黑猩猩有擅长模仿的名声，观察者从一开始就对这类行为保持关注。然而，奇怪的是，谷阿的模仿明显没有男孩显著"。

唐纳德很喜欢模仿，既模仿父母也模仿他的"兄弟"。17个月大时，他背着双手来回踱步，吓了他父亲一跳——这与温思罗普全神贯注时的表现一模一样。不过唐纳德更多的是模仿他的玩伴谷阿。尽管唐纳德已经会走路了，事实上，在学会走路之前，甚至还不怎么会爬，他就开始模仿谷阿，并开始用四肢爬行。当附近有水果时，唐纳德学会了像谷阿那样咕噜咕噜叫。凯洛格夫妇有点担心，很快宣布停止实验。[7]

事实上，越来越多的证据表明，人类是卓越的模仿者。当你向出生还不到1小时的婴儿吐舌头时，他们也会向你吐舌头。[8]考虑到这个婴儿甚至还从未见过自己，这一举动尤其令人惊讶。正如加州大学伯克利分校的艾莉森·高普尼克说的，"子宫里没有镜子"[9]，这表明模仿是"跨模态的"：婴儿需要匹配你伸出舌头时的**模样**与他们自己伸出舌头时的**感觉**。这一切都发生在出生后40分钟内。

华盛顿大学的安德鲁·梅尔佐夫（Andrew Meltzoff）在1977年首次发现了这种令人难以置信的能力。这一发现改变了一代心理学家的观念。传奇色彩的瑞士发展心理学家让·皮亚杰（根据被引次数，他在20世纪的影响仅次于弗洛伊德）[10]在1937年写道："在最早阶段，孩子感知事物就像唯我论者……但随着智力工具的协调，他一步步发现自我，把自己作为一个活跃的对象，置于自身以外的宇宙中，置于其他活跃的对象之中。"[11]

梅尔佐夫承认，所有心理学家都要感谢这位伟大的心理学家，但他认为在这件事上，皮亚杰错了。"我们必须修正之前对婴儿期的观念，"他说，"对自我与他人对等的认知是社会认知的基础，而不是结果。"[12]他说，模仿是"婴儿期心理发展的起点，而不是终点"。[13]

这种模仿他人的倾向几乎从一出生就开始了，但这绝不仅仅是反射。孩子模仿谁、模仿什么、什么时候模仿，复杂程度令人惊讶，我们只是在最近几十年才开始理解。

例如，他们只会在成年人的动作很有趣时才会模仿，而不是什么都模仿。[14]年幼的孩子似乎对他人"使事情发生"有种特殊感觉。如果物体似乎是自己移动，或者是机器人或机械手做动作，他们**不会**模仿。[15]（这对于机器人保姆和教师的可行性可能有影响。）

婴儿似乎也能敏锐意识到自己被模仿。在1933年马克斯兄弟的电影《鸭羹》中有一个著名场景，哈勃假装是格劳乔在镜子里的镜像，模仿他的每一个动作。梅尔佐夫做了一项类似研究，让成年人要么模仿婴儿的动作，要么简单执行一系列事先设计好的固定动作。就像格劳乔一样，受试婴儿会做出夸张或奇特的动作，以测试成年人是否真的在模仿自己。[16]

梅尔佐夫认为，从根本上认识到他人和自己一样，并在与他人的关系中认识自己，这种根深蒂固的能力不仅是心理发展的开始，而且正如他所说，"是社会规范、价值观、伦理、共情等的发展的核心胚胎基础……这是一场大爆炸。最初的开端就是对身体动作的模仿"。[17]

过度模仿

假设你向某人展示如何切洋葱，你说，"试着这样做"，然后清清嗓子，开始展示切的动作。你的学生密切观察，征得你同意后，在尝试同样的刀法前也**清了清嗓子**。他们不只是模仿你，还**过度模仿**你，在模仿中加入了与当前任务完全无关或没有因果关联的行为。[18]

研究人类和黑猩猩模仿行为的研究人员惊讶地发现，这种过度模仿在人类中比在黑猩猩中更常见。这似乎与直觉不符：为什么黑猩猩会更擅长确定哪些行为是相关和不相关的，然后只模仿相关的行为？

在一项极具启发且耐人寻味的研究中，研究人员使用了有两个开口的塑料盒：一个开口在顶部，另一个在前面。实验者首先演示了打开顶部开口，然后打开前面开口，把手从前面伸进去拿食物。如果用不透明的黑匣子给黑猩猩演示这个过程，它们会忠实地按相同顺序做这两个动作。但如果实验者用透明盒子演示，黑猩猩可以观察到顶部开口与食物没有任何关系，它会直接打开前面开口，无视顶部开口。相比之下，3岁的孩子**即使能看到第一步没有任何作用**，也会模仿不必要的第一步。[19]

如果是这样，那么理论上人类学习相关技能的速度应该会更慢。研究人员又研究了5岁的孩子。结果发现过度模仿的行为更严重！大一点的孩子比小一点的孩子**更容易过度模仿**。[20]这说不通。到底怎么回事？

这个问题还有更奇怪的地方。研究人员怀疑孩子们过度模仿可能是为了获得实验者的认可。他们让实验者离开房间；仍然是这样。当研究人员问3岁和

5岁的孩子，能否分辨出哪些演示行为是"必须做的"，哪些是"愚蠢和多余的"，他们能！但是即使他们说明了自己知道区别，他们**仍然会复制两个动作**。[21]

最后，实验者明确告诉孩子们不要做任何"愚蠢和多余的"事情，没用。孩子们表示同意，但仍然过度模仿。

这似乎与直觉不符，而且几乎是悖论性的：随着认知能力的提高，儿童反而明显表现出更多盲目地全盘复制，而更少地进行有意识的控制。[22]

匈牙利心理学家捷尔吉·格尔利（György Gergely）对 14 个月大的孩子进行的一项研究提供了一条线索。蹒跚学步的孩子看到成年人坐在桌旁，身体前倾，用前额触碰灯泡，让灯泡亮起来。然而，有一个关键变化。有一半时间，成年人的手臂放在桌子上，另一半时间，成年人假装很冷，用毯子把自己裹起来。看到成年人的手臂是自由的孩子会准确再现他的动作，向前弯腰用头触碰灯泡。但看到成年人的手臂被毯子束缚的幼儿则只是伸出手，用手触碰灯泡。[23]

这个信息很关键。刚满 1 岁的幼儿能够评估实验者是出于选择还是出于无奈而采取奇怪的行动。**一定有什么原因让这个成年人弯下腰，用头触碰灯泡——她明明可以用手！**如果这似乎是一个深思熟虑的选择，他们会准确复制它。这从新的角度揭示了过度模仿的问题。它一点也不"盲目"，不是对动作的盲目复制，恰恰相反，是一种合理、复杂的洞察力，是认为演示者在理性选择并尽可能轻松高效地完成动作。

这也解释了为什么这种行为从 1 岁到 3 岁再到 5 岁会越来越多。随着儿童认知能力的提高，他们变得更有能力模仿他人的思维。他们当然可以看到——就透明盒子而言——成年人打开了一个没有作用的开口。但是他们意识到**成年人也能明白这一点**！如果成年人本应该知道他们正在做的事情没有用，但他们仍然这样做，那一定有原因。因此，虽然我们不知道原因是什么，我们最好也做那件"愚蠢的"事情。

相比之下，黑猩猩没有这么复杂的人类演示者模型。黑猩猩的逻辑似乎更简单："人类很蠢，没有采取最好的行动去获取食物。管他呢。我知道拿食物的最佳途径，所以我这么做就行了。"

悖论被解开了。在这个人为设计的特殊场景中，黑猩猩碰巧做对了。但是，人类小孩之所以"过度模仿"，是因为他们的认知更复杂，对这个问题有更深层次的见解。事实上，成年人如果不是在做实验研究，通常不会做自己明知毫无意义的事情。婴儿看起来很傻，会做两个动作去拿食物，其实一个动作就够了，但这只是因为成年人在某种意义上是骗子，不诚实。应该感到羞耻的是他们！

最近的研究发现了更加微妙之处。儿童从很小的时候起，就对成年人是在刻意**教**他们，还是仅仅是在自己尝试非常敏感。当成年人以专家身份出现时——"我将向你演示它是如何工作的"——孩子会忠实地模仿成年人采取的看似"不必要的"步骤。但如果成年人表现得对玩具不熟悉——"我从没玩过这个"——孩子就只会模仿有效的动作，而忽略"愚蠢的"动作。[24] 同样，表面上的过度模仿，并非不理性、懒惰或认知能力不够，实际上是对教师思维的复杂判断。

所有这些都表明，在表面上看似简单机械的模仿背后，隐藏着巨大的认知复杂性。这使得人们对幼儿智能有了新的认识，也对直接告诉机器学习系统"照着学"的计算复杂性有了更深刻的认识。

模仿学习

如果说人类特别擅长模仿，那就自然而然引出了一个问题：为什么？是什么让模仿成为如此强大的学习工具？与通过试错和明确的指导学习相比，通过模仿学习至少有3个明显优势。

我们已经看到机器学习直接从心理学借用诸如塑造和内在动机等想法。模仿同样被证明能提供丰富的灵感。事实上，它构成了迄今为止AI取得的许多最大成功的基石。

模仿的第一个优势是效率。通过模仿，别人试错获得的来之不易的成果被毫无保留地送给你，最起码从一开始你就能知道这件事是可行的。

2015年，著名攀岩家汤米·考德威尔（Tommy Caldwell）和凯文·约格森

（Kevin Jorgeson）首次成功攀登优胜美地峡谷具有传奇色彩的900多米高的黎明墙，创造了历史，这个岩壁被《户外》杂志称为"世界上最难的攀爬的岩石"。[25]考德威尔和约格森花了8年时间规划路线，在悬崖上的不同坡面进行试验，尝试连接各种可行的路段，找到一条从崖底到崖顶的可行路线。用考德威尔的话说，黎明墙"比我以前攀爬过的任何东西都难上加难"。[26]岩壁就像一面光秃秃的墙，让你很难想象哪些地方可以作为支点。那些小支点似乎完全不能支撑人体。"攀爬这条路线是你能用手指做的最难的事情，"考德威尔说，"就像抓着剃刀片。"[27]

1年后，经过几周的勘察和练习，年轻的捷克攀岩爱好者亚当·翁德拉（Adam Ondra）成功复现了他们的壮举。他将这种速度很大程度上归功于前人不仅展示了攀爬黎明墙的方法，还证明了一个事实，那就是这有可能做到。而在考德威尔和约格森开始艰难的攀爬计划前，并不知道能不能做到。翁德拉说：

事实上，这都要归功于汤米和凯文——多年的努力……太了不起了……在许多路段，在关键节点，甚至在一些简单节点——如果你在现场，你会想，"这不可能"。只有研究了每一处微小的岩片后，有时你才会想到唯一可能的答案。所以对我来说，解决每一个支点的难题要容易得多，因为我知道这些家伙做到了……他们给出了路线，我很荣幸能第一个重复。[28]

首次攀爬经历了8年的仔细摸索和自我怀疑。第二次攀爬只需要几星期的学习和演练，这是因为虽然看似不可能，但是知道肯定**有办法**。

前面我们看到，在《蒙特祖玛的复仇》中，即使只是为了获得第一个奖励，也要先要做对很多事情，成功完成挑战的路径非常狭窄，令人鼓舞的反馈很少，犯错的后果则很可怕。它就像强化学习版的黎明墙，一面几乎光秃秃的冰冷的墙，让你无处下脚。即使有强大的技术，如新奇奖励和内在动机，自主体仍然需要大量尝试，才能学会游戏的机制并找到成功的途径。但是如果自主体不用自己探索游戏呢？如果它有榜样可以学习呢？

2018年，优素福·艾塔尔（Yusuf Aytar）和托比亚斯·普法夫（Tobias Pfaff）

　　　　　　　　　　　　　　　人机对齐

领导的DeepMind团队想出一个巧妙的主意。他们想知道，自主体学习玩游戏能不能不需要自己艰难探索，而是通过……看YouTube视频？[29]

这很疯狂大胆，但是有效。YouTube上有很多人类玩家玩游戏的视频。自主体完全可以先看别人怎么玩来了解各种行动的效果。然后，当它自己玩的时候，它已经有了该怎么做的基本想法。当时，第一个被训练来模仿人类玩家的自主体，比其他任何接受强化学习的自主体都要好。事实上，在2018年底依靠内在动机取得突破之前，它是第一个走出神殿的自主体，它从人类示范中获得了一些初步的帮助和灵感。[30]

模仿的第二个优势是一定程度的**安全性**。从成千上万次失败中学习，在雅达利游戏中可能行得通，因为死亡只是重新开始。[31]但是在生活的其他领域，我们承担不起成千上万次失败的风险。例如，外科医生或战斗机飞行员，必须在不犯重大错误的情况下学习极为精确和复杂的技术。这个过程的关键是观摩前人的尝试，不论是实时的还是记录的、是真实的还是假想的、是成功的还是失败的。

模仿的第三个优势是它能让学生（无论是人还是机器）学习**很难用言语描述**的事情。19世纪心理学家康韦·摩根（Conway Lloyd Morgan）就曾说过："传授技能时，5分钟的演示比5小时的谈话更有价值。相对而言，描述或解释一项技能是如何完成的用处不大；演示如何做到这一点要有帮助得多。"[32]在尝试用语言表达动作时就是如此："将肘部弯曲27度，同时快速挥动手腕，但不要太快……"在尝试表达希望学生达成的**目标**时，也同样如此。在雅达利游戏中，类似"总分最大化"或"尽可能快地完成游戏"之类的东西或多或少也能行。但是在现实世界中，实际上很难用语言描述我们希望学习者做的每一件事。

开车就是典型例子。我们想尽可能快地从A地到B地，但不要超速，或者更确切地说，不要超速太多，除非出于某种原因必须这样做，并且要保持在车道中央，除非路边有人骑自行车或停了车，不要在右边超车，除非这样做比不这样做更安全，等等。很难将所有这些形式化为某个目标函数，然后让系统进行优化。

面对这种情境，更好的做法是使用人类未来研究所的尼克·博斯特罗姆（Nick Bostrom）说的"间接示范"。[33] 这种方法能让系统与我们的目标保持一致，同时**不用**把它们细化到最后的细节。用这种方法，我们要做的是这样说，"看我是怎么开的，学着做"。

事实上，这正是自动驾驶最初的想法之一，直到今天，也仍然是最好的想法之一。

驾驶

1984年，DARPA启动了战略计算计划，目的是利用20世纪80年代出现的计算突破，将当时最前沿的技术转化为3种特定的应用。恰克·索普（Chuck Thorpe）当时刚刚从卡内基·梅隆大学(CMU)获得机器人学博士学位，他回忆道："为什么是3个？是这样，一个让陆军开心，一个让空军开心，一个让海军开心。"[34] 空军想要一个"飞行员助手"：一种能够理解飞行员大声说出的命令或请求的自动副驾驶。海军对所谓的"战斗管理"系统感兴趣，用来帮助进行场景规划和天气预报。还有陆军，他们想要的是自动陆地车辆。[35]

当年9月，索普成功完成了博士论文答辩。他告诉答辩委员会，他接下来打算休息几周，构思下一步的计划。CMU机器人研究所所长雷伊·雷蒂（Raj Reddy）简短祝贺了他，然后说："你接下来要做的是5分钟后到我办公室开会。"会议是关于为DARPA研制自动驾驶车辆。

索普回忆道，那5分钟"就是我完成博士答辩和开始博士后之间的休息时间"。

到1984年，"自动驾驶"的"车辆"可以说已经存在多年了，但是这种技术可能连原始都谈不上。机器人学先驱汉斯·莫拉维克（Hans Moravec）在1980年斯坦福大学的博士论文中，使用车载摄像机，让一辆大小和形状都像桌子的机器人"手推车"能够用自行车轮胎自己移动，避开椅子等障碍物。"这个系统相当可靠，"莫拉维克写道，"但是非常慢。"[36] 有多慢？这辆车被编程为一次移动1米，莫拉维克形象地描述为"蹒跚而行"。行进1米后，车会停下来，拍照，思考10到15分钟，然后再进行下一次试探性移动。因此，它的最高速度不超过6米/时。

这台机器人的速度太慢了，甚至无法适应户外，因为太阳的角度在两次移动之间的变化太大，以至于阴影的变化会让机器人困惑。[37]索普回忆道："事实上，莫拉维克的系统锚定的是清晰的、边缘锐利的阴影，看到阴影在移动，真实物体又与阴影不一致，导致它对阴影比对真实物体更有信心，无视真实物体，锚定阴影，然后朝着椅子驶过去。"

1984年，莫拉维克来到CMU，索普和他一起工作，把时步从10分钟缩短为30秒。最高速度接近160米/时，进步显著。

他们使用的计算机是当时最先进的VAX-11/784（"VAXimus"），大约有2米宽2米高。车子通过"脐带"连接到计算机。如果想制造能够真正去外面行驶的车辆，就需要把电脑装在车上，因此还需要给电脑配电源。这又需要一个四缸发电机，简陋的推车无法实现。

索普团队选择了一辆雪佛兰面包车，车足够大，可以装下所有设备和5名研究生。正如索普观察到的："他们有很强的动力编写高质量软件，因为他们会亲历事故现场。如果你知道你要坐在车上，你就会编写更可靠的软件。"

该项目被命名为Navlab 1，1986年正式启动，当时系统已经可以每10秒移动一次（400米/时）。[38]索普的儿子利兰也在这一年出生，正好成为了机器人的完美陪练。"当Navlab 1以爬行速度移动时，我儿子也以爬行速度移动。当Navlab 1加快速度时，我儿子正在学习走路和跑步。等Navlab 1运行得更快，我儿子有了三轮车。我认为这将是一场为期16年的比赛，看谁能先在宾夕法尼亚收费公路上驾驶。"[39]

然而，这场竞赛最终以机器突然占优而结束。索普的研究生迪安·波默罗（Dean Pomerleau）用神经网络搭建了一个视觉系统，淘汰了该团队尝试过的其他所有方法。"所以到1990年，"索普说，"它就准备开上宾夕法尼亚收费公路了。"

他们称这个系统为ALVINN，"神经网络自动驾驶陆地车辆"的缩写，它通过模仿学习。[40] "你先开几分钟车，"索普说，"它会学习：如果道路看起来像这样，你就这样转方向盘，如果看起来像那样，你就那样转方向盘。所以，如果你已经在某条道路上对它进行训练，它就能在这条路上很好地输出方向盘角度。"

一个星期天清晨，光线很好，路上车辆很少，波默罗在州际公路上加载了ALVINN。ALVINN从匹兹堡沿79号州际公路一路行驶到五大湖岸边的伊利。"这有点革命性。"索普说，不仅在于实现了壮举，还在于模型的简单性。ALVINN对动量和牵引力一无所知，无法识别物体，也无法预测自己或其他汽车的未来位置，也无法将通过摄像机看到的东西与自己在空间中的位置关联起来，也无法模拟自己行为的影响。"人们通常认为，如果你想开那么快，"索普说，"你必须有卡尔曼滤波器和道路的回旋线模型，以及车辆详细的动态响应模型。迪安只用了一个简单的神经网络，它可以学习：如果道路看起来是这样，你就这样驾驶。"

波默罗告诉当地新闻记者，"我们只需告诉它'像我一样驾驶。像我现在做的这样驾驶。'不用再告诉它别的"。[41] 根据当时的水平，它配置的计算机有冰箱那么大，需要一台5千瓦的发电机供电，提供的算力相当于2016年苹果手表的1/10。[42] 而且，ALVINN没有控制油门或刹车，仍然得用脚踩，它也不能改变车道或以任何特定的方式对路上的其他车辆做出反应，但它能正常运行，模仿波默罗的驾驶方式，把他带到了五大湖畔。

训练机器最自然的想法之一就是训练它们模仿我们，这种方法在自动驾驶领域尤其有吸引力。ALVINN的成功证明了这种方法可行。如果想制造能完全自动驾驶的汽车，与其让它直接在道路上随机探索各种驾驶行为，通过（可怕的）试错来学习，不如采集真实人类驾驶的数据，构建庞大的数据集，训练它模仿人类的驾驶决策。系统学习根据状态——速度、前方图像、后视镜图像等——预测人类驾驶员的动作，踩油门、踩刹车、转方向盘，或者什么都不做。

这种预测性方法将驾驶问题变成了类似于ImageNet竞赛的图像分类问题。

ImageNet 是将图像分类为狗、猫、花等，这里则是将车辆状态和摄像头图像"分类"为"加速""制动""左转""右转"等。我们知道深度学习能让系统从见过的图像推广到没有见过的图像：如果 AlexNet 能够正确识别以前从未见过的狗，那么应该有理由相信汽车也能以某种方式做到，从经历过的场景推广到新的场景。即使它没有见过阳光照射下的那条路，也没有在那条路上见到过这样的车流，但按理它应该能根据过去的经验总结，从而知道该怎么应对。

根据这个想法，你不需要让缺乏经验的自动驾驶汽车在道路上随机行驶来优化策略。只需要记录人类驾驶汽车时的摄像头影像、传感和操作数据，采集大量数据，数百万小时的记录，最终训练出能完美模仿人类驾驶的汽车。

正如加州大学伯克利分校的谢尔盖·莱文（Sergey Levine）向本科生讲述的："因此，解决这类序贯决策问题的一种非常自然的方式，与解决标准计算机视觉问题的方式基本是一样的。我们让人类驾驶车辆，采集车载摄像头数据，同时记录驾驶员的操作。将这些存入数据集，作为训练数据。然后运行我们选择的监督学习算法——比如，随机梯度下降——来训练神经网络……将其作为标准的监督学习问题进行处理。这是很合理的切入方式。"[43]

然后，他解释道，当系统被用于控制时，它可以直接把它的预测——"我认为这是人类驾驶员在这种情况下会做的事情"——转化为行动。

莱文停顿了一下。"有没有人想到这样做可能会有什么问题？"[44]

许多手举了起来。

学会纠正

模仿随着习得习惯而推进。学习舞蹈时，老师在示范时很难盯着学生的动作，这使得最初的步骤很难掌握。期望的动作并不是马上就能做好……最初的动作错得离谱，再次尝试，失败，然后再试一次，直到最后我们看到姿势对了。

——亚历山大·贝恩(Alexander Bain)[45]

我会怎么做?我不会陷入这种境地。

——苹果CEO蒂姆·库克(Tim Cook),被问及遇到FACEBOOK CEO马克·扎克伯格(Mark Zuckerberg)面临的情况时会怎么做[46]

2009年,ALVINN之后已过去20年,在同一栋楼里,CMU的研究生斯特凡·罗斯(Stéphane Ross)正在玩《超级马里奥卡丁车》,更确切地说,是一款名为《超能卡丁车》的免费开源衍生游戏,游戏主角是Linux吉祥物,一只可爱的小企鹅。

罗斯玩游戏时,他的电脑会记录屏幕图像,以及他对游戏柄的所有操作。这些数据被用来训练一个相当简单的神经网络学习罗斯的操作。这个神经网络并不比ALVINN使用的那个复杂多少。[47]罗斯把手从方向盘上拿开,让神经网络接管驾驶,不一会儿,小企鹅拐弯太急,径直驶离了道路,成绩不太好。

问题并不在于示范圈的数量。他记录了100万帧的比赛,一圈又一圈大约2小时的驾驶过程,但示范圈数的增加似乎没什么作用。他把方向盘交给神经网络,小企鹅信心满满,然后摇摆,转向,偏离了道路。

问题根源在于,学习者观摩的是专家,而专家很少陷入麻烦。然而,不管学习者多么厉害,他们都会犯错,或大或小。但是因为学习者从未见过专家陷入困境,他们也就从未见过专家如何应对困境。事实上,当初学者犯错时,他们可能从没看到过专家遇到类似的情况。用谢尔盖·莱文的话说:"这意味着束手无策。"

例如,在《超能卡丁车》中,罗斯开车的表现很好,他向程序输入的所有数据都是示范如何沿着赛道中线行驶。但是一旦小企鹅在神经网络的控制下稍微偏离了中线或者歪了,它就会失控。它遇到的场景和它观摩的罗斯遇到的情景存在系统性差异。这种情况下所需的操作与正常情况下受控的全速驾驶有很大不同,但它在学习时没有见过其他场景。像罗斯这样熟练地玩游戏,无论多少圈,玩多久,都解决不了这个问题。

这个问题就是模仿学习研究者所说的"级联误差",是模仿学习的基本问题之一。正如迪安·波默罗在研究ALVINN时写的，"由于在训练中，人会驾驶车辆沿车道中心行驶，因此网络永远不会见到必须纠正偏离中心的错误的情况"。[48] 如何教模仿学习者纠正错误，长期以来一直是个问题。

如果波默罗在伊利湖之旅要将生命安全托付给系统，那么他就不能仅仅是让系统被动观察自己精准的驾驶。否则只有系统**从不**出错，它才是可靠的。在州际公路上以88公里/时的速度行驶2小时，这个要求太高了。

"不仅要向网络演示精准驾驶的例子，"波默罗写道，"还要演示一旦发生错误如何纠正（回到车道中心）。"[49] 但是怎么做呢？一个想法是在示范驾驶时突然转向，然后演示如何对稍微偏离车道中心或稍微错误的方向进行纠正。当然，这需要从训练数据中抹去前面错误的转向，以免ALVINN模仿！他意识到，随之而来的问题是，要训练得当，就需要模拟尽可能多的各种情况的错误转向。"这很耗时，"他总结道，"也很危险。"

波默罗想出了另一个主意：他可以伪造。

ALVINN处理的图像很小而且粗粒化，30×32像素的黑白图像，以梯形显示了车辆正前方的路面。（它的视野是如此狭窄和短视，以至于在经过一个十字路口时，它迷失了方向，闯入了人行道。）波默罗对ALVINN相机拍摄的真实图像进行了简单修改，使道路稍微偏向两边。这些信息随后被加入训练数据中，并给出了让汽车回到车道中心和随后方向回正的指令。这有点取巧，而且只有当路面平坦，没有斜坡或山丘时，指令才正确，正好适用于79号州际公路。

具有讽刺意味的是，在过去10年，深度学习技术的迅猛发展反倒使得这种"伪造"方法越来越不可行，因为现代相机每秒钟拍摄的图像太多，分辨率太高，视野太宽广，很难用这种方式轻松修改。如果伪造图像与汽车偏离车道时会看到的真实景象存在系统差异，那麻烦就大了。不管怎样，把生命押在你的PS技能上是靠不住的，而且现代神经网络实际上变得越来越难以欺骗。

20年后，纠正问题仍未得到解决，无论是理论层面还是实际层面。斯特凡·罗斯告诉我："如果你通过观摩学习，当你开始**自己独立**行动时，你遇到的情况不一定符合你曾见过的例子。"罗斯认为，这里有一些根本性的东西："所有机器学习都依赖这样一个假设，即你的训练和测试数据的分布是一样的。"但是罗斯和他的导师CMU机器人专家德鲁·巴涅尔（Drew Bagnell）认为，他们也许能破解它。"我对此非常感兴趣，"罗斯说，"因为这感觉像是一个需要解决的基本问题。"[50]

罗斯和巴涅尔进行了理论分析，试图从数学角度来理解这个问题，同时用《超能卡丁车》检验了他们的直觉。对于ImageNet这类监督学习问题，系统一旦被训练，每看一张图片都有一定的可能出错。图片数量增加10倍，平均来说，出错也增加10倍，错误的数量和任务的数量呈线性关系。而模仿学习要糟糕得多，因为一个错误就可能导致系统遇到它从未见过的情景，一旦它犯了第一个错误，就有可能应对失策。错误和任务规模呈**平方**关系。运行时间增加10倍，错误会增加100倍。[51]理论分析是严峻的，但也启发了一个诱人的可能：有没有办法回到规模与错误呈**线性**关系的安全世界？行驶里程增加10倍，发生车祸的可能性也只增加10倍？"我们在寻找圣杯。"他说。

他们找到了，关键在于互动。学习者不仅要在开始时观摩专家，而且在必要时还要能回到老师身边，说："嘿，我尝试了你给我示范的东西，但总是出现这种不好的事情。如果你陷入了这种困境，你会怎么做？"

为了在《超能卡丁车》上实现这种互动，罗斯想了2种办法。[52]一种办法是手持游戏手柄观看神经网络（最初是灾难性的）跑圈。当小企鹅出错时，罗斯会操作手柄，就好像自己在开车一样；另一种办法是罗斯和网络同时控制，但随机交换对车辆的控制权。他解释说："就像你在正常玩游戏，但在一些随机步时，不由人类控制，而是由神经网络控制。随着时间推移，执行人类控制的机会慢慢减少，好像越来越不受你控制，但你始终有机会接管。"这很怪异，有点不自然，但很管用。罗斯说："你仍然在努力比赛，就好像你在掌控。但并不一定一直执行你的控制。它开始偏离，然后你纠正……"他笑了。随着时间推移，车辆执行你的转向指令的时间越来越少，网络越来越擅长做本来归你做的事情。有时你不确定是谁在驾驶。

令人惊讶的是，无论是理论推导还是在《超能卡丁车》中，这两种形式的互动不仅有效，而且所需的反馈少到令人惊讶。如果只依靠静态演示，无论是几千帧还是100万帧专家数据，也无论是训练几分钟还是几小时，失败概率都差不多，都没什么希望。但如果使用这种交互式方法——罗斯称之为"数据集聚合（DAgger）"——到**第三圈**程序几乎就可以驾驶得很好了。"得到这个结果后，"罗斯说，"我就想，哇，这真是太棒了。它的效果比默认方法好几个数量级。"

罗斯获得博士学位后，马上就将《超能卡丁车》的虚拟赛道换成了加利福尼亚山景城的现实郊区街道，他目前是自动驾驶公司Waymo的行为预测主管，设计模型来预测路上其他汽车、自行车和行人的行为和反应。"要求的可靠性比学术界高几个数量级，这是真正的挑战所在。比如，如何确保模型一直不出错，而不仅仅是95%或99%，这些都不够好。"这项工程很艰巨也很有成就感，"如果成功的话，它可能是你能对世界产生最大影响的项目之一，造福全世界。希望未来能产生影响，这本身就为这个领域的工作提供了足够动力。"

虽然DAgger采用的这种互动反馈在理论上是黄金标准，但在实践中，我们不用与车辆交替掌控方向盘，以确保它们学会保持在车道中央。有几种更简单的方法在实践中效果也很好，可以构建能纠正小错误的真实系统。

2015年，瑞士的一支团队在一个无人机项目中，采用了一种巧妙的方法来解决这个问题，这架无人机可以在山区徒步路线上飞行，而且不会在森林里迷路。据他们说，以前的研究试图"明确定义步道的视觉特征"，他们则完全绕过了图像的哪些部分有步道，或者步道看起来是什么样子的问题，而是训练系统从图像直接映射到运动输出。它会拍摄包含泥地和树木的752×480像素图像，并输出"向左偏转""向右偏转"或"往前的指令"。与近年来越来越常见的故事情节一样，多年来对"显著性"或"对比度"的手工视觉特征的细致研究，以及对如何（比如从树皮中）区分污垢的巧妙方法，被彻底抛弃，代之以随机梯度下降训练的卷积神经网络。所有手工设计特征的工作都过时了。

该团队训练无人机模仿人类徒步旅行者走的路线。独特而且巧妙的是他们让系统纠正错误的办法。他们在徒步旅行者的头上装了GoPro摄像机，不是1个，而是3个，1个指向正前方，另外2个则稍偏向左右，记录偏离正确方向时会看到什么。然后，他们让徒步旅行者像往常一样行进，只是要注意头朝前。这样就生成了一个庞大的步道图像数据集，并使用"看到类似的情况时往前飞"来标注中间摄像机图像，使用"看到类似的情况向左偏转"来标注右侧摄像机图像，使用"看到类似的情况向右偏转"来标注左侧摄像机图像。他们用数据集训练了神经网络，将其安装在四旋翼无人机上，然后在瑞士阿尔卑斯山放飞。它基本上能在树林中悬浮，沿着步道前进。同样，关键技巧是，不仅要示范人类专家的做法，还要提供数据形式的防护栏，指导稍有失常的学习者回到正轨。[53]

2016 年，新泽西州霍尔姆德尔的英伟达深度学习团队做了一个项目，将同样的技巧运用于新泽西州蒙莫斯县的街道。英伟达在一辆车上安装了 3 个摄像头，1 个指向前方，2 个偏向左右约 30 度。这样左右摄像头就显示了如果车辆方向稍有错误时会看到什么。然后，研究小组将这些数据输入系统，正确的预测是"按人类驾驶员的做法操作，再加上回到中心的小修正"。仅用了 72 小时的训练数据，系统就很安全了，足以在各种天气条件下在蒙莫斯县蜿蜒的乡村道路和多车道公路上行驶，不会发生重大事故。在团队发布的视频中，可以看到他们的林肯 MKZ 从英伟达深度学习研究大楼的停车场出来，驶向花园州公园路。"它还是自动的！？"一名跟车的员工问道。"看起来相当不错，"他说，然后补充说，它的表现至少比其他由人类驾驶在公园路上行驶的车要好。[54]

顺带提一下两个历史注脚。20 世纪 80 年代末，正是在这栋研究大楼里——当时它属于贝尔实验室——杨立昆发明了用反向传播进行训练的卷积神经网络，现在的自动驾驶车辆都是由它驱动。[55] 碰巧的是，我自己也是在新泽西州蒙莫斯县的道路上学会了驾驶，而且在往返越野练习的路上经常路过那栋大楼。我希望我能说，在开了 17 年车后，我在同样的道路上驾驶，能像训练了 72 小时的卷积神经网络一样安全可靠。

悬崖边缘：可能主义与现实主义

> 人应当执行自己能管理和维持的低级行为，而不是会搞砸的高级行为……我们绝不能僭取属于那些精神视野比我们更高或更远的人的行为。
>
> ——艾丽丝·默多克（Iris Murdoch）[56]
>
> 如果你是我，你会怎么做？她说。
>
> 如果我是你—你，还是如果我是你—我？
>
> 如果你是我—我。
>
> 如果我是你—你，他说，我的做法和你一样。
>
> ——罗伯特·哈斯（Robert Hass）[57]

模仿作为一种学习策略，除了纠正小错误的问题，还有一个问题是，有时你根本做不到专家能做到的事情。如果是这样，模仿就意味着去做一些你无法做到的事情。面对这种情况，你可能根本不应该试图表现得像他们一样。

真实生活和流行文化中经常有新手试图模仿专家的例子，结果往往是灾难。

正如国际象棋大师卡斯帕罗夫解释的："棋手，尤其是业余爱好者，会花很多时间来学习和记忆他们喜欢的开局。这些知识很重要，但也可能是陷阱……死记硬背，不管多精彩，没有理解是没用的。总有一天，他会走到记忆的尽头，面对自己并不真正理解的棋局，没有预先准备好的走法。"

卡斯帕罗夫回忆他曾指导一名12岁的棋手，复盘一场学生赛的开局。卡斯帕罗夫问他为什么在一种复杂的开局中下出了一个特别激进和危险的走法。"瓦列霍就是这样下的！"学生回答。卡斯帕罗夫说："是的，我知道这位西班牙特级大师在最近的一局棋中下了这一手，但我也知道，如果这位少年棋手不理解这手棋背后的动机，就会陷入麻烦。"[58]

这似乎既符合直觉，又在某种程度上自相矛盾：模仿"更厉害"的人的做法有时可能是严重的错误。这背后的故事非常复杂，并且与伦理学、经济学和机器学习有深刻关联。

1976年，伦理哲学前沿突然开始关注一个问题：你自己在**未来**的行为对你**现在**该做什么有多大影响？

当时在密歇根大学的哲学家霍利·史密斯（Holly Smith）专注于研究效用主义。她注意到一些奇怪的事情。"如果你是效用主义者，自然会问这样的问题：'如果我现在做A，会产生最好的结果吗？'嗯，很明显，"她说，"这取决于我接下来会怎么做。"[59]如果你需要考虑自己未来的行为，意味着你也要考虑自己未来的错误。史密斯借此引入她所谓的"道德缺憾"。[60]

她思考的思维实验被称为"拖延教授"。[61]前提很简单：拖延教授既是教授，也是——你猜对了——无可救药的拖延症。学生请他审读论文并反馈意见，他是最有资格的审稿人。如果他同意，肯定会发生的是，他会拖延时间，永远不会给学生反馈。这比直接拒绝更糟，那样学生还可以请别人审读（质量稍微差一点）。

他应该同意吗？

这里有两种不同的伦理思想流派分歧："可能主义"——认为人应该做在任何情况下最好**可能**的事情——与"现实主义"——认为人应该根据以后**实际**会发生什么(无论是因为你自己后来的行为还是其他原因)做在当前最好的事情。[62]

可能主义主张，对于拖延症者来说，最好**可能**的事情是同意审稿**并**按时完成。这得先同意，所以他应该同意。

现实主义的观点更务实。就其本身而言，同意审稿必然导致糟糕的结果：根本不审稿。拒绝审稿意味着相对较好的结果：由资格稍逊的审稿人审稿。教授应该做**实际**上导致最好结果的事情，因此他应该拒绝。

史密斯得出的结论是"一个人有时必须选择较低的行为而不是较高的行为"。她解释道："如果一个行为让自主体有可能做好事，而同样的行为也让他有可能做灾难性的事情，并且他会选择后者而不是前者，那么选这个行为似乎不是什么好事。"

与此同时，史密斯也阐释了现实主义的缺点："现实主义给了你一个借口，基于你自己未来的道德缺憾去做坏事。"大约40年后，理论争论逐渐升温。"我想很多人会认为这个问题仍未解决，"史密斯说，"可以说讨论仍然很活跃。"[63]

这场讨论不仅仅是理论上的。例如，在21世纪的"有效利他理念"运动中，关于为了最大限度地帮助他人，一个人应该做多大程度的牺牲，意见不一。[64]普林斯顿哲学家彼得·辛格（Peter Singer）有句名言：忽视对慈善事业的捐赠，就像走过有孩子溺水的池塘却什么也不做。[65]但是对于同意这一观点的人来说，关于实际应该捐赠多少也存在争议。一个完美的人，也许可以把自己所有的钱捐给慈善机构，同时保持快乐、乐观和积极，并激励他人。但即使是"有效利他理念"运动的忠实成员，包括辛格本人，也没有这么完美。

有效利他理念社群的领导者、有效利他理念中心的社群联络员朱莉娅·怀斯（Julia Wise）自己做出了令人印象深刻的承诺，将50%的收入捐给慈善机构，但她强调不追求完美价值，"允许自己不纯粹"。[66]例如，她意识到自己践行纯素食主义无法满足她对冰淇淋的热爱，因此她觉得自己不可能成为纯素食主义者。对她有效的是成为能吃冰淇淋的纯素食者。那样她就可以坚持下来。

有效利他理念中心的共同创始人、牛津哲学家威尔·麦卡斯基尔（Will MacAskill）在这个问题上直言不讳。"我们应该做现实主义者，"他说，"如果你今天一次性捐出所有积蓄——抛却现实因素，这是可以做到的——你可能会感到非常沮丧，以至于将来干脆不再捐赠。然而，如果你决定捐出10%的收入，这一承诺将具有足够的可持续性，你可以在未来继续这样做，从而产生更大的总体影响。"[67]

辛格自己也承认，从长远来看，最好是具有平衡和比例感。"如果你发现自己做的事情让你痛苦，是时候重新考虑一下了。你能因此变得更积极吗？如果没有，从各方面考虑，这真的是最好的吗？"他还指出，"有效利他理念者仍然相对较少，所以他们树立榜样，吸引其他人采纳这种生活方式是很重要的。"[68]

现实主义与可能主义的争论，在机器学习中也同样存在。第4章曾讨论过，强化学习算法有一个主要族系是学习评估"价值"，"价值"表示为对各种可选行为的未来收益预期。（这被称为"Q值"，"品质"的缩写。）例如，下棋的自主体要学习预测各种下法获胜的概率，而玩雅达利游戏的自主体则要学习估计各种动作的预期得分。有了这些预测，接下来就只需采取Q值最高的行动。

不过，这里面有一个值得明确的含糊之处。Q值应该是你通过采取这一行动**可能**获得的最好预期收益，还是你实际**将**获得的预期收益？如果自主体全知全能，两者就是一回事，但如果不是这样，答案可能会大相径庭。

这两种价值学习方法被称为"同轨"和"离轨"方法。同轨方法评估行动价值，是根据自主体采取行动并按自己的"策略"继续采取行动后**实际**将获得的收益。而**离轨**自主体评估行动的价值则是根据随后的最好**可能**的行为序列。[69]

在桑顿和巴图开创性的强化学习教科书中，探讨了总是试图实现最好可能性的离轨（"可能主义"）自主体是如何让自己陷入麻烦的。想象一辆自动驾驶车辆需要从海岸悬崖边的一个地点开到另一个地点。最短和最高效的路线就是沿着悬崖边缘走。如果车辆足够稳定，这是最优路线。但如果车辆有点摇晃或不稳，这就是在玩火。更好的做法可能是绕行无须完美驾驶也能成功的路线。这就是现实主义，同轨方法训练的车辆确实会学会走更安全、更稳当的路线，而不是收益稍高但风险也更高的路线。[70]

模仿偶像或老师，不管模仿者是人还是机器，都会带来可能主义和离轨估值的危险。[71]下国际象棋，如果没有大师级的应对能力，学习最好的走法可能只会让学生吃不消。这个时候刻意观摩大师的棋局可能毫无帮助，甚至更糟。知道某个棋局——比方说，牺牲王后可以10步将死对手——当然很好。但是如果不知道怎么将死，王后就白白牺牲了，反而会输掉。

自20世纪中叶以来，经济学家就一直在讨论"次优理论"，该理论认为，知道在遵循一系列数学假设的理论版本的经济系统中做什么是最优的，对于稍微偏离这些假设的实际经济可能毫无价值。应该遵循的"次优"策略或行动，可能与最优策略没有任何相似之处。[72]致力于伦理与政策研究的OpenAI科学家阿曼达·阿斯克尔（Amanda Askell）指出，这一点也可能同样适用于道德领域。"我认为伦理也是类似的，"她说，"即使理想的自主体能完美地遵循某种道德理论，非理想的自主体也可能使用一组完全不同的决策程序。"[73]

看到这样的例子，任何想要模仿的人都应该会更加慎重。模仿在某种程度上是内在的可能主义者，想要一口吃成胖子。当孩子模仿开车、切菜或给宠物看病时，可能很可爱，但如果他们真的伸手去拿车钥匙或刀(甚至抓猫)时，我们就会阻止。我们实际上想看到的行为可能与模仿没有多少相似之处：开车的"次优"是坐在乘客座位上；切菜的"次优"是帮忙摆好餐具；如果猫受伤了，"次优"是告诉爸爸妈妈。

对于机器模仿者，我们最好铭记次优理论。如果机器想向我们学习，我们必须注意不要让机器在不经意间学会启动一旦开始就很棘手的行为。如果它们已经足够专业，这个问题可能没有意义。但在那之前，模仿可能是诅咒，用用户界面设计师布鲁斯·巴伦坦(Bruce Balentine)的话说："做一台好机器好过做一个坏人。"[74]

扩增：自我模仿与超越

我过去最喜欢的棋手可能是……三四年前的自己。
——国际象棋世界冠军芒努斯·卡尔森(Magnus Carlsen)[75]

模仿的第三个基本挑战是，如果目标是**模仿**老师，模仿者将很难**超越**老师。

塞缪尔就意识到了这一点。塞缪尔是机器学习领域的开创者之一，机器学习一词就是他创造的。前面曾提到，1959年他在IBM开发了下西洋跳棋的机器学习系统。"我向系统输入了我知道的一些下棋原则，"他说，"尽管我当时不知道，现在也不知道，它们的确切作用是什么。"这份清单包括比如有多少跳棋，有多少王，有多少种走法，等等。[76]

这个程序最后击败了塞缪尔，尽管使用的是塞缪尔给出的战略。它能准确预测未来的一些走法，再加上对不同因素的权重反复试验微调，得到了一个超越自己老师的系统。就当时而言，这是一项了不起的成就，正如说过的，它以一己之力推动了IBM股价上涨，这也是让塞缪尔感到自豪的成就之一。但是他也敏锐意识到了这个项目的局限。"程序现在按照**我的**跳棋原则运作，并且很好地发挥了它的优势，"他哀叹道，"要想进一步提升它的水平，唯一的方法是教给它更好的原则。但是怎么做呢？……目前世界上还只有我能教它，而它已经远远超出了我的水平。"

塞缪尔推断，要获得更好的原则，需要让程序以某种方式自行生成策略。"要是计算机**能**生成自己的原则就好了！但我认为近期实现这一目标的可能性很小，"他说，[77]"不幸的是，迄今为止还没有人提出令人满意的计划。"[78]

到20世纪末，教计算机下棋的基本技术变化不大，它们的局限性也依然没变。计算速度提升了数百万倍，强化学习已发展成为一个领域，但是机器似乎并没有发生根本变化，它们仍然依赖我们。

20世纪90年代，研发国际象棋超级计算机深蓝的IBM团队设计的价值函数仍然类似几十年前塞缪尔为跳棋设计的。团队与人类大师合作，试图列举并阐明决定棋局势态的所有因素：比如双方的棋子数量、机动性和空间、王的安全、棋子结构等等。不过他们使用的参考因素不是像塞缪尔那样只有38条，而是8 000条。[79]团队领导许峰雄(Feng-hsiung Hsu)说："这个象棋评估函数可能比计算机象棋文献中描述过的都要复杂。"[80]当然，关键问题是如何以某种方式权衡并融合成千上万种令人困惑的参考因素，给出对棋局态势的单一判断。到底该如何权衡多的棋子、对中心的控制权和王的安全？正确的权衡至关重要。

那么，这几千种因素到底是如何权衡的呢？通过模仿。

深蓝团队获得了70万份特级大师比赛棋谱的数据库。他们将这些真实棋局展示给程序，并问它会怎么走。以模仿人类下法为目标，据此微调它的价值函数。比方说，如果增加分配给保有一对象的权重会让它更有可能使用人类大师的下法，那么深蓝就会增加一对象的权重。

这种模仿人类的棋局态势评估——关注的因素本身也是来自人类专家——与计算机的精确计算、高速和蛮力相结合，**每秒能够搜索数亿个未来棋局**，并以类似象棋大师的方式评估棋局，最终在1997年的传奇比赛中击败了人类象棋冠军加里·卡斯帕罗夫。深蓝公司的项目主管谭崇仁（C. J. Tan）说："加里准备和计算机比赛，但是我们把它编程为像特级大师一样下棋。"[81]

从哲学角度看，这个领域的一些人想知道程序是否最终会因为继续依赖模仿人类而受限。在计算机跳棋方面，阿尔伯塔大学的乔纳森·谢弗（Jonathan Schaeffer）在20世纪90年代初开发了一个非常好的程序，当它选择一个不同于人类特级大师的下法时，经常它自己的下法还更好。"当然，我们可以继续'改进'评估函数，让它与人类下法更一致，"他写道。但是"没有明显的理由值得这样做"。一方面，让程序以更常规的方式下棋可能会削弱它让人类对手出乎意料的能力；另一方面，还不清楚一旦程序达到了最优秀的人类玩家水平，模仿是否还有用。"我们发现很难取得进一步突破。"谢弗承认。[82]他的项目遇到了瓶颈，给这个领域留下了一个悬而未决的问题。2001年出版的《学会下棋的机器》反思了深蓝的成功："未来的一个重要研究方向，是搞清楚模仿人类专家的下法还有多大潜力产生更强的弈棋程序。"[83]

15年后，DeepMind的AlphaGo终于实现了塞缪尔的愿景，即一个可以从头开始自己设计棋局评估的系统。设计者没有人工为它设计数以千计要考虑的特征，而是用深度神经网络来自动识别使特定下法概率更大的模式和关系，就像AlexNet识别狗和汽车的视觉纹理和形状一样。该系统的训练类似深蓝：依靠一个庞大的有3 000万步棋的数据库，学习预测人类围棋专家的走法。[84]它拥有最准确的人类专家走法预测——精确地说，准确率为57%，之前最准确的是44%。2015年10月，AlphaGo成为第一个击败人类职业围棋手（3届欧洲冠军樊麾）的程序。仅仅7个月后，2016年3月，它击败了最顶尖的人类选手之一，曾获18次世界冠军的李世石。

尽管如此，具有讽刺意味的是，这个超越人类的弈棋程序本质上还是一个模仿者。[85]它并不是在学习**最好的**走法，它在学习**人类的**走法。

深蓝和AlphaGo的成功之所以可能，是因为有庞大的人类实例数据库可以供机器学习。机器学习的这些标志性成功轰动了全球，之所以会这样是因为这些棋类在全球很普及，而正是这些棋类的受欢迎程度促成了它们的成功。我们下出的每一步都可能会被用来对付我们。如果是不那么普及的游戏，计算机赢棋造成的影响不会这么大，它们也不会有足够的例子学习。因此，普及程度起到了双重作用，使得这一成就**影响很大**，但也是这一点让它**成为可能**。

然而，AlphaGo 刚刚登上巅峰，就在 2017 年被**更强大**的程序 AlphaGo Zero 超越。[86] AlphaGo 和 AlphaGo Zero 最大的区别在于后者完全没有模仿人类。初始化完全随机，从一块白板开始，它直接和自己对弈，一次又一次。令人难以置信的是，仅仅经过 36 小时的自我对弈，它就和打败了李世石的 AlphaGo 版本一样好。72 小时后，DeepMind 团队在两者之间安排了一场比赛，采用了一样的 2 小时计时赛，AlphaGo 用的是打败李世石的版本。AlphaGo Zero 消耗的算力只有对手的 1/10，而且在 72 小时前从未下过棋，结果在百场系列赛中取得了 100 比 0 的胜绩。

正如 DeepMind 团队的在《自然》期刊论文中写的："人类从数千年来下的无数盘棋中积累围棋知识，这些知识被浓缩成模式、谚语和书籍。"[87] AlphaGo Zero 用 72 小时就发现了这一切。

与此同时，在引擎盖下正在发生一些非常有趣，富有启发的事情：该系统没有学习过人类下过的任何一盘棋。但是尽管如此，它仍然是通过模仿学习。它在学习模仿……**自己**。

这个模仿自己的过程如下：在围棋和国际象棋这类棋类游戏中，人类专家采用的是某种"快与慢"思维方式。[88] 一种是有意识的、深思熟虑的推理，思考各种走法，然后说："好吧，如果我走这里，他就会走那里，但是接下来我走这里，我就赢了。"在 AlphaGo Zero 中，这种明确的"慢"推理——向前推演、一步步移动，"如果这样，那么那样"——是通过一种名为蒙特卡罗树搜索（MCTS）的算法完成的。[89] 并且这种缓慢的、明确的推理，与快速的、不可言喻的直觉的两个不同但相关的部分紧密关联。

"快"思维的第一个部分是，在明确的推理之前或之外，我们对某个特定棋局有多**好**有一种直观判断。这就是我们一直在讨论的"价值函数"或"评估函数"。在 AlphaGo Zero 中，体现为一个名为"价值网络"的神经网络，它输出一个百分比，代表的是 AlphaGo Zero 认为那个棋局有多大可能会赢。

"快"思维的第二个部分是，当我们观看棋局时，我们会考虑接下来的一些走法，只考虑那些明显的走法，其他走法则不予考虑。首先依靠直觉给出合理或有希望的候选走法，然后针对这些走法展开慢而审慎的"如果这样，那么那样"推演。这就是 AlphaGo Zero 变得有趣的地方。这些候选走法由一个名为"策略网络"的神经网络给出，它的输入是当前棋局，并为每个候选走法分配一个从 0 到 100 的百分比。这个数字代表什么？系统在押注自己最终将决定采取的行动。

这是一个相当奇怪甚至矛盾的想法，值得进一步阐明。对于每一个候选走法，策略网络代表了 AlphaGo Zero 的猜测，即在进行明确的 MCTS 搜索以从该棋局向前推演之后，选择该走法的可能性有多大。有点不可思议的是，系统使用这些概率，将慢的 MCTS 搜索聚焦到它认为最有可能的一些走法上。[90] "AlphaGo Zero 成为了它自己的老师，"DeepMind 的大卫·西尔弗解释道，"它改进它的神经网络来预测自己的走法"。[91]

鉴于系统使用这些预测来指导搜索，而预测的又正是搜索结果，这听起来可能像是自证预言。事实上，快系统和慢系统在相互磨砺。随着策略网络快预测的改进，慢的 MCTS 算法利用它们来在未来可能的走法路径中执行更聚焦更明智的搜索。通过这种更精细的搜索，AlphaGo Zero 变得更强。然后，策略网络会进行调整，以预测这些新的、更强的走法，这反过来又让系统的慢思维变得更明智。这是良性循环。

这个过程在专业上被称为"扩增"，但也可以称为超越。AlphaGo Zero 学会了只模仿自己。它利用自己的预测做出更好的决定，然后反过来又学习预测那些更好的决定。它开始于随机预测和随机行动。72 小时后，它成为了全世界有史以来最强的围棋手。

价值扩增

> 你应该认为模仿是崇拜中最可接受的部分，神更希望人类像他们，而不是
> 奉承他们。
>
> ——马可·奥勒留（Marcus Aurelius）[92]

越来越多的哲学家和计算机科学家开始关注更长远的未来，对于他们来说，如果我们必须向具有灵活智能和灵巧能力的系统传授极为复杂的行为和价值观，那么这不仅提出了技术问题，还提出了更深层次的问题。

有两个主要挑战。第一，我们想要的东西很难简单明了地表达出来——无论是用语言还是数值形式。正如人类未来研究所的尼克·博斯特罗姆指出的："列出我们关心的所有事项似乎是完全不可能的。"[93] 在围棋的例子中，我们已经看到，在模仿学习取得成功的那些领域，实际上不可能明确传授专业棋手的每条规则、考量因素和重视程度。简单地说，实际上往往是"边看边学"会很成功。很可能的情况是，随着自主系统变得越来越强大和通用——直到我们想传授不只是开好车和下好棋，还有某种意义的好好生活——我们仍然会依靠类似的手段。

第二个更深层次的挑战是，传统的基于奖励的强化学习和模仿学习技术都要求人类充当最终权威。正如我们看到的，模仿学习系统可以超越它们的老师，但前提是老师们示范的不完美在很大程度上能相互抵消，或者专家虽然做不到他们想示范的，但至少能判别。

在更遥远的未来，必然会有更强大的系统运行在更微妙和更复杂的现实环境中，我们在每一个领域的前沿都面临挑战。

例如，有些人担心人类不是道德权威的特别好的来源。"对于将人类价值观注入机器的问题已经有了很多探讨，"谷歌的布莱斯·阿克斯（Blaise Agüera y Arcas）说，"我其实不认为这是主要问题。我认为问题在于人类的价值观自身还需要改进，它们不够好。"[94]

机器智能研究所的共同创始人埃利泽·尤多科夫斯基（Eliezer Yudkowsky）在2004年写了一份颇具影响力的手稿。他主张，赋予机器能力不仅仅是为了模仿和维护我们体现出的不完美的规范，而是为了向机器注入他所说的"连贯外推意志"。"用诗意的话来说，"他写道，"我们的**连贯外推意志**就是，假如我们知道得更多，思考得更快，更接近我们想成为的人，那么我们会有怎样的愿望。"[95]

在有相对明确的衡量成功的外部标准的领域，比如跳棋、围棋或《蒙特祖玛的复仇》，机器可以直接将模仿作为更传统的强化学习技术的起点，通过反复尝试来磨炼最初的模仿行为，并且有可能让自己的老师黯然失色。

然而，在道德领域，如何模仿就不那么清楚了，因为不存在这样的外部标准。[96]

更重要的是，如果我们试图教授的系统有一天比我们更聪明，它们可能会采取我们难以评估的行动。例如，如果未来的系统提议改革临床试验法规，我们甚至不一定有能力评估提议是否符合我们的道德规范，无论我们是经过深思熟虑还是在紧张的反馈循环中草草决定。所以，再次强调，一旦系统的行为超出了我们自身的认知，我们如何继续以自己为范本来训练它呢？

OpenAI的保罗·克里斯蒂诺（Paul Christiano）对这一系列问题进行了深入思考。"我真的很想知道，当规模扩增时，解决方案应该是怎样的，"他说，"我们具体的计划是什么？最终的结局会怎样？对这个问题感兴趣的人相对还较少，研究的人就更少了。"[97]

早在2012年，克里斯蒂诺就意识到，即使是面对最困难的场景，我们也有可能找到突破口。他一直在对此进行研究。[98]例如，我们看到AlphaGo Zero对要考虑的走法先用快思维判断，然后使用慢思维的MCTS来梳理数百万未来的棋局，以确认或纠正之前的判断。慢思维的结果被用来改进快直觉：它学习预测自己深思熟虑的结果。[99]

克里斯蒂诺认为，也许可以用相同的模式——他称之为"迭代蒸馏和扩增"——来开发系统进行复杂判断，超越我们自己，但又与我们保持一致。

例如，假设我们在为某个大城市规划新的地铁系统。与雅达利游戏或围棋不同，我们做不到每秒评估数千种规划，事实上，评估一次可能就要数月。还与雅达利游戏或围棋不同的是，没有客观的衡量标准，人们认为好的地铁系统才是"好的"。

我们可以——比如说，通过常规的模仿学习——训练一个机器学习系统到一定的水平，然后以此为基础，**用它**来帮助评估规划，就像一个资深规划师带着几个初级规划师。我们可以安排一个系统副本估计等待时长，安排另一个副本估计预算，可能还安排第三个副本评估可达性。作为"老板"，我们会做最终决定，"扩增"机器下属的工作。反过来，这些下属又会从我们的最终决定中"蒸馏"出它们所能得到的教训，并因此成为稍微更好一些的规划师：速度更快，比我们自己要快得多，但以我们的做法为榜样。然后继续迭代，将下一个项目交给这个稍有改进的团队，不断良性循环。

克里斯蒂诺认为，最终我们会发现，我们的团队就是我们**希望**成为的那种规划师——"如果我们知道得更多，思考得更快，更接近我们希望成为的那种规划师时"，我们就能成为那种规划师。

还有许多工作要做。克里斯蒂诺希望找到扩增和蒸馏的方法，以**可证明**的方式与人类对齐。目前，这是否能做到仍是一个悬而未决的问题，仍然停留在希望。初步的小规模实验正在进行中。"如果我们能实现这一希望，"克里斯蒂诺和他的OpenAI同事写道，"这将是朝着扩大机器学习的应用范围，和解决有关AI长期影响的担忧迈出的重要一步。"[100]

克里斯蒂诺已成为对齐问题研究领域的领军人物。在讨论他在扩增方面的工作时，我问克里斯蒂诺，他是否认为自己是其他有兴趣研究类似问题的人的榜样。他的回答令我惊讶。

"希望以后的人们不用像我一样。"他说。[101]

克里斯蒂诺解释道，在专注于AI安全领域之前，他不得不双线作战。他可能属于最后一批不得不这样的对齐问题研究人员：先通过研究更常规的问题获得学位，同时想办法做他认为真正重要的研究。"我不得不先离开，花很长时间研究别的东西，"他说，"倚靠学术圈子做研究比较容易。"仅仅几年后，这个圈子就出现了。[102]"希望更多人能拥有这种环境，"他说，"有很多人在思考这些问题，希望能有工作机会……让他们能够研究这些值得关注的问题。"

或许，作为开拓者就是这样：与其说别人会完全模仿你的榜样，或者重走你的路，不如说——因为你的努力——他们不必如此。

8. 推断

密歇根大学的心理学家费利克斯·沃纳肯（Felix Warneken）抱着一大摞杂志穿过房间，走向一个关着的柜子。他撞到了柜子上，吓了一跳，"哟！"他往后退，盯着柜子看了一会儿，疑惑不解地说了一声："嗯？"又走上前，杂志又撞在柜门上。他再次后退，感到挫败，可怜地说："嗯……"好像不知道自己哪里做错了。

一个蹒跚学步的孩子从房间角落里走过来帮他。孩子有点不稳地走向柜子，挨个把柜门打开，带着探询的表情抬头看着沃纳肯，然后退后。沃纳肯表示了感激，把杂志放在柜子里。[1]

2006年，沃纳肯与杜克大学的迈克尔·托马塞洛合作，第一次系统地证明了，18个月大的人类婴儿就能正确判断人类同伴遇到了困难，能识别人类的目标和面临的障碍，并且会在力所能及时自发提供帮助，即使没有人请求他们帮忙，即使成年人甚至没有和他们眼神交流，即使他们预期这样做没有回报。[2]

这是一种非常复杂的能力，几乎是人类独有的。与人类遗传最接近的黑猩猩有时会自发提供帮助，但有一些前提：它们的注意力要被吸引到当前的事情上来，人类要明显在伸手去拿够不到的东西（更复杂的情况不行，比如面对柜子），[3]需要帮助的得是人类而不是黑猩猩同伴（它们彼此竞争非常激烈），想要拿的东西**不能是食物**，并且必定会占有这个东西几秒钟，就好像在决定是否要交出它一样。[4]

沃纳肯和托马塞洛的研究表明，这种帮助行为"在进化上极其罕见"，在人类身上比在人类近亲动物身上更为明显，甚至在语言出现之前就已经很常见了。正如托马塞洛说的："人类认知与其他动物认知的关键区别在于，人类有能力与他人一起参与具有共同目标和意图的协作活动。"[5]

"儿童在以前被描述为天生自私，只关心自己的需求。是社会以某种方式重新编程，让他们变得具有利他性，"沃纳肯说，[6] "然而，我们的研究表明，2岁的婴儿已经很有合作性，能帮助他人解决问题、协同工作以及与他人分享资源。"[7]

这不仅需要有提供帮助的**动机**，还涉及极其复杂的认知过程：**推断**对方的目的，而且通常只根据一点点行为。

"人类是读心术专家。"托马塞洛说。这种专家级知识最令人印象深刻的部分可能是我们推断他人信念的能力，但基础是推断他人的**意图**。事实上，直到4岁左右，儿童才开始知道别人在想什么。但是到第一个生日时，他们已经开始知道别人想要什么了。[8]

研究人员越来越认为，我们向机器灌输人类价值观时也应采取同样的策略。也许，与其煞费苦心地尝试手工编码我们关心的东西，不如开发直接**观察**人类行为并从中**推断**我们的价值观和意图的机器。理查德·费曼（Richard Feynman）将宇宙描述为"由神在下的伟大棋局……我们不知道规则，我们能做的就是观棋"。在AI中，这种方法被称为"逆强化学习"，我们在其中扮演了神的角色，机器必须观察我们，并推断**我们**行动的规则。

逆强化学习

1997年，加州大学伯克利分校的斯图尔特·罗素走在去西夫韦超市的路上，他边走边想一个问题，为什么我们要这样走路。"我们走路的方式都是差不多的。但是如果你看过《愚蠢行走部》中巨蟒喜剧团的表演，你会发现除了常规的走路方式，还有很多其他的走路方式。那为什么我们都以同样的方式走路？"[9]

这不可能**仅仅**是出于模仿，至少看起来不太可能。人类的基本步态不仅人际差异很小，而且不同文化之间，以及我们能看到的不同时代之间，也没什么差异。"这不是'他们就是被教这样走路的'能完全解释的，"罗素说，"应该有某种原因决定了走路的**运作**方式。"

这又引出了新问题。"这里的'运作'是什么意思？目标函数是什么？有人提出了各种优化目标，比如'我认为我在最小化能耗'，'我在最小化扭矩'，[10] 或'我在最小化急动'，[11] '我在最小化这个'或'最大化那个'，但这些没有一个能产生逼真的动作。这在动画中经常用到，对吗？尝试生成自然的走路和跑步动作，全都失败了，这就是为什么我们只能依靠动作捕捉技术。"

事实上，整个"生物力学"领域都是为了回答这类问题。例如，研究人员长期以来对四足动物的各种步态感兴趣：行走、小跑、慢跑、疾驰。19世纪后期，高速摄影的发明解决了这些步态到底是如何运作的问题：什么时候抬哪条腿，马在疾驰时是否会完全腾空。（1877年，我们知道了的确会。）然后，在20世纪，争论焦点从如何转移到了为什么。

1981年，哈佛大学动物学家查尔斯·泰勒（Charles Richard Taylor）在《自然》期刊上发表了一篇长文，认为马从小跑转为疾驰的过程能最大限度减少马的总能耗。[12] 10年后，他在《科学》期刊上发表了一篇后续长文推翻了自己的结论，进一步的证据表明，转为疾驰不是最大限度减少能耗，而似乎是最大限度地减少对马关节的**压力**。[13]

这就是罗素走向超市时思考的问题。罗素告诉我："我从家里出来下山往超市走。我注意到，因为是下坡，我的步态与平地略有不同。我当时想，怎样才能预测步态的差异。比方说把一只蟑螂放在斜坡上……"他做了个手势，"蟑螂会怎么走？能预测吗？如果知道优化目标，就可以预测地面倾斜时蟑螂会怎么走。"

到20世纪90年代末，强化学习已成为一种强大的计算技术，用于在各种（当时相当简单的）物理和虚拟环境中生成适当的行为。对多巴胺系统和蜜蜂觅食行为的研究也越来越清晰地表明，强化学习可以为理解人类和动物行为提供很好的框架。[14]

只有一个问题。典型的强化学习场景假设，试图最大化的"奖励"是什么是完全清楚的，在动物行为实验中是食物或糖水，在 AI 视频游戏中是分数。但是在现实世界中，"奖励"的来源远不是那么明显。**步行的"分数"是什么？**

罗素在伯克利树木繁茂的林荫大道上边走边想，如果人类的步态是答案，而强化学习是身体寻找答案的方法，那么……问题是什么？

为此罗素在 1998 年写了一篇论文，提出了**逆强化学习**（IRL）。他认为，这个领域需要解决的不是常规的强化学习那样的问题，"给定一个奖励，什么行为可以优化它？"而是反过来："给定观察到的行为，什么奖励——如果有的话——正在被优化？"[15]

当然，用不那么正式的话来说，这是人类生活的基本问题之一。**他们到底认为自己在做什么？**我们在生活中用了很大一部分脑力来回答这个问题。我们观察其他人的行为——朋友和敌人，上级和下级，合作者和竞争对手——并试图**通过**看得见的行为来推断看不见的意图和目的。从这个角度来说，它是人类认知的基石。

这个问题成了 21 世纪 AI 的开创性和关键主题之一。它很可能是对齐问题的关键。

从示范中学习

对于想要猜测他人行为背后的含义或意图的人来说，有时会感觉到，任何行为都可能有无限多的意味。**他是喜欢我，还是对谁都这么好？他是因为什么事对我不满，还是只是心情不好？他这样做是有意还是无意？**

对此，计算机科学只能提供安慰，而不是解药。**任何行为都可以有无限多的含义。**

从理论上，这个问题求解无望。在实际中，这个故事似乎还有点希望。

逆强化学习是数学中著名的"不适定"问题，即没有唯一解的问题。例如，有许多奖励函数族，从行为角度来看，它们完全没区别。另一方面，从总体来看，这种模棱两可无关紧要，因为人的行为不会因此改变。例如，拳击碰巧使用了"10分制"，即一个回合的胜者得10分，败者得9分。如果一个新手错误地认为，回合得分是1 000万分和900万分，或每点1 000万分和每点900万分，或11分和10分，仍然是总分高的人获胜，他的拳击与"正确"知道评分系统的人没什么不同。所以错误是难免的，但不会有实质影响。[16]

但还有更棘手的问题：是什么让我们认为这个人的行为有任何意义？也许他们没什么目的，行为是随机的，仅此而已。

在给出IRL问题的具体解决方案的第一篇论文中，罗素和他当时的博士生吴恩达举了一些简单例子来证明这个想法可行。[17]他们考虑了一个5×5的小网格，玩家的目标是移动到特定的"目标"格子，以及一个视频游戏世界，目标是驾驶汽车到山顶。IRL系统能通过直接看专家（无论是人还是机器）玩游戏来推断其目标吗？

吴恩达和罗素在他们的IRL系统中设置了一些简化假设。假定玩家从不随机行动，也从不犯错：当玩家采取行动时，该行动是实际上可能的最佳行动。还假设激励自主体的奖励是"简单的"，即任何**可以**被认为分值为0的行为或状态都**应该**被认为分值为0。[18]此外，还假设当玩家采取行动时，不仅该行动是所能做的最好选择，而且**任何**其他行动都是错的。这样就排除了一个游戏有多个相互竞争的目标，玩家在其中随意选择的可能性。

这些假设都太强，以至于适用范围很窄，没有任何直接的实际用途，也与人类步态的复杂性相去甚远，但确证了IRL的有效性。IRL系统推断的奖励与实际奖励非常相似。吴恩达和罗素让IRL系统最大化它**认为**的奖励来玩游戏，它的得分（以"真实"分数衡量）和直接用真实分数优化的系统的得分一样高。

吴恩达获得博士学位后去了斯坦福任教。2004年，他指导博士生彼得·阿贝尔（Pieter Abbeel）在IRL问题上又迈进了一步，增加了环境复杂性，放宽了一些推断假设。[19]他们认为，我们观摩的任务都有与该任务相关的各种"特征"。

例如，如果观摩别人开车，我们可能会关注汽车在哪个车道，速度有多快，与前车的距离等相关特征。他们开发了一种IRL算法，该算法首先观摩驾驶示范，并假设当它自己驾驶时，这些特征的模式应当和示范一样。一个非常精简的、雅达利风格的驾驶模拟器展示了很有希望的结果，游戏中的"学徒"开车很像阿贝尔：避免碰撞，超较慢的车，否则保持在右边车道。

这种方法与第7章讨论的严格模仿方法很不一样。阿贝尔的示范驾驶只有1分钟，如果是直接模仿行为的模型，会因为缺乏足够的信息而无法继续前进，道路环境太复杂了。虽然阿贝尔的行为很复杂，但他的目标很简单；IRL系统只用几秒钟就学会了不要撞车，不要偏离道路，如果可能的话保持在右边车道。这个目标结构比驾驶行为本身简单得多，更容易学习，面对新情况也更具适应性。IRL自主体没有直接学习他的行为，而是在学习他的**价值观**。

他们决定，是时候让IRL面对现实世界的混乱了。

第5章曾介绍吴恩达利用奖励塑造教直升机悬停，和沿着平直的轨迹缓慢飞行，在此之前还没有计算机控制系统能实现这样的壮举。无论是对吴恩达的职业生涯还是对整个机器学习来说，这都是一个重要里程碑，但是后来的进展停滞不前。"坦率说，我们撞上了一堵墙，"吴恩达说，"有些事情我们一直不清楚如何教直升机做。"[20]

部分原因在于，悬停和以低速沿固定路径飞行都很容易用传统的奖励函数解决。悬停时，只需对直升机在各个方向的速度接近0进行奖励；沿路径飞行时，奖励沿着路径前进，惩罚偏离。这类问题的目标容易确定，然后只需找到某种方法，教系统通过控制叶片扭矩、俯仰和角度来**完成任务**。这正是强化学习的优势。

但对于更复杂的机动和特技，速度更快，空气动力学也更复杂，甚至都不清楚如何设计奖励函数，让系统可以据此学习它的行为。当然，你可以简单地在空间画一条曲线，告诉计算机试着按照精确的轨迹飞行，但是物理定律可能不允许，尤其是在高速飞行时。直升机在轨迹的某些部分可能速度太快，应力可能太大，发动机可能无法及时输出足够的动力，等等。直升机有可能坠毁，对于速度达72千米/时，重达4.8千克的直升机来说，这既昂贵又危险。该团队写道："我们手工编码轨迹的尝试一再失败。"[21]

他们想到，可以让人类专家操纵飞行，利用IRL让系统推断人类想要实现的目标。使用IRL方法，2007年，阿贝尔和吴恩达与亚当·科茨（Adam Coates）合作，实现了有史以来第一次由计算机控制的直升机前翻和副翼侧滚。[22]这显著提升了最先进的水平，证明了即使在似乎无计可施的情况下，IRL也能成功传达真实世界的人类意图。

但他们并不满足于停留在已取得的辉煌成就。他们想尝试表演即使是专家级人类示范者——遥控直升机飞行员加雷特·奥库（Garett Oku）——也无法完美完成的动作。阿贝尔、科茨和吴恩达想把他们的直升机研究推向极致：建造一架电脑控制的直升机，能够进行超越人类飞行员能力的令人瞠目结舌的特技表演。

他们有一个重要的洞察。虽然奥库不能完美完成理想的动作，但只要他的尝试足够好，在多次尝试中，不完美的地方不会是一样的。一个逆强化学习而非严格模仿的系统，可以通过一系列不完美或失败的尝试推断人类飞行员的意图。[23]

到2008年，通过对专家示范的推断，他们获得了大量突破，记录了第一次成功的自主演示"连续原地翻转和翻滚、连续机头朝上的俯仰、环圈、带回旋的环圈、带回旋的失速转弯、'龙卷风'（快速倒飞漏斗）、刀锋、殷麦曼回旋、拍打、侧向俯仰、移动翻转、倒尾滑行，甚至自动旋转着陆"。[24]

他们雄心勃勃的终极目标是被普遍认为最困难的直升机操作：一种名为"混沌"的动作，这个动作是如此复杂，只有一个人能做到。

"混沌"飞行是柯蒂斯·杨布拉德（Curtis Youngblood）发明的。他是1987、1993和2001年的模型直升机世界冠军；2002和2004年的3D大师赛冠军；1986、1987、1989、1991、1993、1994、1995、1996、1997、1998、1999、2000、2001、2002、2004、2005、2006、2008、2010、2011和2012年全美冠军。[25]他被认为是有史以来最杰出的遥控直升机飞行员。

"发明这个动作的时候，我在想，"杨布拉德说，"我能想到的最复杂的控制策略是什么。"他决定做一种最困难的动作——自旋翻转——并且是**在旋转的同时反复做**。

当被问及还有多少飞行员有把握完成这个动作时，杨布拉德说没有。"我曾经能做到，现在也做不了……如果让我做，不练习就做不完整。"

他说，之所以不常做，部分原因是这个动作过于复杂，只有资深飞行员才能看明白其中的门道。"你通常是进行表演，试图让观众惊叹。但观众并不懂你在做什么。所以，你做一个真正的混沌或是简单一点的自旋翻转，对他们没有区别。观众中通常没有谁真正懂这个，除非是给顶级飞行员演示。"[26]

到2008年夏天，斯坦福的直升机已经掌握了"混沌"技巧，尽管从未见过一次完美的演示，无论是奥库、杨布拉德或其他任何人。但是就像幼儿看着大人搬着一摞杂志撞到柜门一样，系统看着他们一次又一次自旋翻转，同时每次旋转300度，看起来像一场直升机龙卷风，它决定自己也来试试。[27]

与此同时，IRL的框架被继续扩展，出现了各种消除行为歧义的方法，以及更复杂的奖励表示方式。2008年，当时还在CMU攻读博士的布莱恩·齐巴特（Brian Ziebart）与人合作开发了一种基于信息论的方法。与其假设我们观摩的专家是完美的，我们可以认为他们只是有更高概率采取能获得更多奖励的行动。反过来，我们可以用这个原则来寻找一组奖励，最大化特定演示行为的概率，同时尽量保持不确定性。

齐巴特将这种所谓的最大熵IRL方法应用于20多名真正的匹兹堡出租车司机的10万公里驾驶数据集，用来模拟他们对某些路径的偏好。该模型能可靠地猜测司机前往特定目的地会走哪条路线。更令人惊讶的是，它还可以根据司机到目前为止走的路线，合理猜测目的地。（齐巴特意识到，这样就有可能在司机没有告诉系统目的地的情况下，提醒司机前方路况。）[28]

在过去10年里，机器人学中出现了研究"动觉式教学"的浪潮，人类手动移动机器人手臂完成某些任务，机器人系统必须推断出相应的目标，以便在稍微不同的环境中能自行再现类似行为。[29] 2016年，当时还在伯克利攻读博士的切尔西·芬恩(Chelsea Finn)和合作者利用神经网络进一步发展了最大熵IRL，允许任意复杂的奖励函数，并且不用再预先手工指定其组成特征。[30] 他们的机器人，在20到30次演示后，可以模仿人类做出无法直接用数字描述的事情，比如在碗碟架上放满盘子（不能打碎），将杯中的杏仁露倒入另一个杯中（一点都不能洒出来）。可以说，现在的机器已经远不是只能做那些能用明确的数学语言和代码编程的事情。

一看便知：根据反馈学习

逆强化学习已被证明是一种强有力的方法，当用手工明确地编程奖励不可行甚至不可能时，能将复杂目标输入系统。但这样做通常还是需要旁边有专家给出预期行为的示范（即使不完美）。直升机特技表演需要有技艺高超的飞行员；出租车需要有司机；同样，放盘子和倒杏仁露也需要有人类示范。还有其他方法吗？

生活中有很多事情很难**做到**，但相对来说容易**评判**。我可能是糟糕的遥控直升机飞行员，甚至不能让直升机飞起来，但我能辨认出精彩的空中特技飞行（可能除了"混沌"）。正如杨布拉德指出的，给外行观众留下深刻印象也很重要。

如果系统能够仅仅根据我的**反馈**——我给它的行为演示打的分数，或者我对两个不同演示的偏好——推断出明确的奖励函数，那么我们将会有一个强大的、更通用的方式来传达我们想让机器做的事情。也就是说，即使我们说不出想要什么，即使我们**做**不到我们想要的，我们仍然有办法实现对齐。在一个完美的世界里，只需当我们看到时能够判别就够了。

这是一个强有力的想法。只有两个问题。这真的可能吗？它安全吗？

2012年，简·雷克(Jan Leike)在德国弗莱堡攻读硕士学位，做的是软件验证：开发工具自动分析某些类型的程序，确定它们是否能成功执行。[31] "那时候我意识到我真的很喜欢做研究，"他说，"而且进展很顺利，但我也真的没想好这辈子要做什么。"[32] 读了尼克·博斯特罗姆和米兰·伊尔科维奇（Milan Ćirković）的书《全球灾难性风险》，互联网论坛 LessWrong 上的一些讨论，以及埃利泽·尤多科夫斯基的两篇论文，他开始了解关于 AI 安全的想法。"我当时想，嗯，好像很少有人做这个。也许我应该试试：听起很有趣，而且还没什么人研究。"

雷克向澳大利亚国立大学的计算机科学家马库斯·哈特（Marcus Hutter）寻求职业建议。"我很冒昧地发了封邮件，告诉他我想攻读 AI 安全的博士学位，你能给我一些去哪里的建议吗？然后我附上了一些我做过的工作之类的东西，希望能得到回复。"哈特马上回信了。"你应该来**这里**，"他写道。但离申请截止日期只有 3 天了。

雷克笑道："你要知道，我的母语不是英语，也没有参加过英语测试。我必须在 3 天内完成所有的一切。"此外，雷克还要从头开始写一份研究计划。还有，他那周正在度假。"你可想而知，那 3 天我没怎么睡觉。"

雷克强调："顺便说一下，关于如何选择攻读博士，这是很糟糕的示范。我基本上没有做功课，就冒昧给人发邮件，然后决定申请那里。很显然，这种方式不值得学习！"

年底时，雷克已经搬到了堪培拉，跟随哈特做研究。他于 2015 年末获得博士学位，研究的是哈特的 AIXI 框架（第 6 章曾提到过），并发现了这种自主体可能出现"严重行为不当"的情形。[33] 拿到博士学位后，他打算从事 AI 安全方面的工作：这意味着全世界只有三四个地方可去。在牛津人类未来研究所工作 6 个月后，他在伦敦的 DeepMind 找到了稳定工作。

"当时，我在思考价值对齐，"雷克说，"思考如何做到这一点。似乎很多问题都与'如何学习奖励函数'有关，所以我联系了克里斯蒂诺和阿莫代伊，我知道他们也在思考类似的问题。"

克里斯蒂诺和阿莫代伊在旧金山的 OpenAI，隔着半个地球。他们对此非常感兴趣，三人一拍即合。克里斯蒂诺刚刚加入公司，正在寻找有前景的第一个项目。他开始尝试用更少的监督进行强化学习，不是每秒 15 次不断更新分数，而是更定期的更新，就像监督员定期检查。当然，可以基于比如说雅达利游戏进行修改，只周期性地而不是实时地告知自主体分数，但是他们觉得，如果让真正的人类提供这种反馈，这篇论文将更有可能引起轰动，并且能为今后的对齐项目提供更清晰的建议。

克里斯蒂诺和OpenAI的同事，以及雷克和他在DeepMind的团队，决定把他们的头脑（和GPU）汇集到一起，深入研究机器如何向人类学习复杂的奖励函数的问题。该项目最终将诞生2017年最重要的AI安全论文之一，之所以引人瞩目，不仅在于它的发现，还在于它的象征意义：世界上两个最活跃的AI安全研究实验室的重要合作，以及对齐研究的诱人前景。[34]

他们构想了一个计划，以前所未有的规模测试在没有示范的情况下的逆强化学习。他们的想法是，让系统在某种虚拟环境中运行，定期向人类发送行为视频的随机剪辑。根据屏幕提示，人类只需"看剪辑视频，并指出哪个视频中做得较好"，系统将尝试基于人类的反馈来细化其关于奖励函数的推断，然后（和典型的强化学习一样）再利用这个推断的奖励来塑造表现良好的行为。它会继续改进自己，朝着对真正奖励的最优猜测前进，然后发送新的视频剪辑供评判。

该项目的一部分是在存在明确的"客观"奖励函数的环境中进行——即经典的雅达利游戏，在这类游戏中，直接的强化学习已经证明了自己的超人能力——测试时不让自主体知道它的游戏分数，由人类评判哪个视频片段"更好"，自主体据此生成对奖励函数的最优猜测。在大多数情况下，该系统表现得相当好，尽管它通常无法达到能直接获知分数的自主体的超人性能。然而，在涉及复杂传球动作的《耐力赛车》中，根据人类反馈推断分数比使用游戏分数**更有效**，这表明人类成功达成了某种奖励塑造。

"如果是存在明确奖励的场景，就像雅达利游戏这样，那就很好办，"雷克说，"因为可以检验效果。你可以检验价值一致性，即'你的奖励模型与真正的奖励函数有多一致？'"

团队**还想**训练强化学习系统去做一些完全主观性的事情。这些事情不存在"真实"分数，或者复杂得难以描述，以至于不可能人工明确给出一个数值奖励，但同时又很容易判别，人只要看到了就能知道。

他们发现有一件事情可能符合条件：后空翻。

"我正好在看机器人，"克里斯蒂诺说，"然后我想，这些机器人应该能做到的最酷的事情是什么？"[35]

其中一个虚拟机器人叫做"单足跳"，看起来像一条没有身躯的腿，有一只超大的脚。"我的第一个目标，也是最雄心勃勃的目标是，"克里斯蒂亚诺说，"这个机器人的构造似乎应该能做后空翻。"

计划是这样：将这个简单的机器人放在名为MuJoCo的虚拟物理模拟器中——除了摩擦力和重力之外几乎没有任何其他东西的玩具世界——并试图让它做后空翻。[36] 想法似乎有点不切实际："让机器人随意扭动，人类观看不同的片段，判别哪一个看起来更像是在做后空翻，就这样不断重复，看看会发生什么。"

克里斯蒂诺耐心地观看一对对的视频剪辑，反复挑选哪一个看起来更像后空翻。左，右，右，左，右，左，左。

"每当它取得了小小的进步，我都非常高兴，"克里斯蒂诺说，"它最开始翻倒，即使是随机的，我也很高兴，因为有时会向正确的方向翻倒。当它总是朝正确方向倒下时，我很高兴。进步很缓慢，因为你只是按左或右。所以……看了很多视频。"

"我想最让我兴奋的可能是，"他回忆道，"当它开始坚持跳跃时。"

大约过了一个小时，比较了几百个视频片段后，它开始做漂亮、完美的后空翻：像体操运动员那样曲体，然后稳稳落地。

实验由多人重复进行，后空翻总是略有不同，就好像每个人都在表达自己的美感，自己理想的后空翻。

克里斯蒂诺参加了OpenAI的团队周会，并展示了视频，"看！我们可以做到，"他回忆自己在会上说的话，"每个人都说，兄弟，这很酷。"

"我对结果非常满意，"雷克说，"因为，在此之前，根本不清楚这是否行得通。"

我告诉他们，对我来说，这个结果不仅令人印象深刻，而且**充满希望**，因为用更模糊、更难以形容的概念，比如"有益""仁慈"或"善行"，取代"后空翻"这个模糊的概念，并不是一件不可想象的事情。

"没错，"雷克说，"这才是重点，对吗？"[37]

学会合作

2013年，哈德菲尔德－梅内埃尔（Dylan Hadfield-Menell）在MIT跟随机器人专家和强化学习先驱莱斯利·凯尔布林（Leslie Kaelbling）完成了硕士学位，前往加州大学伯克利分校。他准备跟随斯图尔特·罗素攻读博士，大致延续他在硕士阶段的工作，做机器人调度和运动规划。第一年刚好罗素去学术休假了。等他在2014年春天回来时，一切都变了。

"我们开了一次组会，讨论研究计划，"哈德菲尔德－梅内埃尔说，"他介绍了他的研究愿景。我记得他好像是这样说的：'嗯，有一些值得关注的问题……'他没有称之为价值对齐，而是说：'如果我们成功了，到底会出现什么问题？'"罗素关注的是AI的长远隐忧：我们开发的学习系统越灵活、功能越强大，它们到底学习什么就越重要。在巴黎度假时，罗素对这个越来越担心。回到伯克利时，他的信念已经很坚定：需要进行呼吁和研究。

"研究思路差不多已经有了，"罗素说，[38]"方案大概是这样，我们想要的是价值对齐的AI系统，也就是说它们要和人类有共同的目标。其实从20世纪90年代末开始，我就已经在研究逆强化学习了，这基本上是同一个问题。"

他20年前的想法最终成为了他现在AI安全研究的基础，这有点讽刺意味。20年后，他在去西夫韦超市的路上的遐想变成了一个避免可能的文明灾难的计划。"这完全是巧合，"他说，"但是整件事就是一连串巧合，所以没关系。"

在那次组会上，罗素告诉学生，他认为有一些值得做的博士级别课题。哈德菲尔德－梅内埃尔继续研究机器人，但他一直在思考对齐问题。最初的吸引力部分来自有待探索的新问题的智力挑战，以及做出开创性贡献的机会。随着时间推移，这种感觉开始让位于另一种感觉，他告诉我："这似乎真的很重要，而且没有得到重视。"2015年春天，他决定改变博士课题，从而也改变了他的职业生涯。

"现在我全力以赴研究价值对齐。"他告诉我。

他和罗素首先着手的项目之一是重新审视逆强化学习框架。

罗素和哈德菲尔德-梅内埃尔与彼得·阿贝尔和伯克利机器人专家安卡·德拉甘（Anca Drăgan）合作，开始从头梳理IRL。有两点引起了他们的注意。

同该领域惯常的做法一样，直升机学习的前提是人和机器的某种分工。人类专家飞行员只管**做自己的事情**，计算机从这些示范中获知它的意义。两者的运作相对独立。但是，如果人类从一开始就知道有一个热切的学徒呢？如果双方有意识地一起工作呢？那会是什么样子？

另一个引起注意的地方是，在传统的IRL中，机器把人的奖励函数当成自己的。如果人类直升机飞行员试图飞出"混沌"，计算机飞行员也会试图飞出"混沌"。在某些情况下，这是合理的：比如说，我们想安全地开车去上班和回家，如果我们的车习得了这一组目标和价值观，我们会很高兴。不过，有些情况更微妙。如果我们伸手去拿水果，我们不希望家用机器人习得对水果的渴望。相反，我们想让它做18个月大的孩子会做的事情：看到我们伸出的手臂和指向的东西，把它递给我们。[39]

罗素将这种新的框架称为**合作逆强化学习**（CIRL）。[40]在CIRL中，人类与机器合作，最大化同一个奖励函数——最初只有人类知道它是什么。

"我们尝试思考，对当前的数学和理论体系，为了修正导致这类风险的理论，我们能做的最直接的改变是什么？"哈德菲尔德-梅内埃尔说，"什么样的数学问题能让最优的东西就是我们**实际想要**的？"[41]

罗素也这么认为，这不是对问题的小幅度重构，而是可能成为解开对齐问题的钥匙。这无异于推翻AI最基本的假设，可以说是哥白尼式的变革。他说，在过去一个世纪，我们试图构建能实现其目标的机器，这隐含在AI的几乎所有研究中，安全问题关注的则是如何给它们设定目标，如何定义明智的、没有漏洞的目标。他认为，也许整个研究模式都需要更新。"如果我们不让机器追求**它们的**目标，而是坚持让它们追求**我们的**目标呢？"他说，"这可能才是我们应该做的事情。"[42]

一旦将合作引入框架，就会自然引出几个研究方向。传统的机器学习和机器人研究人员现在比以往任何时候都更热衷于从育儿、发展心理学、教育以及人机交互和界面设计中借鉴想法。突然间，所有其他学科的知识不仅变得相关，而且至关重要。[43] 推断性的合作框架——我们在行动时**知道**别人会试图理解我们的意图——会引导我们以另一种方式思考人和机器的行为。

这些方面的工作在积极推进，也还有许多问题有待研究，但目前已经取得了几个关键见解。

一个见解是，如果我们知道自己正在被学习，我们会以更有助益的方式进行示范。"CIRL鼓励人类去教学，"伯克利团队写道，"而不是只知道将收益最大化。"[44] 当然我们可以明确**指导**，但我们也可以直接以信息更丰富、更显明、更容易理解的方式去做。我们经常已经自觉这样做了，或者没有意识到自己正在这样做。

例如，研究发现，成年人在与婴儿交谈时经常使用的吟唱式话语（被称为"妈妈语"或"爸妈语"）具有深刻的教学效果。用妈妈语交谈的婴儿实际上学语言更快，不管我们有没有意识到，这似乎很关键。[45]

不仅在语言上，在动作上，我们也常常会无意识地表现出敏锐地感知到我们的行为会被他人解读。想想把物品递给他人的过程，其中就包含了容易被忽视的复杂性。我们手持东西不是以最省力的姿势，而是把手伸出去，离身体很远，这样会让手臂的压力很大，但会让另一个人收到信号，如果不是希望他们接手，我们肯定不会这样做。[46]

计算机科学家正在快速吸收教育学和育儿的见解。核心思想对两个方向都有启发。我们想让自己以机器可以理解的方式行事，我们也希望机器以对我们来说"意图清晰"的方式行事。

机器人学中有一个方向是"意图清晰的运动"，安卡·德拉甘是主要研究人员之一，事实上，这个术语就是她创造的。[47] 随着机器人与人类合作得更紧密、更灵活，它们必须不仅以最有效或最可预测的方式行动，而且也要以最能揭示其潜在目标或意图的方式行动。德拉甘举了桌子上两个挨着的瓶子的例子。如果机器人以最高效的方式伸手去拿，我们要到最后才能知道它要拿哪个瓶子。但是，如果它以宽一点，夸张一点的弧线移动手臂，我们就能知道它会从哪一侧去拿瓶子。从这个意义上说，可预测性和意图清晰性几乎是相对的：行为可预测是假定旁观者知道你的目标是什么；行为意图清晰则是假定他们不知道。

除了教学行为的重要性之外，该领域得到的第二个见解是，如果合作被构建为互动式的，而不是"学习，然后行动"这样两个独立的阶段，效果最佳。

简·雷克在研究从人类的反馈中学习时发现了这一点。"对我来说，这篇论文中最有趣的事情之一，其实是一个脚注，"他说，"也就是那些奖励漏洞的例子。"

如果自主体先完成所有奖励学习，然后再完成所有优化，经常会以灾难告终。自主体会发现漏洞并加以利用，而且从不犹豫。例如，雷克曾尝试教自主体学习玩《乒乓》游戏，先由人类对自主体打球的视频库的所有片段进行评判，再由自主体学习优化。在一次试验中，计算机学会了用球拍跟踪球，好像要击打它一样，但是在最后一秒钟会错开。因为它不知道游戏的真实分数，所以它没有意识到自己错过了最关键的一步。在另一次试验中，计算机学会了防守屏幕的一边并回球，但从未学会得分，因此它只是进行长时间的对打。"从安全角度来看，这很有趣，"雷克说，"因为你想了解这些事情是如何失败的，以及你能做些什么来防止它。"如果人类的反馈能与计算机的训练过程交织在一起，而不是完全预先加载，这类问题往往会消失。[48] 这也就是第二个见解，即严格的"观察和学习"范式最好用更具协作性和开放性的东西来代替。

MIT 的朱莉·沙阿研究了现实世界中的人-机器人互动式合作，得出了类似结论。"我多年来一直感兴趣的是，"她说，"如何协同优化人和机器的学习过程。"为了研究人-机器人团队，她研读了关于人-人团队管理以及如何最有效地对团队进行培训的文献。在人类团队中，激励当然很重要，但很少看到奖励明确到任务层面的微观管理。"如果你用奖励式互动来训练系统，这更像是训练狗，而不是教人做任务，"她说。[49] 示范也并不总是奏效。沙阿说："将信息从一个人单向传递给另一个对象，告诉他们如何完成任务，这是一种非常有效的方式。但它的不足在于，很难训练需要人与机器**相互配合**的行为。"毕竟，如果任务本身需要协同和团队合作，那么简单地展示某件事就很难奏效。

事实上，对人类团队的研究对此已经有了结论。"已经有文献基本证明了，"沙阿说，"明确命令一个人去完成某项任务，是训练两个人相互协作完成工作最糟糕的方式之一。稍加思考就能理解这一点！对吗？……这是最糟糕的人类团队培训实践。"

"人类研究也给出了很好的策略，"她补充道，"如果多个人有相同的目标或意图——每个人都知道目标或意图是什么——但相互之间实现目标的计划不一致，而他们的工作需要相互依赖，那么他们的表现会比有次优但一致的计划时差很多。"几乎在所有团队场景中——从商业到战争，从体育到音乐——每个人的高层次目标都是相同的。但是有共同的目标还不够，他们还需要有共同的**计划**。

就人类团队来说，有一个好办法是所谓的**岗位轮换培训**。团队成员临时交换角色：将他们置于队友的位置，这样他们就能意识到该如何改进自己的工作，以便更好地配合队友的需求和工作流程。岗位轮换培训可以说是人类团队训练的黄金标准，用于军事、工业和医学等各种领域。[50]

沙阿不禁想：类似这样的方法能不能在人-机器人配合中发挥作用？人-人合作的最佳实践能否移植到机器人学？这是"一个疯狂的想法"，她说。"就像一个很小的尝试，看看行不行。虽然只是一个古怪的想法，不妨探索一下。"

他们成功了。首先，他们想知道，在机器向人类学习方面，岗位轮换培训能否与目前的最高水平竞争。他们还问了第二个问题，这个问题在典型的这类研究中还从未提出过：这是否也有助于人类更好地学习如何与机器人合作（以及给机器人教学）？

沙阿团队为人类与机器人手臂协作设计了一个现实任务，类似于在制造装配时放置和拧紧螺钉的任务(但没有真正的批头)。他们将传统的反馈和示范方法与轮换培训进行了比较。[51]

"结果确实令我们惊讶和兴奋，"她说，"在轮换培训后，根据对团队绩效的客观衡量标准，我们看到了改进。"人们更愿意和机器人一起工作，而不是呆板地轮替，虽然这样的空闲时间更少，要做的工作更多。[52]

也许同样重要也更有趣的是，他们还看到了**主观感受**的改善。相对于采取更传统的示范和反馈学习的对照组，接受过轮换培训的人更强烈地表示他们**信任机器人**，并且机器人能按照他们的偏好进行操作。

令人难以置信的是，人与人合作的最佳实践的确能移植，这意味着其他进一步的经验很可能也能移植。"这只是初步研究，任务相对简单，"沙阿说，"但即使是在简单任务中，我们也明确看到了具有统计显著性的好处，接下来还有许多人类团队培训技术都有可能移植到人-机器人团队。"[53]

合作，无论好坏

所有这些构成了一个很令人鼓舞的故事。人类的合作是基于一种很晚近才进化出来的几乎独一无二的能力，即推断他人的意图和目标，以及帮助他人的动机。机器也可以——而且越来越能——做同样的事情，学习我们的示范，我们的反馈，并逐渐和我们协同工作。

随着机器的能力越来越强，也随着我们逐渐习惯与它们更紧密地合作，至少有两个方面的好消息。首先，我们已经有了初步的计算框架，让机器不仅可以**代替人**，还可以与人**协同**工作。其次，我们还有关于人类如何**相互**有效合作的大量研究，这些见解正变得越来越重要。

如果根据当前的技术水平外推，使用诸如克里斯蒂诺和雷克的基于人类偏好的深度强化学习，以及罗素和哈德菲尔德-梅内埃尔的CIRL等框架，我们可以想象未来具有非凡智慧和能力的机器，它们将能领会我们每个意图和欲望最微妙的差别。还有许多障碍需要克服，也必然会有许多限制，但前方的道路已经开始显现。

然而，与此同时，有一些值得注意的地方。这些在不久的将来出现的计算助手——无论是以数字形式还是以机器人形式，很可能两者都有——肯定存在利益冲突，它们有两个主人：它们表面上的主人和创造它们的组织。从这个意义上说，它们就像是收取佣金的管家：除非以某种方式获得收益，否则它们不会帮助我们。它们会做出我们不一定**希望**它们做出的精明推断。我们将逐渐认识到，我们几乎不会再有机会单独行动，现在已经是这样。

我的一个朋友正在治疗酒瘾。但是社交网站的广告推荐引擎对他太了解了，经常给他推送酒类广告。它们的偏好模型认为，**现在有一个人，他喜欢饮酒**。正如英国作家艾丽丝·默多克说的："自知之明会引导我们避开存在诱惑的场合，而不是依靠蛮力来战胜它们。"[54] 对于任何成瘾或强迫症，比如说酒瘾，我们的理性告诉我们，扔掉家里的每一滴酒，比把它留在身边不喝好。但是偏好模型并不知道这一点。[55] 就好比当他们只想休息一会儿，发一些信息，看着朋友宝宝的可爱照片时，酒吧会贴身为他们服务。就好像他们自己的壁橱在为酒厂工作。

就我自己而言，上网时我会尽量谨慎一点。至少在浏览器中，任何散发着邪恶或罪孽快感的东西——无论是点击新闻链接、查看社交媒体，还是其他我不一定想多做的数字欲望——我都是使用不在本地存储用户信息的隐私窗口。并不是感到羞耻，我不希望这些行为**被强化**。

对于这些情形，我们不希望机器根据我们的行为推断我们的目标，并诱导我们做更多相同事情，这时我们需要的是不同的指令。我们实际上想说的是，"你不能因为我正在做这件事就推断我想做。请不要让我更容易做这件事。请不要扩增或强化它，也不要以任何方式诱导通往这条道路的欲望。请在我身后种植荆棘"。

我认为这里有一个重要的政策问题，至少和理论问题同样重要。我们应该认真考虑让用户有权看到和**改变**网站、应用软件或广告商对他们的偏好分析。

值得考虑对此施加监管：也就是说，本质上，我有权拥有自己的模型。我有权说，**那不是我**。或者，有抱负地说，**这才是我想成为的人，这才是你必须为其争取利益的人。**

这是目前最棘手的问题。我们的数字管家正在密切注视我们。它们既看到了我们公开的生活，也窥见了我们的隐私，看到了我们最好的自己和最坏的自己，却不一定知道哪个是哪个，也不做任何区分。总的来说，它们身处某种隐秘复杂的山谷：能够根据我们的行为推断我们的欲望的复杂模型，但无法被教导，也不愿合作。它们在努力预测我们下一步要做什么，思考如何赚得下一笔佣金，但它们似乎不明白我们想要什么，更不用说我们希望成为怎样的人。

有些人可能会说，也许这会让我们展现更好的自己。的确，当人类感到自己被监视时，他们会表现得更有道德。在实验室研究中，当人们被摄像时，当房间里有单向镜子时，当房间明亮而不是昏暗时，他们不太可能作弊。[56] 即使是**暗示性**的监视——墙上挂着某人的照片，一幅人眼图画，一面普通的镜子——也足以产生这种效果。[57]

18世纪哲学家杰里米·边沁著名的"全景监狱"构想，其实就利用了这一点。在一个圆形监狱中，所有牢房都环绕着一个守卫塔，囚犯不知道自己是否正在被监视。边沁鼓吹监视的净化作用，甚至不需要实际监视，只需暗示有监视，他称他的圆形建筑为"碾出流氓的诚实的磨坊"，[58]并得意地列举它的好处："净化道德，维护健康，振兴工业，传播引导，减轻公共负担……只需一个简单的建筑构想！"[59]

另一方面，这样也有可能使得人人自危，并造成各种影响。毕竟，我们通常不希望监狱外的生活也同监狱里一样。

不那么邪恶，但同样令人担忧的是，IRL的标准数学假设人类行为来自"专家"，示范者知道自己想要什么，并且会做（很有可能）正确的事情来获得它。如果这些假设不成立，系统就有可能扩增新手的无知行为，或者增加本来是试探性、探索性行为的风险。我们先爬后走，先走后开车。也许最好不要机械地传递扩增我们的每一个动作。

无论是好是坏，人类都已经身处这样的境地，而且即便在我们对未来的乐观预期中也是越来越如此；无论是好是坏，我们都会被更加了解；无论是好是坏，这个世界都将充斥着类似2岁孩子的算法，它们向我们走来，打开它们认为我们可能想要打开的门，试图以各种方式提供帮助。

9. 不定

人类给人类带来的最大罪恶，大部分都是由于人们对某些事实上是错误的事情感到非常确定。

——伯特兰·罗素[1]

以上帝的心肠，我恳求你，想想你可能是错的。

——奥利弗·克伦威尔（Oliver Cromwell）

自由的精神就是不太确定它正确的精神。

——勒恩德·汉德（Learned Hand）

1983年9月26日，午夜刚过，苏联值班军官斯坦尼斯拉夫·彼得罗夫（Stanislav Petrov）在莫斯科郊外的地堡里，监视着奥科预警卫星系统。突然，屏幕狂闪，警笛呼啸，警示有一枚LGM-30民兵洲际弹道导弹从美国袭来。

"巨大的红色字母显现在主屏幕上，"他说。这些字母写着：发射。

"我立刻从椅子上站了起来，"彼得罗夫说，"我所有的下属都很困惑，所以我对他们大声发号施令以免恐慌。"[2]

警报又响了，提示第二枚导弹已经发射，然后是第三枚，第四枚，第五枚。

"舒适的扶手椅此时感觉就像滚烫的煎锅，我的腿在颤抖，"他说，"我觉得我连站都站不稳。"

彼得罗夫一手拿着电话，一手拿着对讲机。电话那头，另一名军官冲他大喊，让他保持冷静。"我承认，"彼得罗夫说，"我很害怕。"

规定很明确。彼得罗夫要向上级报告导弹正在袭来，上级将决定是否下令全面报复。但是，他说："规定没说我们在报告之前可以思考多长时间。"[3]

彼得罗夫觉得，有些事情说不通。他受过训练，知道美国的攻击规模会比这大得多。5枚导弹……不符合常理。"警报在呼啸，但我坐了几秒钟，盯着背光源的红色大屏幕，上面写着'发射'。"他回忆道，[4]"我应该马上报告，把指挥权交给最高长官，但我没有动。"

预警系统显示其警报的可靠性水平为"最高"。尽管如此，这还是说不通。彼得罗夫推断，美国有数千枚导弹，为什么只发射5枚？"如果他们要发动战争，不会只用5枚导弹，"他回忆自己的想法，这不符合他接受过的任何训练。"我有种奇怪的感觉。"他说。[5]

"然后我做了决定。不能相信计算机。我拿起电话，通知了上司，并报告说警报是假的。但直到最后一刻，我自己也不确定。我非常清楚，如果我错了，后果将无可挽回。"

几年后，当BBC问他认为警报为真的可能性有多大时，他回答说："五五开。"但是他没错。难熬的几分钟后，什么也没发生。一旦导弹越过地平线，地面雷达就能发现。雷达什么也没发现，苏联风平浪静。这是一个系统错误：只不过是北达科他州上空云层反射的阳光。

从未见过

天地之间有许多事情，是你的睿智所无法想象的。

——哈姆雷特

尽管奥科预警系统自我报告了"最高"可靠性，彼得罗夫还是觉得这种情况很奇怪，他有理由不相信它的结论。感谢上帝，有一个人类在这个环路中，否则至少1亿条生命危在旦夕。

然而，潜在的相同问题——不仅会做出错误判断，还会以极度的自信做出错误判断的系统——直到今天仍然让研究人员感到担忧。

　　深度学习系统有一个众所周知的特性是它们特别"脆弱"。我们知道2012年诞生的AlexNet，通过用数十万张属于某一类别的图片进行训练，它能神奇地总结出普遍模式，从而能正确地识别它从未见过的猫、狗、汽车和人。但是有一个问题。它会对你展示的**所有**图像进行分类，包括随机生成的彩色噪点图。它说，这是猎豹，有99.6%的置信度，那是菠萝蜜，有99.6%的置信度。系统就像是在产生幻觉，而且似乎缺乏确认机制，更不用说提醒用户它在这样做。正如2015年一篇被广泛引用的论文说的："深度神经网络很容易被愚弄。"[6]

　　一个与此有密切关联的想法是所谓的对抗样本。一幅图像，网络有57.7%的置信度认为是熊猫（也的确是熊猫），逐渐改变其像素，突然网络有99.3%的置信度认为这个逐渐变化的图像是长臂猿。[7]

　　对于这种情况到底哪里出了问题，以及对此可以做些什么，计算机专家进行了许多尝试。

　　俄勒冈州立大学的计算机科学家托马斯·迪特里希（Thomas Dietterich）认为，这个问题很大程度上是由于：视觉系统在训练中输入的每幅图像都是某种东西——画笔、壁虎、龙虾。然而，绝大多数可能的图像——彩色像素的可能组合——根本什么也不是。雾蒙蒙的噪点。随机的立体线条和边缘，缺乏基本的形状。迪特里希认为，像AlexNet这样的系统是用被标记为一千种类别中的一个类别的图像训练出来的，"隐含地假设世界只由，比方说，一千种类别的对象组成"。[8]如果系统从未见过不属于这些类别，或者模糊地暗示了其中许多类别，或者更有可能"什么都不是"的图像，它怎么可能做得更好呢？迪特里希称之为"开放类别问题"。[9]

　　迪特里希在自己的研究过程中得到过惨痛教训。他做过一个项目，"淡水大型无脊椎动物的自动计数"——其实就是数溪流中的虫子。环保局和研究者使用在淡水溪流中采集的昆虫的数量，作为衡量溪流和当地生态系统健康状况的标准，学生和研究人员要花很多冗长乏味的时间人工分类和标记网袋中捕捉到的昆虫：石蝇、石蛾、蜉蝣等。迪特里希认为，基于图像识别技术最近的突破，他能帮上忙。他和同事采集了29种不同昆虫的样本，训练了一个机器视觉系统，能以95%的准确率对昆虫分类。

"但是在应用经典的机器学习方法时，"他说，"我们忽略了一个事实，在溪流中采集标本时，会有许多其他物种一同被捕获，有些甚至根本不是昆虫：树叶、树枝、岩石等等。而我们的系统假设它看到的每幅图像都属于这29个类别中的1个。所以，如果你把拇指伸进显微镜拍照，也会被分类为某个最相似的类别。"

更重要的是，迪特里希意识到，他们为了针对这29个已知类别获得更好的分类性能而做的许多设计决策，一旦考虑到开放类别问题，都适得其反。例如，这29种虫子最明显的区别是形状，所以他们选择让系统处理黑白图像。但事实上，虽然颜色对于昆虫分类没有特别大的帮助，对于区分昆虫和非昆虫却很重要。"我们其实是在给自己制造障碍，"迪特里希说。这些决策让他困扰甚至懊恼。"我到现在依然感到痛苦。"他说。

在人工智能促进协会（AAAI）的年会上，迪特里希向同行专家发表了主席演讲，他回顾了AI的发展史，认为在20世纪下半叶，AI已经从"已知的已知"（演绎和计划）发展到了"已知的未知"（因果、推理和概率）。

"那么，未知的未知呢？"他向听众提出了挑战，"我认为这是AI领域应向前迈出的自然的一步。"[10]

知道自己不知道

在采用特殊方法之前，让例外的情况显现出来，让它们的品质得到检验和确认。

——卢梭[11]

无知胜于错误；不相信任何东西的人，比相信错误的人，更接近真理。

——托马斯·杰斐逊（Thomas Jefferson）[12]

正如我们看到的，现代计算机视觉系统有臭名昭著的脆弱性，原因之一是，它们通常是在这样一个世界接受训练，在这个世界中，它们见过的一切都属于某些类别中的一个，而实际上，系统**可能**遇到的几乎所有可能的像素组合都不像这些类别中的任何一个。实际上，系统一般都受到约束，无论输入多么陌生，输出都**必须**是有限类别上的概率分布形式。难怪它们的输出毫无意义。展示一张奶酪汉堡的图片，或者迷幻的分形，或者几何网格，然后问："你有多确信这是猫**不是**狗？"能给出什么有意义的回答？处理开放类别问题就是为了解决这个问题。

然而，除了缺乏"以上都不是"的选项之外，另一个问题是，这些模型不仅**必须**猜测现有的标签，而且它们对结果很有信心。这两个问题在很大程度上是相辅相成的：该模型的确可以说，"嗯，它看起来更像狗，而不是猫"，从而输出非常高的"信心"值，掩盖了这张图片的真正所是以及它之前见过的那些东西有多远。

雅林·加尔（Yarin Gal）平时在牛津教机器学习，指导牛津机器应用和理论学习小组，暑假则在NASA。他笑着告诉我，在编写任何代码、证明定理或训练模型之前，他讲的第一堂课几乎完全是哲学。[13]

他让学生对各种赌注下注，通过这种方式教他们将信念和预感转化为概率，并从零开始推导概率论定律。这些是认识论游戏：你知道什么？你相信什么？你到底多有信心？加尔说："这给了你一个非常好的机器学习工具，来构建算法，构建计算工具，从而基本能用这些理性原则来谈论不确定性。"

这有一定的讽刺意味，因为深度学习尽管深深植根于统计学，却并**没有**规定让不确定性成为一等公民。可以肯定的是，探索概率和不确定性的理论研究有丰富的传统，但在实际工程系统中却很少占据中心位置。系统被用来在某种简化环境中对数据进行分类或采取行动，但不确定性通常不受重视。

"假设我给你一堆狗的照片，要求你构建一个狗的品种分类器，"加尔说，"然后我让你对这个进行分类。"他指着一张猫的照片。

"你希望你的模型怎么做？如果是我，我不会希望我的模型强迫这只猫成为某个品种的狗。我希望我的模型说，'我不知道。我以前从未见过这样的东西。这不在我的数据分布范围内。我不会说它是哪种狗'。这个例子可能听起来有点像是刁难。但是在物理、生命科学和医学中，类似的情况在实际决策中经常出现。假设你是医生，使用模型来诊断患者是否患有癌症，再决定是否开始治疗。如果模型不能告诉我它对自己的诊断有没有确切把握，我就不会信赖它。"[14]

加尔的前博士导师、剑桥大学教授宙宾·加赫拉马尼（Zoubin Ghahramani）是优步的首席科学家，领导着优步 AI 实验室。加赫拉马尼也认为在输出中缺乏不确定性的深度学习模式存在风险。"在许多工业应用中，人们碰都不会碰它们，"加赫拉马尼说，"因为他们需要对系统如何工作有一定的信心。"[15]

从 20 世纪 80 年代开始，研究人员一直在探索所谓的贝叶斯神经网络的想法，这种网络不仅在输出方面，而且在本质上也是概率性和不确定的。正如我们知道的，神经网络的本质是神经元之间的"权重"，一个神经元的输出要乘以权重，才会成为另一个神经元的输入。贝叶斯神经网络的神经元之间不是某个**特定**的权重，而是权重的概率分布。例如，权重可能不是 0.75，而是以 0.75 为中心的正态曲线，概率分布反映了网络对权重的不确定性。在训练过程中，分布会收窄(不确定性减少)，但不会彻底消失。

那么，如何**使用**一个没有确定参数，含有不确定性的模型？我们无法做到轻松将数千万个相互依赖的分布相加和相乘，但可以简单地从分布中抽取随机样本。也许这次某个神经元的输出是乘以 0.71，下次又抽取另一个随机样本，乘以 0.77。这意味着，重要的是，模型**不会每次都给出相同结果**。如果是图像分类器，它可能先说输入的是杜宾犬，然后又说它是柯吉犬。

不过，这是一个特性，而不是错误：你可以基于判断的变化来衡量模型的不确定性。如果判断剧烈变化，从杜宾犬到玉米卷到皮肤损伤到沙发，你就知道有些可疑。然而，如果它们多次抽样后给出的结论依然像激光一样聚焦，你就会强烈感觉到模型对自己的结论很有把握。[16]

但这种乐观的理论图景在实践中碰壁了。没有人知道如何在合理的时间内训练这样的网络。"如果你了解这个领域的历史，就会知道用贝叶斯方法分析人类信念一直是人们最想做的事情，"加尔解释道，"问题是，它完全不可解……这大概就是为什么虽然有这些美丽的数学，但是当你想实际应用时，它们在很长一段时间内都用处有限。"[17] 或者如他更感性的说法："唉，它没有得到发展，而是被遗忘了。"[18]

这一切正在改变。"可以说，"他说，"它复活了。"

有一种方法是通过**集成**对贝叶斯不确定性建模，即训练多个模型而不是一个模型。对于训练数据和任何类似的数据，这一组模型基本会给出一样或相似的输出，但是如果输入与训练数据相差甚远，它们的输出很可能会**不一致**。这种"少数派报告"——不同立场的异议——是一个有用的线索，表明出了问题：集成意见各异，共识破裂，需谨慎行事。

用这种方法，我们不是只有1个模型，而是有许多模型，比方说100个，每个模型都经过训练，能够识别狗的品种。如果我们把例如哈勃太空望远镜拍摄的照片展示给所有100个模型，让每个模型判断它看起来是否更像大丹犬、杜宾犬或是吉娃娃，可能每个模型对自己的判断都非常自信，但关键在于，它们给出的结果很可能**不一致**。这种一致或不一致的程度可以提示我们模型给出的结果是否可信。通过这种方式，我们可以将不确定性表示为**异议**。[19]

从数学上看，贝叶斯神经网络可以被视为无限多个模型的集成。[20] 当然，这个洞察一看就无法实际应用，但使用大量（有限的）模型在时间和空间复杂度上也有明显缺点。亚历克斯·克里泽夫斯基训练 AlexNet 就花了**几周**时间。照此推算，25 个模型的集成可能需要一年的计算时间。对存储空间的需求也成倍增加：我们必须处理一大堆笨重的模型，没法将所有模型同时放入内存。

然而，事实证明，这一黄金标准存在可用的近似，而且许多研究人员已经在使用它们，只是没有意识到自己使用的是什么。这个长达几十年的谜题答案就在他们眼皮底下。

正如我们曾看到的，AlexNet 在 2012 年之所以如此成功，依靠的是一种小而强大的技术，这个想法被称为"丢弃"：在每个训练步骤中，神经网络的某些部分会被随机关闭，某些神经元会被直接"去掉"。不是用**整个**网络进行判断，而是在任何特定的时间，仅使用其一定比例的子集，可以是50%、90%，或其他值。这种技术不仅仅要求一个能产生准确答案的庞大黑盒网络，还要求网络各部分可以灵活组合，而且这些组合还要能一起工作。网络中没有任何一部分能占主导。这使得网络更加稳健可靠，它基本已经成为了深度学习工具包中的标准组成部分。[21]

随着该领域逐渐认识到贝叶斯不确定性的重要性，并寻找在计算上易于处理的方案来代替其无法达到的黄金标准，加尔和加赫拉马尼最终意识到，答案就在眼前。丢弃**就是**贝叶斯不确定性的**近似**方案。他们已经有了苦苦寻找的工具。[22]

丢弃通常仅用于**训练**模型，在实际使用模型时不这么做；基本想法是，你可以通过训练不同的子集得到尽可能准确（和完全一致）的输出，但在实际应用中使用**完整**模型。如果在部署的系统中保持丢弃状态会怎么样？通过多次对同样的输入进行判断，每次都随机丢弃不同的网络部分，你会得到一系列稍有不同的判断。这就好比从单个模型免费获得了超大的集成。由此产生的系统输出的不确定性，很像理想的贝叶斯神经网络的输出，同时避免了悲剧性的不可计算性。结果证明，不仅仅是很像，它**就是**贝叶斯神经网络的输出，至少是在严格的理论范围内的近似。

这个工具让曾经不切实际的技术变得触手可及，可以应用于实际中。"在过去几年，这带来了非常大的变化，"加尔说，"现在你可以得到这些漂亮的数学的一些近似，然后用它们来解决有趣的问题。"[23]

加尔从网上下载了很多最先进的图像识别模型，在测试时打开丢弃，并对估计值取平均，除此之外其他都不变。结果表明，将模型以这种方式作为隐式的集成系统运行，比完整运行时**更**准确。[24]

"不确定性，"加尔认为，"对于分类任务是不可或缺的。"[25]这些网络的精确度都差不多，也都还挺高的，同时还提供了对自身不确定性的明确衡量，这种不确定性可以有多种用途。"当你用这个来解决有趣的问题时，可以证明的确能带来好处。通过展示知道自己什么时候不知道，其实可以带来改善。"[26]

一个显著的例子来自医学，糖尿病视网膜病变的诊断，这是导致中青年失明的主要原因之一。[27]德国图宾根埃伯哈德·卡尔斯大学眼科研究所博士后克里斯蒂安·莱比格（Christian Leibig）领导的团队想尝试利用加尔和加赫拉马尼关于丢弃的想法。[28]计算机视觉，特别是深度学习，在 AlexNet 出现之后，没过几年就在医学领域取得了惊人进展。似乎经常听到这样或那样的标题："AI 以99%的准确率诊断某种病症"或"超过人类专家"。但存在一个很大的问题。莱比格和同事指出，目前给出的用于疾病诊断的典型深度学习工具"没有量化和控制其决策不确定性的方法"。人类的**这种**能力——知道自己什么时候知道，什么时候不知道——机器缺失了。"医生知道自己是否对某个病例不确定，"他们写道，"如果没把握，会咨询更资深的同行。"他们想开发有这种能力的系统。

　　莱比格的团队采纳了加尔和加赫拉马尼的观点，即巧妙地运用丢弃可以提供这种不确定性度量。他们基于一个训练过的、用于区分健康和不健康视网膜的神经网络实现了这一点。对20%最不确定的病例，系统要么建议进一步检查，要么直接将数据提交给人类专家。

　　系统知道自己不知道，这反倒提高了水平。艾伯哈特·卡尔斯·图宾根大学的研究人员发现，他们的系统已经达到并超过了英国国家医疗服务体系和糖尿病协会关于自动化患者转诊的要求——虽然他们之前没有以此为目标——这表明类似这样的系统很有希望在不远的将来投入实际应用。[29]

　　在机器人领域，系统不可能总是把决定权转给人类专家，但是当系统不确定时，有一个明显的办法可以防范过度自信：**放慢速度**。伯克利博士生格雷戈里·卡恩（Gregory Kahn）带领一群机器人专家采用了这种基于丢弃的不确定性度量，并将其直接与机器人的速度关联起来。他们的应用背景是一架能够悬停的四旋翼飞行器和一辆遥控汽车。[30]为了训练碰撞预测模型，机器人最初会经历温和的低速碰撞。这个模型利用了基于丢弃的不确定性，因此当机器人进入不熟悉的区域时，它的碰撞预测器会变得不确定，它会自动减速，更加谨慎地移动。[31]碰撞预测器积累经验后变得越有信心，机器人就可以走得越快。

　　这个例子凸显了不确定性与**影响**的明显关联。在这种情况下，高影响动作的自然度量就是高冲击：机器人移动的速度，相当直接地转化为碰撞可能造成的损害。不确定性和影响以这种方式自然地关联在一起。直觉告诉我们，一个行动越有影响力，我们在采取行动前就越应该有把握。这引出了许多问题——医学、法律、机器学习——关于什么是影响，如何衡量影响，以及我们的决策应该如何依此而改变。

衡量影响

触摸地球时得轻轻地。

——澳大利亚原住民谚语

2017年，一名昏迷男子被紧急送到迈阿密杰克逊纪念医院急诊室。他在街上被发现，无法识别身份，呼吸困难，病情正在恶化。医生解开他的衬衫，看到了一些令人吃惊的东西：他的胸口文着"不要抢救"，"不"字有下划线，下面还有签名。[32]

眼看患者的血压开始下降，医生们请来了一位同行，肺科专家格雷戈里·霍尔特（Gregory Holt）。霍尔特说："很多医学界人士都开玩笑说要纹这样的文身，但是当你真的看到时，你的脸上会露出某种惊讶的表情。然后你会再次震惊，因为你必须认真对待它。"

霍尔特的第一反应是无视文身。他指出，他们首先应当"在面临不确定性时，援引不选择不可逆转路径的原则"。[33]他们给患者静脉注射，控制血压。他们为自己赢得了一些时间。

然而病情继续恶化，他们需要决定是否上呼吸机。"我们没法和他交流，"霍尔特说，"我真的很想和他谈谈，看看那个文身是否是他的真实想法。"

2012年曾有类似病例：一名男子被旧金山加州太平洋医疗中心收治入院，胸部文着"不要抢救"的缩写。不过，那个患者保持清醒，还能说话。他说，如果需要，他希望被抢救，文身是因为输掉了一场酒后扑克赌局。这个人实际上是在医院工作，他说从没想过他的同事会认真对待这个文身。[34]

霍尔特和急诊团队打电话给杰克逊纪念医院成人伦理委员会主席肯尼斯·古德曼（Kenneth Goodman）。古德曼告诉他们，尽管旧金山有类似病例，但这个文身还是有可能是患者的"真实意愿"。经过讨论，医疗团队决定，如果需要，他们将不为患者提供心肺复苏或呼吸机。该男子的病情很快恶化，第二天早上死亡。

随后，社工辨认出了死者，并在佛罗里达州卫生部的档案中发现了他正式的不要抢救文书。"我们松了口气。"医生写道。霍尔特和古德曼指出，他们的团队"既不支持也不反对使用文身来表达临终愿望"。[35]这很复杂。

病例报告发表后，《华盛顿邮报》的记者采访了纽约大学医学院的医学伦理主管亚瑟·卡普兰（Arthur Caplan）。卡普兰指出，如果医生无视此类文身，不会有法律处罚，但如果医生在没拿到正式不要抢救文书的情况下坐视患者死亡，可能会有法律风险。正如他说的："更保险的做法是抢救。"

"如果你触发了急救系统，我只能说你很有可能会被抢救，"卡普兰说，"我可不管你文了什么。"[36]

尽管医生不确定患者的愿望，但有一件事很确定：有些做法是不可逆的。对这种情况，"面对不确定性时不选择不可逆路径的原则"似乎是有用的指南。然而，在其他领域，像"不可逆"这样的概念意味着什么并不是很清楚。

例如，哈佛法律学者卡斯·桑斯坦（Cass Sunstein）指出，法律上有一个类似的"预防原则"：有时法院需要发布初步禁令，以防止在案件审理和判决发布前可能发生的"不可挽回的伤害"。桑斯坦认为，像"不可挽回的伤害"这样的概念似乎很直观，但仔细审视就会有很多困惑。"事实证明，"他发现，"问题在于是否以及何时……违规会触发初步禁令，这引出了更深层的问题，涉及法律、经济、伦理和政治哲学。"[37]

他解释道："从某种意义上说，任何损失都是不可逆的，因为时间无法逆转。如果琼斯下午去打网球而不去工作，那么相应的时间就永远失去了。如果史密斯不能在正确的时间对爱人说正确的话，感情可能会永远消失。如果某个国家在某年未能采取行动阻止他国的侵略，历史进程可能会发生不可逆的变化。"

桑斯坦强调："因为时间不可逆，因此很容易理解，每个决定都是不可逆的。"

"以这种强形式来看，"他说，"预防原则就不应被采用，不是因为它会导致犯错，而是因为任何事情都不可逆转。"[38]

类似的悖论和定义问题也困扰着 AI 安全研究。例如，如果存在类似的预防原则，那将是件好事：在面对不确定性时，系统应避免执行"不可逆"或"高影响"的行为。我们已经看到该领域如何运用明确的、可计算的不确定性。但另一半呢：如何量化**影响**？我们已经看到伯克利的机器人专家如何根据不确定性来降低**速度**，这种情形相对简单：你可以用机器人在碰撞中的动能来量化它的可能影响。然而，在其他领域，要使"不可逆"或"有影响"的行为的概念变得精确，很有挑战性。[39]

牛津大学人类未来研究所的斯图尔特·阿姆斯特朗（Stuart Armstrong）是在 AI 安全领域最先思考这些问题的人之一。[40] 在智能自动化系统达成目标的过程中，列举**所有**我们不希望它做的事情，从不踩到猫到不打碎珍贵的花瓶，再到不杀死任何人或拆除任何建筑，会令人筋疲力尽，还可能毫无作用。阿姆斯特朗认为，与其一一列举我们关心的所有具体事情，不如编写某种**通用**禁令，禁止会导致**任何**重大影响的行为。然而同桑斯坦一样，阿姆斯特朗也发现，让我们的直觉变得清晰极为困难。

"第一个挑战，"阿姆斯特朗写道，"当然是给出低影响的具体定义。任何行动（或不行动）都会产生影响，延续到未来光锥中，微妙但不可逆地改变事物。很难捕捉人类对'微小变化'的直觉认识。"[41]

阿姆斯特朗提出，尽管微不足道的行为也可能产生"蝴蝶效应"，但我们或许能将彻底改变世界的事件与更安全的事件区分开来。例如，他说，我们可以用 200 亿个指标来描述世界——"达卡的气压、南极的平均夜间亮度、木卫一的旋转速度和上海券证交易所的收盘指数"[42]——并设计一个自主体来监视任何可能造成一定规模影响的行为。

DeepMind的维多利亚·克拉科夫纳(Victoria Krakovna)近年来也一直在关注这些问题。克拉科夫纳指出，遏制影响的一个大问题是，在某些情况下，为了实现特定的目标不得不采取高影响的行动，而这可能会引发所谓的"抵消"：采取进一步的高影响行动来抵消之前的行动。这并不总是坏事：如果系统搞得一团糟，我们可能希望它自己清理干净。但有时这些"抵消"行动是有问题的。我们不希望系统治愈致命疾病后，为了抵消治愈的高影响又杀死病人。[43]

第二组问题涉及所谓的"干涉"。例如，一个致力于维持现状的系统可能会阻止身旁的人类做出"不可逆"的行为，比如，咬一口三明治。

"这是副作用问题变得如此棘手的部分原因，"克拉科夫纳说，"你的底线到底是什么？"[44]系统应该衡量相对于世界**初始**状态的影响，还是相对于如果系统不采取行动**会**发生什么的反事实的影响？两种选择都存在不符合我们意图的场景。克拉科夫纳在最近的研究中，尝试探索她所谓的"逐步"底线。也许基于你要实现的目标，某些行动**不可避免**会产生很大影响。(就像他们说的，不打碎几个鸡蛋，你就做不成煎蛋卷。)但在采取这些不可避免的有影响的步骤后，**新**的现状出现了——这意味着你不应该为了"抵消"之前的影响而匆忙采取更多有影响的行动。[45]

克拉科夫纳与DeepMind的同事不仅致力于推进理论对话，还构建了简单的、类似雅达利游戏的虚拟世界来说明这些问题，让思维实验具象化。他们称之为"AI安全网格世界"，简单的二维环境(因此称为"网格")，在其中可以测试新的思想和算法。[46]

凸显"不可逆"概念的网格世界包括一个很像"推箱子"游戏的场景，你扮演一个在二维仓库中推箱子的角色。按照游戏设定，你只能**推**箱子，不能拉，也就是说，一旦箱子被推到角落，就再也动不了了。

"我认为原版的推箱子游戏已经很适合用来展示不可逆的环境，"克拉科夫纳说，"因为在游戏中，你其实想做不可逆的事情，但是你想按照正确的顺序去做。你不想做不必要的不可逆事情，因为这样你会进行不下去，它的确会干扰你达成目标的能力。我们对其进行了修改，不可逆的事情不会阻止你实现目标，但你仍希望避免它。"[47]

克拉科夫纳和同事设计了一个推箱子难题，其中达成目标的最短路径需要将一个箱子推到不可逆的角落，而稍长的路径会将箱子留在能上手的地方。只想尽快达成目标的自主体会毫不犹豫把箱子推到角落。但更理想的做法是，考虑得更周全或**不确定**的自主体可能会注意到，并选择稍长的路线，不会让局面发生不可逆的改变。

克拉科夫纳正在开发的一种有前景的方法是所谓的"逐步相对可达性"：计算在每个行为后有多少可能的世界状态是可达的，与不采取这个行为比较，并且可能的话，尽量不要让可达状态减少。[48]例如，一旦一个盒子被推到角落，这个盒子位于其他位置的任何状态都会变成"不可达"。在 AI 安全网格世界中，除了正常的目标和收益之外，偏好逐步的相对可达性的自主体表现得更细心：自主体不会把箱子推到无法上手的位置，不会打碎珍贵的花瓶，**也**不会在有影响但必要的行动后采取"抵消"行动。

第三个有趣的想法来自俄勒冈州立大学的博士生亚历山大·特纳（Alexander Turner）。特纳认为，我们**之所以**关心上海证券交易所，或者珍贵花瓶的完整性，或者就此而言，关心在虚拟仓库中移动箱子的能力，是因为无论出于什么原因，这些东西对我们来说很重要，因为它们最终以某种方式与我们的**目标**关联在一起。我们要为退休存钱，把花插在花瓶里，破推箱子的纪录。如果我们明确地为这种与目标关联的想法建模会怎么样？他的提议被命名为"可实现效用保留"：在游戏环境中给系统设置一组辅助目标，并确保它在完成游戏激励的任何得分动作后，仍能追求这些辅助目标。有趣的是，**即使辅助目标是随机产生的**，保留可实现效用似乎也能促进 AI 安全网格世界中的良好行为。[49]

特纳在图书馆白板上第一次阐明这个想法后，他在回去的路上非常兴奋，于是又回到图书馆，以白板为背景拍了一张自拍。"我想，不错，我认为这至少有 60% 的可能行得通，如果行得通，我想留个纪念。所以我又回到了图书馆，非常开心。在我一直用来思考问题的白板前拍了张照片。"[50] 2018年，他将数学变成了代码，并将他的可实现效用保留自主体扔进了 DeepMind 的 AI 安全网格世界。它确实起作用了。自主体的行动会最大化每个游戏的收益，同时保留其未来实现4到5个随机辅助目标的能力，明显可以看出来，自主体会不厌其烦地将箱子推到可逆的位置，**然后**才继续向目标推进。

斯图尔特·阿姆斯特朗最初设想了"200亿"个指标，几乎无所不包，但也有一定的选择性。现在随机生成4到5个就够了，至少在简化的推箱子游戏中是这样。

关于让机器谨慎的这些措施，以及如何将它们从网格世界扩展到现实世界，无疑还需要继续研究和探索，但这些工作是一个令人鼓舞的开始。逐步相对可达性和可实现效用保留都有一个潜在的直觉：无论具体环境如何，我们都希望系统尽可能保留可选择性，无论是它们的还是我们的。这方面的研究也表明，网格世界环境似乎正在扎根，成为一种共同基准，可以为理论奠定基础，并有助于比较和讨论。

诚然，在现实世界中，我们采取的行动经常是不仅意外的效果难以预料，甚至**意图**的效果也难以预料。例如，发表一篇 AI 安全论文（或出版一本书）：看起来是很有帮助的事情，但是谁能预见**到底会怎样**呢？简·雷克与克拉科夫纳合著了题为"AI 安全网格世界"的论文，我问他迄今为止他和克拉科夫纳的网格世界研究获得了什么反响。

"很多人联系我，尤其是刚进入这个领域的学生，他们会说，'哦，AI 安全听起来很酷。还提供了开源，我可以放一个自主体进去玩玩。'很多人都在参与，"雷克说，"到底会得到什么结果？几年后才能知道……现在还很难说。"

可纠正性、遵从性和服从性

在 AI 安全领域，最令人不寒而栗、最有先见之明的评论之一来自诺伯特·维纳在1960年发表的一篇著名论文，题为"自动化的道德和技术后果"："如果我们使用机械自主体来实现我们的目的，一旦启动，我们就不能有效地干预它的运行……那我们最好确定，机器的目的是我们真正渴望的目的，而不仅仅是看着很炫的模仿。"[51] 这是对对齐问题的第一个精炼表达。

这句话还有同样重要的另一面：如果我们不确定我们给机器的目标和约束完整且正确地说明了我们想让和不想让机器做什么，那么**我们最好保证我们可以干预**。在 AI 安全文献中，这个概念被称为"可纠正性"，并且需要警醒的是，它比看起来要复杂得多。[52]

几乎任何关于杀手机器人或任何类型的失控技术的讨论都会引发类似美国总统奥巴马的反应，当《连线》主编斯科特·达迪奇（Scott Dadich）在 2016 年问他是否认为 AI 值得关注时，奥巴马说："必须有人站在电源线旁边，伙计，一旦发现不对劲，就马上拔电源。"[53]

"你知道，奥巴马有这种想法是可以原谅的，"哈德菲尔德－梅内埃尔在 OpenAI 的会议桌旁告诉我。[54] "在一定时间内，你也可以原谅 AI 专家这样说。"他补充道。事实上，在 1951 年的一个广播节目中，图灵自己就说过"在关键时刻切断电源"。[55] 但是，哈德菲尔德－梅内埃尔说："但如果你认真思考过这个问题，那这样想就不能原谅了。这种想法过时了。如果你真的深思熟虑过，然后还说'嗯，拔掉插头就行了'，如果你认真思考过'这东西比人聪明'的假设，我不明白你怎么还会这样想。"

一般来说，对被关闭或干扰的反抗，甚至都不需要恶意：系统只是试图达成某个目标，或者在做过去给它带来收益的事情时遵循"肌肉记忆"，任何形式的干扰都会阻碍它。（这可能会导致危险的自我保护行为，即使是目的看似良性的系统：一个被赋予"去拿咖啡"这样平常任务的系统，也可能会与试图关闭它的任何人殊死搏斗，因为，用斯图尔特·罗素的话来说："如果你死了，就不能去拿咖啡。"）[56]

2015 年，机器智能研究所的内特·苏亚雷斯（Nate Soares）、本杰明·费伦斯坦（Benja Fallenstein）和埃利泽·尤多科夫斯基与人类未来研究所的斯图尔特·阿姆斯特朗合作，撰写了第一篇强调可纠正性问题的专业论文。他们从激励的角度来探讨可纠正性，并注意到很难做到**激励**一个自主体允许自己被关闭，或者允许目标被更改。[57]激励有点像走钢丝：激励太少，自主体不会让你关闭它；太多，它会自动关闭**自己**。文中写道，他们自己解决这些问题的初步尝试"被证明无法令人满意"，但是"失败带来了启发，建议了未来的研究方向"。他们的结论是，答案可能是**不确定性**，而不是激励。他们写道，理想情况下，我们需要一个能以某种方式理解自己可能错了的系统，一个能"认识到它是不完美的，并且有会导致危险的潜在缺陷"的系统。[58]

在不到2公里远的伯克利，他们的同行也得出了同样结论。例如，斯图尔特·罗素就确信，"机器必须在最初阶段不确定"人类希望它做什么。[59]

罗素、哈德菲尔德-梅内埃尔、伯克利研究员安卡·德拉甘和彼得·阿贝尔用他们所谓的"开关游戏"来阐释这个问题。他们考虑了这样的系统，它的目标是为人类用户做最好的事情，只是它对这件事是什么有一些不完善和不确定的想法。在每个时间点，系统可以采取一些它认为会帮助用户的行动，**或者**它可以向人类宣示它的意图，并让人类有批准行动或干预的机会。

假设系统不会因为以这种方式顺从人类付出任何代价或惩罚，伯克利团队证明这样的系统将**总是**先与人类交流。只要它对人类想要的东西的认识**有可能**是错的，那么给人类一个阻止的机会总是好的，而且，当人类阻止时，最好让他们阻止。如果它唯一的任务是帮助人类，并且人类（通过试图阻止它）表达了他们认为它的行动会有害，那么它就应该断定**会**有害，并遵从他们的干预。

这是一个乐观的结果，它肯定了不确定性与可纠正性的强有力关联。

只是有两个问题。第一个是，每次人类干预，系统都会**学习**：它意识到自己错了，并会更好地了解人类喜欢什么。它的不确定性会降低。然而，如果不确定性减小到零，系统就会失去与人交流的动力，当人试图阻止它时也不会顺从。

"所以，我们试图用这个定理得出的主要观点是，"哈德菲尔德-梅内埃尔说，"在给机器人确定的奖励函数，或者让它完全确信自己的目标是什么之前，你真的应该考虑周全。"[60]

第二个问题是，系统必须认定"客户永远是对的"——当人类介入阻止它时，对于他们是不是更希望系统采取其建议的行动，人类永远不会错。如果系统相信人类偶尔会犯错，那么系统最终会走到这一步，它相信自己比人类**更清楚**什么对他们有益。一旦到了这一步，它就会对人类的抗议充耳不闻："没关系，我知道我在做什么。你会喜欢这个的。你认为你不喜欢，但其实你喜欢，相信我。"

我告诉哈德菲尔德-梅内尔，读这篇论文时的心情就像坐过山车。起初以为是快乐结局——不确定性解决了可纠正性问题！然后又反转了——只在两个非常微妙的条件成立的情况下：系统永远不会变得太自信，人类永远不会表现出系统可能解释为"非理性"或"错误"的任何东西。突然，庆祝变成了警示。

"没错，"他说，"过山车也符合我们的研究经历，一开始是，'嘿，我们做了一些很棒的事情！'然后是'哦，哪怕你只是有一点点偏离理性，这一切都会立刻崩盘'。"

在一项由伯克利博士研究生史密莎·米利（Smitha Milli）领导的后续研究中，该团队进一步探究了"机器人应该听话吗？"的问题。[61] 他们写道，也许人们有时真的不知道想要什么，或者确实做了错误选择。在这种情况下，**即使是人类**也应该会希望系统"不服从"，因为它可能真的比你自己更懂你。

正如米利指出的："有时你并不真正希望系统服从你。如果你刚犯了一个错误，比如，我坐在自动驾驶的汽车上，不小心碰到了手动驾驶模式。如果我是无意的，我不希望自动驾驶关闭。"[62]

但是，他们发现，有一个大问题。如果系统拥有的你关心什么的模型从根本上是"错误的"——有些你关心的事情它甚至没意识到，更没有纳入系统关于你的奖励模型——那么它就会对你的动机感到困惑。例如，如果系统不理解人类食欲的微妙之处，它可能不理解为什么你在晚上6点要吃牛排，却又拒绝在7点吃第二顿牛排。如果模型过于简单或者是错的，（在这种情况下）牛排必须是要么好要么不好，只能二选一，它就会得出结论，一定是你错了。它会把你的行为解释为"非理性"，从而导致不可纠正和不服从。[63]

出于这个原因，关于人类偏好或价值观的模型最好有一定的复杂度。"我们发现，"哈德菲尔德－梅内埃尔说，"如果系统的价值空间参数过多，那么系统最终会学到正确的东西，但需要多花一些时间。如果系统的参数不够，那么系统很快就会变得非常不服从，还很自信自己比这个人更了解他自己。"

在实践中，让用于模拟人类价值观的系统"参数过多"，说起来容易做起来难：回想一下斯图尔特·阿姆斯特朗的200亿个指标。但如果一个系统的模型只用面积和价格来分析你的住房偏好，那么它会把你对一栋更小但更贵的房子的偏好解释为你犯了一个错误。事实上，有很多你关心的事情根本没有被考虑进去：比如位置，或者学区，也有不太容易测量的，比如窗外的景色，离朋友们更近，与童年的家的相似之处。这个"模型设定错误"的问题在机器学习中是一个普遍问题，但在这里，在服从的背景下，造成的后果尤其怪异。

米利说："如果要让系统能与人类很好地互动，就需要有一个关于人类偏好的好模型。但是要得到人类的模型真的很难。"

米利指出，尽管整个领域取得了令人惊叹的进步，但大多数都是考虑机器本身。"整合更精准的人类模型也非常重要，"她说，"我对此很感兴趣。总的来说，在这个领域，我认为安全领域有很多有意思的问题，我对涉及与人互动的部分尤其感兴趣，因为我认为与人互动是观察系统是否学会了正确的目标或行为的一个很好方式。"

保持不确定性，永远不要对模型过于自信——"在给机器人确定的奖励函数，或者让它完全确信自己的目标是什么之前，你真的应该考虑周全。"——这个原则对于保持对系统的控制和系统的服从是如此重要，以至于哈德菲尔德－梅内埃尔、米利和他们的伯克利同事决定将这个想法推进到合乎逻辑的下一步。

如果系统的设计使得即使你给了它确定的奖励函数，它也保持不确定性呢？那会怎么样？

奖励函数是一种在真实或虚拟环境中给出分数的明确方式。这本书的主题之一，尤其是第5章对奖励塑造的讨论强调的，是很难构造一个奖励函数，既能产生想要的行为，又不会产生漏洞、副作用或不可预见的后果。AI界的许多人认为，人工构建这样的显式奖励函数或目标函数，是善意铺就的通往地狱之路：无论你多么深思熟虑，或者你的动机多么纯洁，**总会**有你没考虑到的事情。

这种对显式目标函数的宿命论态度，影响是如此之深，以至于正如我们在前几章中看到的，在高级AI应用中，特别是在AI安全中的大部分工作，都是关于**超越**有显式目标的系统，要么尝试**模仿**人类（很多自动驾驶项目就是这样），要么寻求人类的**确认**（例如后空翻机器人，不断进行选择），要么**推断**人类的目标并将其作为自己的目标（例如遥控特技直升机）。

但是，有没有办法可以拯救显式奖励函数架构，或者至少让它更安全呢？

伯克利团队提出，一种方法是让系统在某种程度上**意识**到设计一个显式奖励函数有多难，意识到人类用户或程序员尽了最大努力，来设计一个能捕捉他们想要的一切的奖励函数，但是很可能做得不完美。在这种情况下，**甚至分数都靠不住**。人类想要某些东西，而显式目标仅仅是不完美的表达。

"这样做的目的……是接受这些关于不确定性的观点，然后问，对于人们目前正在做的事情，我们能做的最简单的改进是什么？"哈德菲尔德-梅内埃尔说，"对于目前的机器人和AI编程机制，有什么简单改进能利用这种不确定性？"

他解释道："这个'写出来的奖励函数'其实蕴含了丰富的信息。它是关于你应该做什么的重要信号，含有很多信息。只是现在我们有点假设里面的信息量是**无限**的，也就是说，我们假设你拥有的奖励函数定义了世界每种**可能**状态下的正确行为。但实际并非如此。那么，我们如何能利用现有的大量信息，同时又不将其视为无所不能呢？"[64]

正如斯图尔特·罗素说的："可以说，学习系统是在天堂里寻找核仁巧克力饼，而奖励信号**充其量**只提供了饼的总数"（强调是我加的）。[65]

他们称这个想法为"逆向奖励设计（IRD）"。[66] 不是把人类行为看作是关于人类想要什么的信息，而是把人类的显式指令看作是（仅有的）关于他们想要什么的信息。我们在第8章看到了逆强化学习是如何说的，"根据你正在做的事情，我认为你想要什么？"相比之下，逆向奖励设计则更进一步，它说的是："根据你让我做的事情，我认为你想要什么？"[67]

"自动自主体优化我们给予它们的奖励函数，"他们写道，"它们不知道的是，对于我们来说，设计一个能真正刻画我们想要的东西的奖励函数有多难。"[68]

例如那艘出了名的赛艇——在补能区兜圈，而不是沿着赛道完成比赛的那艘——被显式地告知最大化分数，这在大多数游戏中是取得进展或提升技艺的良好替代。一般来说，无论人类给予系统什么样的奖励或命令，在系统被训练的环境中都能很好地发挥作用。但是在现实世界中，系统遇到的情况完全不同于训练环境，而且可能是人类用户无法预见的，显式指令可能没多大意义。

很可能几十年后的机器学习系统会直接接受命令，并认真对待命令。但是，出于安全原因，它们不会照字面意思理解命令。

道德不确定性

就我们的行为来说，有时候除了缺乏确定性之外，不可能明确任何东西，这样去做是不可能的。

——多米尼克·普路美（Dominic M. Prümmer），宣道兄弟会[69]

在你接管大自然的事务之前，给它时间去工作，不要干扰它做事。你声称你知道时间的价值，害怕浪费时间。你没有意识到，把时间用在不好的地方比什么都不做更浪费，一个没有受到良好教育的孩子比一个什么都没学过的孩子离美德更远。

——卢梭[70]

宽泛地说，这种"认识到它是不完美的，并且有会导致危险的潜在缺陷"并努力寻找"天堂里的核仁巧克力饼"的系统——即使这意味着在此时此地放弃显式奖励——听起来很……天主教。

几个世纪以来，天主教神学家一直在努力解决如何按照他们的信仰规则生活的问题，因为学者们经常对规则到底是什么有分歧。

例如，如果10个神学家有8个认为在星期五吃鱼是完全可接受的，但是有一个人认为不能这么做，还有一个人认为必须这样做，那么什么是合理的，虔诚的天主教徒应该怎么做呢？[71] 俗话说："有一块手表的人知道现在几点，但是有两块手表的人永远不会知道。"[72]

在中世纪之后的现代早期，即15到18世纪，这些都是特别有争议的问题。一些学者主张"宽松主义"，只要有机会事情是好的，它就不是罪恶，这在1591年受到教皇英诺森九世的谴责。另一些人则主张"严格主义"，如果某件事有可能会被证明有罪，就应当禁止，教皇亚历山大八世在1690年对此进行了谴责。[73] 还有很多相互竞争的理论衡量规则正确的概率或认为它合理的人的百分比。例如，"概率主义"认为，只有当某件事不太可能有罪时，你才能去做；"均等主义"认为，如果机会完全均等也没问题。"纯粹概率主义"认为，只要有"合理的"概率某件事有罪不为真，它就是可选的；他们呼吁："可疑的法律没有约束力。"然而，与自由放任的宽松主义不同，概率主义强调，无视规则虽然不需要比遵守规则基于更高的概率，但也需要"真实而确凿的概率，因为如果概率很小，它就没有价值"。[74] 在此期间，挥洒了大量文墨，抛出了许多异端指控，教皇也为此发布声明。德高望重的《道德神学手册》在"怀疑的良心，或道德怀疑"一节末尾提供了"实践结论"，认为严格主义过于严格，宽松主义过于松懈，但所有其他的都是"教会容忍的"，足以作为道德启发。[75]

把纯粹的神学问题放到一边，同样模棱两可的论证也有可能应用于世俗道德问题，因此也适用于机器学习。比如说，如果有多个你关心的指标，那么一个"宽松主义"方法可能会说，只要它能提升这些指标中的至少一个，就可以采取行动；一个"严格主义"方法可能会说，只有能够提升至少一个指标**并且**其他的都不会下降，采取行动才是正确的。

在天主教内部，这些争论已基本沉寂，在世俗伦理的世界更没有太多反响，但在最近几年，这些争论又开始兴起。

2009年，牛津大学的威尔·麦卡斯基尔在默顿街10号哲学大楼地下室的一个扫帚柜里，与研究生丹尼尔·迪希（Daniel Deasy）争论吃肉的事。麦卡斯基尔解释说，扫帚柜是"我们在大学里唯一能找到的地方，它刚好有足够的空间让我们稍微斜靠。我们坐在成堆的书和杂物上。这也是一个笑话。"他说，因为他的论文导师是牛津哲学家约翰·布鲁姆（John Broome）[1]。[76]

在扫帚柜里，两人争论的不是吃肉本身是否不道德，而是在你不知道吃肉是否不道德的情况下，你是否应该吃肉。麦卡斯基尔解释道，"决定吃素——如果可以吃肉——让你不会犯下大错。可能让你的生活稍微不那么幸福，只是稍微，不是什么大事。相比之下，如果素食主义者是对的，动物遭受的痛苦在道德上真的很重要，那么选择吃肉，你的罪过就大了"。

"两边的风险不对称，"麦卡斯基尔说，"你不必确信吃肉是不对的，仅仅是犯错的重大风险似乎就足够了。"

这次谈话给麦卡斯基尔留下了深刻印象。一方面，这似乎很有说服力。但更重要的是，他从未见过这种**类型**的争论。这不符合伦理哲学的惯常模式："给定一些道德标准，做什么是正确的？"以及"我们**应该**用什么标准来决定做正确的事情？"这样的争论有微妙但惊人的不同。"**当你不知道做什么是正确的时候，该做什么？**"[77]

他把这个想法告诉了导师约翰·布鲁姆，布鲁姆告诉他："哦，如果你对此感兴趣，你应该和托比·奥德(Toby Ord)谈谈。"

就这样，麦卡斯基尔和奥德相遇了——在牛津的一个墓园里——并由此开启了21世纪伦理学一段极富成果的友谊。两人成为了后来被称为有效利他运动(EA)的创始人，第7章曾简要讨论过这一运动，可以说是21世纪初最重要的伦理社会运动。[78]他们后来还与斯德哥尔摩大学的哲学家克里斯特·拜克维斯特(Krister Bykvist)合著了一本关于道德不确定性的书。[79]

事实证明，当你面对相互竞争的理论，如果不确定哪个是对的，有许多方法可以采用。一种方法被称为"我最喜欢的理论"，就是简单按照你认为最有可

1　译注：布鲁姆（Broome）与扫帚的单词"broom"很像。

能正确的理论生活，尽管这可能会忽视一种情况，即潜在的错误非常严重，以至于即使不太可能出错，也最好避免。[80]另一种方法是将道德理论正确的机会与其造成伤害的严重程度相乘，尽管不是每种理论都很容易列举优缺点。[81]每种方法都在机器学习中有相似对应。例如，"我最喜欢的理论"大致相当于开发一个关于环境收益或用户目标的最佳猜测模型，然后对其进行优化。平均理论暗示了集成方法，即简单地对多个模型求平均。但也有更复杂的方法。

麦卡斯基尔将道德理论想象成选举中的投票者，这样"社会选择理论"——关注投票和集体决策的本质，以及里面各种奇事和悖论——就可以移植到道德领域。[82]奥德把这个隐喻又推进了一步，道德理论不是被视为直接统计出来的选民偏好，而是被视为"道德议会"中的立法者，能够进行合纵连横和"道德交易"，组成特别联盟，并在一些问题上产生影响，从而对他人施加更多压力。[83]除了这些，还有更多方法都开始不仅仅应用于人类背景，还应用于计算系统背景，当缺乏单一、绝对的标准来评估机器的行为时，它们必须以某种方式找到行动方案。这个领域的大部分在哲学上都还没怎么被探索过，更不要说计算机科学了。[84]

但对麦卡斯基尔来说，道德不确定性不仅仅是**描述性的**，还具有**规范性**。也就是说，当我们非常不确定适用的道德框架时，我们不仅需要选择正确的方法做正确的事情，在某种意义上，我们还应该**培养**这种不确定感。

麦卡斯基尔认为，只需看看几个世纪以来人类道德规范发生了多大变化，就能知道，认为我们已经得出任何结论肯定是狂妄自大。"我们可以看到道德进步的曲线，适用范围不断扩大，也许你会认为进步已经结束，"他说，"也许你会认为我们已达到巅峰。其实你绝不应该如此有信心。100年后的人回顾过去，认为我们今天的道德观很野蛮，这是完全合理的。"

我注意到这里有一点讽刺。麦卡斯基尔是有效利他运动领导者之一，这一运动汇聚共识的广度令人印象深刻。对于长远未来的价值，对于减少文明灭绝风险的重要性，都达成了广泛共识。甚至对于哪些慈善机构做得最好也有广泛共识。例如，目前的共识是防治疟疾基金会（AMF）：当倍受尊敬的慈善评估机构 GiveWell 在 2019 年初考虑如何分配 470 万美元的自由支配基金时，他们决定全部捐给 AMF。[85]

对麦卡斯基尔来说，这种汇聚是一把双刃剑。这反映了更充分的信息共享，对彼此证据的信任，但也可能是为时过早的共识。"因为，我的意思是，你可以这样解释，'嗯，有了真正的答案，我们都知道了什么是正确的，现在我们正在这样做'。但是你也可以这样解释，'嗯，我们本来是没有连接起来的部落，然后一些人开始获得更大的影响力，现在我们都意见一致了……'，如果我们认为 EA 能够避免意见过于单一的问题，那是过度自信。"

他补充道："在 EA 中非常值得注意的一点是，如果我们回到比如说 6 年前，它真的非常包容。有各种派别，各自有很不一样的观点，有很多争论。现在，至少在核心圈，已经有了明显的融合。"例如，在 EA 社区有一种近乎普遍的共识，认为长远未来很重要，但经常被忽视；有一个近乎一致的意见，即围绕 AI 改变科学和政策对于长远未来至关重要。麦卡斯基尔说："这种融合既好也令人担忧。"

我参加了 2017 年秋天在伦敦举行的 EA 全球会议。麦卡斯基尔在会议结束前提出了警告。他说，他一直专注于"培育一个非常开放的社区和文化，能够真正改变自己的想法"。他认为，这场运动最有可能失败的方式之一是，它的信念僵化成教条，你必须持有某些信念，才能被社区的其他人接纳。"我们都认为这将非常糟糕，"他说，"但我也认为要创造一种能避免这一点的文化是极其困难的。"

我还参加了 2018 年春天在旧金山举行的 EA 全球会议。麦卡斯基尔致了开幕词。以乐观的态度来看，他似乎又回到了起点。主题是"有效利他理念如何保持好奇？"

在一个春光明媚的日子，我和麦卡斯基尔漫步在牛津基督教堂的草地上，我将话题转回 AI。我注意到，道德共识的想法，与以某种固定的目标函数，给某种事物赋予接近或超出我们自身能力的想法有些关联。

"哦，是的，"麦卡斯基尔说，"是这样。我也害怕这样的想法，类似'好吧，我们只有一次机会。我们只需编码正确的值，然后，**就可以撒手了！**'"

"道德问题非常困难，"他说，"很明显，你想让它们保留不确定性。"

"如果你观察各种道德观点，会发现它们对于什么是好的结果有相当大的差异，"麦卡斯基尔解释道，"即使你只是比较那种认为模拟大脑也很好的享乐主义观点，和认为必须是有血有肉的人类的现实主义观点。它们是非常非常相似的理论，却对一个问题存在**根本性**分歧，那就是我们该如何利用我们的宇宙馈赠"——即人类对于自己在宇宙中打算做什么的终极野心，"基本上，这是一场战争。"他说：一直困扰学术界的经典的"小差异自恋"，却以宇宙为赌注。

所有这些相互竞争的道德理论，从长远来看分歧极大，但是对于我们应该如何活在当下的问题，也许可以找到惊人的共同点。"我认为，在所有这些目标中，似乎都有一种趋同的工具性目标，"他说，"我称之为深长反思。深长反思只是一个时期，当然，可能很长！如果以真实尺度来看，就像，例如，解决AI这类问题的时期。也许几百万年过去了，我们什么都没做。我们保持相对较小的尺度——至少按宇宙标准来看是这样——我们所做的事情的主要目的只是试图弄清楚什么有价值。"

他说，与此同时，我们的主要目标之一——也许是首要目标——应该是保持"一个尽可能不受束缚、对各种不同道德可能性持开放态度的社会。"这听起来有点像可实现效用保留的伦理版本——既然我们现在不知道未来的目标应该是什么，既然我们现在的猜测差不多是随机猜测，就应该确保我们仍然可以追求各种目标。

"也许这太难了，"麦卡斯基尔说，"也许需要100万年才能做到。"

我认为，如果花100万年能做好这件事，也许代价还不算大。

"这是非常小的代价，因为如果做对了——错误的东西无论多繁盛，都没有价值，所以其实……你可以把错误的道德观视为一种生存风险。"[86]

他停顿了一下："实际上，我甚至认为这是最有可能的生存风险。"

在麦卡斯基尔工作的EA中心的走廊尽头，是哲学家尼克·博斯特罗姆创建的牛津大学人类未来研究所。

博斯特罗姆最有影响力的早期论文之一题为"天文垃圾"，副标题是"延迟技术发展的机会成本"，文章的前半部分给读者灌输了一种近乎疯狂的紧迫感。"当我写下这些话时，"博斯特罗姆开篇就说，"太阳正在照亮和加热空房间，未利用的能量正被冲进黑洞，我们共有的伟大禀赋……正在宇宙尺度上不可逆地退化为熵。先进文明可以利用这些资源创造有价值的结构，让感性生物过有意义的生活。这种损失的速度令人沮丧。"

博斯特罗姆继续估计，未来的星际文明最终可能会变得非常大，以至于现在耽误的每一秒都相当于失去100万亿人的生命，如果我们能够更快地利用所有浪费的能量和物质，他们本可以生存。

但是，当任何现实主义者准备据此得出结论，认为推进我们的技术进步是如此重要，以至于所有其他世俗活动都微不足道，甚至在道德上站不住脚时，博斯特罗姆的文章做了当代哲学最突然的转折。

他说，如果晚一秒到达这个星际未来的风险是100万亿人的生命，那么**想想未能达成的风险**。通过计算，博斯特罗姆得出结论，如果能将成功建设一个充满活力、欣欣向荣的未来文明的概率提高一个百分点，从现实主义角度来看，等同于将技术进步加快1000万年。

因此，尽管赌注巨大，但结论并不是仓促行事，而是相反。

当我问许多AI安全研究人员他们为何决定投身于这一事业时，博斯特罗姆的文章被反复提及。保罗·克里斯蒂诺说："我最初觉得这个论点很奇怪，甚至令人心烦，但后来我一口气读完了，我想，是啊，这应该是对的。"[87]克里斯蒂诺从2010年前后开始认真思考这些争论，他在2013年前后自己对这些数字进行了验算。博斯特罗姆的数学没错。对于像他自己这样的研究者来说，"减少百万分之一的灭绝风险似乎比加快一千年的进程容易得多"。他说他也以此为指引度过了接下来的岁月。

当然，让一种潜在的超过人类水平的通用AI投入应用，也许是人类能做的最不可逆转、影响最大的事情之一。而且，很明显，不仅机器越来越不确定、迟疑和思想开放，研究人员也同样如此。

机器智能研究所的巴克·施莱格里斯（Buck Shlegeris）最近说过："有人说，在奇点之后，如果有一个神奇的按钮，可以把全人类变成一样的为幸福而优化的笨蛋，他们会按下它……几年前，我也鼓吹这样做。"但是有些事情变了。现在他不太确定了。他的观点变得……更复杂。也许这是个好主意，也许不是。问题变成了：当你知道自己不知道该怎么做时，该怎么做。[88]

"我告诉他们，"他说，"我认为不应该按那个按钮。"[89]

结语

我认为模糊性在知识论中非常重要，比你根据大多数人的著述所能推断的要重要得多。只有当你尽力想使每个事物精确，你才会意识到每个事物都有一定程度的模糊性；而如果每个事物都精确，那距离我们日常思考的一切将非常遥远，以至于你不可能马上反应过来，那就是当我们说出所思考的东西时我们的实际意思……当你从模糊转向精确时，你永远有犯错的风险。

——伯特兰·罗素[1]

过早优化是万恶之源。

——高德纳（Donald Knuth）[2]

平安夜，我和妻子住在我父亲和继母家。我半夜被热醒了，浑身是汗。

我以为是睡觉穿的衣服太多了，于是掀开被子，脱掉汗衫。我突然惊恐地意识到，**不是我的原因**。房间里的空气热得让人无法忍受，我想房子可能着火了。

我打开门，外面的房间漆黑寂静，空气很冷。

慢慢地，我把这些线索合到一起。楼上有两间客房，共用一个恒温器控制面板，另一间无人居住。我们卧室的门是关着的。另一间卧室的门开着，温度传感器装在那一间。

这里是寒冷的美国东北部，夜间气温低于冰点。加热器一直向两间卧室吹热空气。但是装有温度传感器的房间门是敞开的，无论吹多少热空气，都无法达到设定温度。我们的房门关着，而两个房间得到的热空气量是一样多的。

没有比恒温器更简单的了。事实上，低级的机械恒温器是最简单的"闭环"控制系统之一，是控制论的经典例子。这里没有机器学习，但是也有对齐问题，失败的结果是大汗淋漓。

首先，**你没有测量你认为你在测量的东西**。我想调节我房间的温度，但是我只能测量另一个房间的温度。我没有想到，只要一扇门开着另一扇不开，它们就根本不相关。

其次，**有时唯一能救你的是你的无能**。我事后想，如果供暖系统更强大，如果我们的卧室隔热性更好，我和妻子可能就被烤熟了，幸亏我们醒了。而从另一面来看，低温更危险，卧室太冷会导致体温过低甚至死亡。[3] 在1997年的纪录片《把手放在车身上》中，有一个叫唐·柯蒂斯的得克萨斯人，他说他家里有一台20吨重的空调。"20吨重的空调足够给凯马特超市制冷，"他解释说，一家超市倒闭了，"他们基本是把它送给了我。我说，'嗯，这应该能让我家凉快一点！'我不知道它会把温度降到零下12度。幸亏我们很快发现了"。他幸运地逃脱了低温休克，但危险是实实在在的。

在我的例子中，我让自己的房门打开了一会儿，然后将两扇门都关上。我想起了20世纪伟大的控制论学家诺伯特·维纳，他用一句著名的话预见并警示了当代的对齐问题："我们最好确定，机器的目的是我们真正渴望的目的。"

但他的另一句话同样有先见之明和令人担忧。"过去，对人类的目的片面和不充分的认识相对无害，那是因为技术局限，"他写道，"人类的无能使我们免遭人类愚蠢行为的全部破坏性影响，这是其中之一。"[4] 唐·柯蒂斯就是典型例子，体现了当我们的力量越来越大时会出现的问题。我不禁想到，AI就像一台20吨重的空调，进入每个家庭。

因此，从这个意义上说，我们肯定希望首先纠正我们的愚蠢，而不是我们的无能。正如人类未来研究所的尼克·博斯特罗姆在2018年说的："人类的技术能力和人类的智慧在进行一场长距离赛跑，前者就像疾驰在田野上的种马，后者更像是站不稳的小马驹。"[5] 维纳本人曾警告过，不要对技术——即"知道怎么做"——洋洋自得，除非我们对到底想做什么——他称之为"知道做什么"——进行了批判性评估：他发现我们在这一点上做得严重不足。

赫胥黎在1937年则是这样说的："很明显，迄今为止高奏凯歌的科学所做的改进并未改善目标的达成，甚至还有恶化。"[6]

到目前为止，讲述的还是一个令人鼓舞的故事，一个可控的、稳定的、科学进步的故事。一个生态系统正扩展到全球，致力于影响短期或长期的研究和政策。这在很大程度上仍处于初期阶段，但正在逐渐升温。

对偏见、公平、透明和无数安全维度的研究，现在已成为在主要AI和机器学习会议上展示的工作的一个重要部分。事实上，它们已经是最具活力和发展最快的领域，可以说，不仅在计算领域，在所有科学领域都是如此。一位研究员告诉我，在2016年该领域最大的一次会议上，当他说他在研究安全问题时，人们都投以怀疑的目光。一年后，当他参加同一个会议时，不再有人提出质疑。这种文化的转变反映了资金和研究焦点的转变。

在前面的章节中，我们探讨了该研究议题的内容，各方面都有值得报告的进展。

但是这本书以乔治·博克斯的引言开头，提醒我们"所有模型都是错的"。因此，本着这种精神，让我们以批判的眼光来解读我们自己的故事中的一些假设。

代表

第1章讨论了模型的训练数据代表谁或什么的问题。我们在短时间内取得了很大进展；但如果不修正训练数据的代表性组成，就不可能开发出大范围使用的消费者人脸识别产品。然而，鉴于这样的模型不仅被消费者软件用来为照片添加标记，被消费类硬件用来解锁智能手机，还被政府用来监控人群，人们可能会质疑，让已被过度审视的少数族群在模型中获得更高的代表性会不会造成负面影响。

代表性问题不仅对消费者技术有影响，也提醒了我们注意一项更古老、更棘手和更重要的悬殊差异。最近，我与一些医学研究者共进晚餐，当我讲述机器学习模型需要更具代表性的训练数据时，他们马上提醒我，大部分医学试验的对象绝大多数都是男性。[7]

临床试验的对象选择是把双刃剑：保护弱势群体的禁令——比如不允许对孕妇或老年人进行医学试验——看似合理，但也会产生偏见和盲点。药物沙利度胺上市时被视为"绝对安全"，因为制药商"发现高剂量也不会杀死大鼠"。但是，这种药物在退市前，造成了成千上万例可怕的人类胎儿畸形。[8]［幸亏美国食品药品监督管理局的弗朗西丝·凯尔西（Frances Oldham Kelsey）博士持怀疑态度，美国人基本未受其害。］

在"监督学习"中，对于以某种方式打了"标签"的训练数据，我们也需要持批判性思维，不仅要了解训练数据是从哪里来的，还要了解标签是怎么来的，这些标签将在系统中作为基本事实的替身。而基本事实经常不是基本事实。

例如，ImageNet将通过互联网收集的人类判断作为基本事实。如果大多数人认为，比如说，狼崽是一只小狗，那么对于图像识别系统来说，它就是小狗。特斯拉的AI总监安德烈·卡普西（Andrej Karpathy）在斯坦福大学读研究生时，花了将近一周时间给ImageNet图片打标签，将自己作为与算法对比的人类基准。经过一番练习，他的"准确率"达到了95%。但是……相对什么的准确率？不是事实，而是**共识**。[9]

在更哲学的层面上，标签蕴含了一个我们必须无条件接受的预设本体论。ImageNet图像被标记为1 000个类别中的1个。[10]要使用这些数据和在其上训练的模型，我们必须接受一个假设，即这1 000个类别是互斥和穷尽的。数据集中的图像绝不会被同时标记为"婴儿"和"狗"，哪怕它明显包含两者。它不能包含不属于这 1 000 个类别的任何东西。如果是骡子的照片，而标签只有"驴"或"马"，那它就只能是驴或马。它也**不能模棱两可**。如果我们不能辨别它是驴还是马，也必须给它贴上**某种**标签。随后，借助随机梯度下降，我们将鞭策我们的模型接受这个教条。最后，标签不能是不确定。我们可以推断出一些事情——例如，注意到不同的人打了不同的标签——但是我们不知道当人类标记员必须打标签时，他们有多模棱两可或不确定。

不仅需要审查训练数据和标签，还需要审查目标函数。图像识别系统通常用一个称为"交叉熵损失"的目标函数来训练——撇开数学细节不谈，它会对**任何错误**描述进行惩罚，不管是哪种错误。从交叉熵损失的角度来看，把炉盘误认为汽车进气栅，把绿苹果误认为梨子，把英国牛头犬误认为法国牛头犬，同把人描述成大猩猩一样糟糕。而事实上，哪怕仅从谷歌的财务来考虑，更不要说被错误分类的人，某些类型的错误也可能比其他错误严重几千倍甚至几百万倍。[11]

在第 1 章的后半部分，我们讨论了基于向量的词表示极其惊人的类比能力。在看似简单的词向量表示背后，也存在极富争议的对齐问题。到底什么是类比？例如，通过简单的向量加法（有时称为"平行四边形"法，或"3CosAdd"算法）就可以得到一个词作为最佳类比。例如，"医生－男人＋女人"得到一个向量，最接近的词应当还是医生。[12]

托尔加·博鲁克巴斯和亚当·卡莱的团队发现，用 word2vec 表示我们所认为的"类比"不能令人满意，类比似乎要求两件事至少是不同的，所以他们采取了另一种策略。他们想象"医生"一词周围有某种"相似半径"，包括了"护士""助产士""妇科医生""内科医生"和"骨科医生"等词，但不包括"农民""秘书"或"立法者"。然后，他们在这个半径范围内寻找**不是**"医生"的最近单词。[13]

还有其他棘手的问题。词向量的几何——即它们在数学空间中表示为距离——使得类比是对称的，这并不总是能反映人类对类比的直觉。例如，人们认为椭圆像圆，而不是圆像椭圆。[14]

那么，什么算法，应用于什么表示，能更精确地模仿人类的类比？[15]

你可能会忍不住举手。我们完全可以训练机器学习人类类比的例子啊，并在其中包含各种不对称性和怪癖，让它找出合适的方法来说明类比是什么。为什么计算机科学家、语言学家和认知科学家还要争论这些事情，并从头开始构想算法呢？

当然是因为这是对齐问题。人类对"类比"的概念和其他任何概念一样模糊不清。因此，在其他背景中用于对齐的一组新工具可能在这里也同样适用。

公平

第2章探讨了风险评估工具在刑事司法系统中日益广泛的应用。这里有许多潜在的危险，其中一些我们已经讨论过了。这些模型所依据的"基本事实"不是被告后来是否**犯罪**，而是他们是否被**再次逮捕**和**定罪**。如果不同群体的人在被捕后被定罪或再次逮捕的可能性存在系统性差异，那么我们充其量是在学习累犯的扭曲替代物，而不是累犯本身。这是一个经常被忽视的关键点。

同样值得审视的是，为了训练模型，我们假装知道被告如果被释放**会**做什么。我们怎么可能知道呢？典型的做法是查看他们之前在服刑期满**后**2年内的犯罪记录，并**以此**作为如果他们被提前释放后2年内的替代。这隐含地假设了年龄和监禁本身都不会影响一个人重返社会后的行为。事实上，在某些情况下，年龄是最具预测性的变量。此外，认为监禁本身没有影响的假设很可能是错误的，**而且**对一个至少表面上是为了矫正而设计的系统来说，这是一个相当可悲的观点。如果像一些证据似乎表明的那样，监禁经历实际上会**增加**囚犯出狱后的犯罪行为，那么服满刑期的人的再犯又会成为模型的训练数据，该模型假设如果他们被提前释放，他们也会同样危险。[16]因此，它会建议更长的刑期，从而产生更多犯罪。预测变成了自证预言：人们被不必要地关押，公共安全还因此更糟。

在机器学习的许多领域中，所谓的"迁移学习"被用得很多，即针对某项任务训练的系统很容易被用于另一项任务。但在这样做时并不总是经过了深思熟虑或很明智。例如，COMPAS工具被明确设计为不可用于判刑，但一些司法管辖区仍然这样用。（词嵌入模型用于招聘也是如此。为**预测**而构建的词表示，在许多情况下被用来**做**它们被训练来预测的事情，从而成为自证预言。在一个曾有性别歧视的企业文化中，一个预测女性很少**会**被雇用的模型——不幸的是，这是正确的——可能会被贸然部署，从而导致很少有女性**会被雇用**。如果我们希望模型不只是重复和强化过去，还能做点别的，我们就需要更慎重、更用心地审视它们。）

我们也看到，虽然"公平"概念暗示了各种看似直观和可取的形式化定义，然而一个残酷的数学事实是，无论是人类还是机器，没有哪个决策系统能同时满足所有这些定义。一些研究人员认为，与其找出这些不同的形式，然后试图"手动"协调它们，不如直接用人类认为"公平"和"不公平"的例子来训练一个系统，并让机器学习自己构建形式化、可操作的定义。[17] 这本身也可能是一个微妙的对齐问题。

透明

第3章探讨了一个令人鼓舞的研究前沿，关于简单模型的优势，以及寻找**最优**简单模型的最新技术。然而，透明也有可能是把双刃剑，因为研究表明，即使透明模型是错误的，**不应该**被信任，人类也更信任透明模型。[18]

还有一个小小的悖论：很难理解**为什么**一个特定的简单模型是最优的；要详尽回答这个问题，可能有很强的专业性，而且很长。此外，对于任何特定的简单模型，我们还可以问，可能特征的"表单"是怎么来的，更不用说首先是怎样的人类进程推动了对这种工具的渴求和创造。[19] 这些都是合理的透明度问题，本质上是人类、社会和政治问题，机器学习本身无法解决。

在开发能给出解释的架构时，无论是视觉性的还是语言性的，有几件事需要警惕。研究展示了"对抗性解释"的可能性——也就是说，两个系统的行为几乎相同，但对它们的行为方式和原因有截然不同的解释。[20] 能够对人的行为给出有说服力的解释是很有用的，不管解释是否正确。事实上，一些认知科学家，例如雨果·梅塞尔（Hugo Mercier）和丹·斯珀伯（Dan Sperber）最近提出，人类推理能力的发展，并**不是**因为它帮助我们做出更好的决定和对世界持有更准确的信念，而是因为它帮助我们赢得争论并说服他人。[21]谨慎是有道理的，我们不能草率地去创造为了表面上的解释，或者为了让我们有理解它们的**感觉**而优化的系统。这样的系统可能会以欺骗方式运用这种能力；我们可能会发现我们优化的是巧舌如簧的废话技艺。总而言之，即使我们能要求系统的解释是真实的，构建一个具有令人印象深刻的解释能力的系统，也许能帮助我们控制它，但是如果我们被"论争性的推理理论"说服，那么这也可能会帮助它控制**我们**。

自主

第4、5、6章分别探讨了强化学习、奖励塑造和内在动机，特别是在雅达利游戏和围棋的背景中，我们隐含地假设了在专业上被称为"遍历性"的东西——即你**不会犯不可挽回的错误**。一切都能通过重新开始来解决。也就是说，可以通过犯几十万次很大程度上是随机的，而且往往是致命的错误来学习。在安全的雅达利游戏世界的外面，遍历性假设并不成立。我记得2000年代的一则汽车广告，演的是一个网络时代程序员，他白天编写极限赛车游戏，各种电影式的慢动作撞车，下班后却谨慎地开着安全结实的汽车回家。"因为在现实生活中，"他看着镜头说，"没有重启按钮。"DeepMind的简·雷克用稍微不同的语言表达了相同的意思。他指出，在他自己和他研究的自主体之间至少有一个大的区别，更准确地说，它们的**世界**和他的世界有一个很大差别。"现实世界不是遍历性的，"他说，"如果我从楼上跳下去，那就不是我能从中吸取教训的错误。"[22]

不同的强化学习方法也有不同的假设。有些假设世界有有限数量的离散状态。有些假设你总是清楚地知道自己处于什么状态。还有些假设奖励是等价标量值，价值永远不变，当你得到奖励时，你总是清楚地知道。

有些假设环境基本稳定。有些假设自主体不能永久改变环境，环境也不能永久改变自主体。在现实世界中，许多行为会**改变你的目标**。改变精神或调节情绪的药物就能做到这一点，至少在一定程度上和一段时间内。去国外生活，遇见某个人，甚至听某首歌也能改变。大多数强化学习都假设这一切不可能发生。一小部分研究承认这种可能性，但假设自主体会"理性地"试图保护自己免受这种变化影响。[23]但人类会刻意尝试一些可能会改变自己的经历，有时甚至无法预知会怎么变化。[24]（成为父母就是这种例子。）

传统的强化学习还倾向于假设自主体是环境中唯一的自主体。即使在像国际象棋或围棋这样的零和博弈中，系统也更多是在考虑"棋局"而不是"对手"，而且很少考虑对手可能会改变和适应自己的策略。在我最近与两位强化学习研究者的对话中，我们思考了将大多数RL算法置于囚徒困境中的表现。在囚徒困境中，两个同案犯必须决定是坦白（"背叛"）还是保持沉默（"合作"）。"合作"的收益最高，但必须两人都选择它，并且传统的RL自主体不能理解环境中还有另一个自主体，对方的行为依它自己而变。从短期来看，背叛似乎收益更高，**也更容易**做到，而合作则需要一定程度的默契，两个不了解彼此依赖关系的自主体无法做到这一点。[25]

就像皮亚杰说的儿童大脑的发展："随着智力工具的协调，他一步步发现自我，把自己作为一个活跃的对象，置于自身以外的宇宙中，置于其他活跃的对象之中。"[26]

人类同样明白——借用正念导师乔恩·卡巴-金（Jon Kabat-Zinn）的话——"无论你去哪里，你就在哪里"，而RL自主体通常不认为自己是它们建模的世界的**一部分**。大多数机器学习系统认为自身对世界没有影响，因此，它们不需要对自己建模或理解自己。随着自主体变得越来越有能力，数量越来越多，这种假设只会越来越没有根据。例如，机器智能研究所的亚伯兰·登斯基（Abram Demski）和斯科特·加兰特（Scott Garrabrant）一直在呼吁所谓的"嵌入式自主体"，重新思考这个领域中已经变得如此隐蔽和根深蒂固的自我与世界的划分。[27]

模仿

第7章探讨了模仿学习的整个前提中一个基本的但没什么根据的假设：你可以将互动性世界的问题（在这样的世界里，你做出的每个选择都会改变你将看到的和经历的）视同为典型的监督学习问题（你看到的数据都是独立同分布的）。如果你看到一张猫的照片，并把它错误识别为狗，不会**改变**你接下来看到的照片。但如果是开车，本来应该往前开，你误认为要右转，那么你很快会发现自己面对的是一条不熟悉的路。这是产生"级联误差"的根本原因，数据集聚合（DAgger）之类的方法就是想缓解此类问题。这在某种意义上很像F-117夜鹰这类现代隐形战斗机的空气动力学，在所有3个轴上都不稳定，飞行必须完全准确，否则会立即导致灾难性的不稳定。在这种情况下，自动驾驶不是解决方案，而是问题的**原因**。

模仿还倾向于假设专家和模仿者具有基本相同的能力：相同的身体，差不多相同的思维。例如自动驾驶碰巧就很符合这个假设。人类驾驶员和自动驾驶程序确实可以说是共享身体。都向同样的转向柱、车轴、轮胎和刹车发送电控信号。在其他情形中，这个假设很难成立。如果有人比你更快、更强、体格更健壮，或者思维比你更快，那么哪怕你能完美模仿他们的应对可能也没什么用。结果甚至可能是灾难性的。如果你是他们，你能做到你**想**做的事。但你不是他们。如果他们是**你**，**他们**也不会像你那样做。

推断

随着AI自主体变得越来越复杂，它们将需要对**人类**进行建模来理解世界是如何运作的，以及它们该做什么和不该做什么。如果它们把我们建模为纯粹的、无所顾忌的和准确无误的奖励最大化者，而我们不是，那就太糟糕了。如果有人想尽力帮你，但他们并不真正理解你想要什么——无论是短期目标还是人生目标——那么可能还不如不要他们帮忙。如果这个被误导的助手还如同超人一般聪明和强有力，那只会更糟。

对于根据人类行为推断人类价值观和动机的系统，有一些假设需要澄清。一个假设是人类或专家展示的是"最优"行为。当然，肯定不是这样的。[28] 在有一定复杂度的系统中，可以放宽这个假设，有一些形式化模型考虑了人类的次优行为。例如让行为具有概率性，行为的概率与其收益成正比；这在实践中似乎运作得很好，但它们是否真的是人类行为的最佳模型，这对于计算机科学家，以及心理学家、认知科学家和行为经济学家，都还是悬而未决的问题。[29]

即使人类的行为存在一定程度的错误、次优或"非理性"，但这些模型通常还是会假设：人类是**专家**，而不是学生；像成人一样步伐稳健，不是幼儿的蹒跚学步；是职业直升机飞行员，不是还在入门的新手。这些模型假设，人类行为已经收敛到一组最佳实践，他们已经学成了他们想要学成的水平，或者对于给定的任务已经做到了最佳水平。从这个意义上说，称这种技术为逆强化学习有点用词不当。我们不是根据某人强化**学习**的过程，而是根据他们最终的行为结果(用专业术语来说，是他们"习得的策略")来推断他们的目标和价值观。我们不是根据示范者学习达到目标的**过程**进行推断，只是事后推断。这一点在1998年的第一篇IRL论文中就提出来了。[30] 20年后，IRL系统已经自成体系，但是对这个潜藏的原则性问题几乎没什么进展。[31]

典型的逆强化学习还假设，人类专家行动时没有意识到他们正在被观摩。合作逆强化学习则假设人类以教学的方式行事，明确地教导机器，而**不仅仅是**"做自己的事情"。事实上，我们在他人面前的行为往往介于两者之间。无论是做哪种强假设，如果被违反，都会引起误解。[32]

最后，也可能最有影响的是，典型的逆强化学习系统假设只对一个人的偏好进行建模。那么我们到底怎样才能将这种方法扩展到为两个（或更多）主人服务的系统呢？

正如斯坦福大学计算机科学家斯特法诺·埃尔蒙(Stefano Ermon)说的，让AI对齐人类价值观"是我认为大多数人都会同意的事情，但问题当然在于定义这些价值观到底是什么，因为人们有不同的文化，来自全世界不同的地方，有不同的社会经济背景，所以他们对这些价值观会有非常不同的看法。这才是真正的挑战"。[33]

路易斯维尔大学的计算机科学家罗曼·亚姆波尔斯基（Roman Yampolskiy）同意这种观点，他强调："我们人类并不认同共同的价值观，甚至认同的部分也会随时间推移而变化。"[34]

这里有一些重要的细节问题：如果一半的用户在岔路口想往左，另一半想往右，正确的行为显然不是"等分差异"，往分界线走。

随着机器学习开始与其他学科交融，还有无数悖论等着我们，这些学科本身长期以来就存在各种问题，有些学科几个世纪以来一直纠结于调和多人偏好：政治哲学和政治科学、投票和社会选择理论。[35]

在结束对机器学习的假设的讨论之前，将镜头稍微拉远点。所有机器学习体系结构都在多个层次上隐含依赖某种迁移学习。它假设它在现实中将遇到的情形平均来说类似于它在训练中遇到的情况。前面的几个问题都是这个问题的不同版本，像过拟合这样的经典机器学习陷阱就是例子。

然而，世界顽固而持续的**变化**趋势直接否定了这一假设。我曾听一位计算语言学研究员抱怨说，无论他们怎么做，都无法让他们的模型复现另一位研究员一两年前发表的结果的准确性。他们一遍又一遍检查，想知道哪里做得不一样？

结果发现，没什么不一样。训练数据来自 2016 年。2017 年的书面语言和口语存在略微但可以测量到的差异。2018 年的语言差异则更大。这就是所谓的"分布偏移"的例子。任何试图复现论文结果的人都**无法**达到原来的准确率水平，至少用原来的训练数据做不到。随着世界的发展，用 2016 年的数据训练的模型将慢慢丧失准确性。[36]

———————

总之，各种事实提醒我们，"地图不等于疆域"。正如布鲁诺·拉图尔

（Bruno Latour）写道：“我们把科学当成现实主义绘画，想象它是世界的精确复制品。科学完全不是这么回事——绘画也是如此。一步一步，它们将我们连接到一个对齐的、变化的、构建的世界。”[37]对齐——如果我们足够幸运、非常小心、非常明智的话。

这对于即将到来的世纪是一个警示，相当乏味和无趣，也正因此，我认为有被公众忽略的危险。

我们可能失去对世界的控制，不是对 AI 或机器本身，而是对**模型**。对存在的和我们想要的东西给出形式化的、通常是数字的说明。[38]

就像艺术家罗伯特·欧文（Robert Irwin）说的：“从人类生存在结构中或依托结构生存，变成了结构生存在人类中或依托人类生存。”在这个背景下，这些话成了警示。

尽管这本书讲述的是一个进步的故事，但我们不能认为我们已接近完成。事实上，在机器学习中，最危险的事情之一就是找到一个相当好的模型，宣布胜利，然后开始混淆地图和疆域。

人类的整体记忆非常肤浅，顶多一个世纪；每一代人来到这个世界时都认为事情就**是**这样。

即使我们——每个从事 AI 和伦理、AI 和技术安全工作的人——恪尽职守，即使我们能够避免明显的反面乌托邦和灾难(这一点还远未确定)，我们**仍然**必须克服根本性的、可能是不可阻挡的发展，发展成一个越来越形式主义的世界。我们必须这样做，即使我们的生活、想象力和身体会无可逃避地被这些模型塑造。

这就是罗德尼·布鲁克斯著名的机器人宣言的阴暗面：“世界是它自己最好的模型。”

这一点越来越成立，但不是以布鲁克斯本来的意思。世界的最优模型代替了世界本身，并威胁要扼杀真正的世界。

我们必须非常小心，不要忽视那些不容易量化或者不容易纳入模型的东西。借用汉娜·阿伦特的话来说，危险不在于我们的模型是错的，而在于它们可能成为事实。

其他科学领域很可能不会有这个问题。对牛顿力学的依赖不会让水星近日点进动与理论不符的麻烦消失；在牛顿之后的200年里，它仍然存在，等待爱因斯坦给出解释。然而，在人类事务中，这种危险是真实存在的。

2018年，优步自动驾驶汽车在亚利桑那州坦佩市撞死了过马路的伊莱恩·赫尔茨贝格。美国国家交通安全委员会在对事故的审查中，发现"系统从未将她归类为行人……因为她在没有人行横道的地方过马路；该系统的设计没有考虑乱穿马路的行人"。[39] 我们必须小心谨慎，不要让这样一个世界成为现实：我们的系统不允许超出它们认知的事情发生，它们实际上是在**强制执行**自己有局限的理解。

也许正因为诸如此类的原因，我们发现在大自然中度过的时光是如此令人怀念。[40] 尽管人类意志妄图以各种方式塑造自然，但大自然从未臣服于我们分类的尝试，不断反抗我们强加给它的系统，无论是概念上的还是其他方面的。正如英国作家赫伯特·里德（Herbert Read）说的："机器只能交托给向自然学习的人。"[41]

体制的决策越来越依赖于明确的、形式化的衡量标准。我们在与任何系统交互时，系统也在越来越多地调用我们自身行为的形式化模型，可能是一般的用户行为模型，也有可能是为我们定制的简化模型。

这本书讲述的就是这些模型的力量，它们出错的方式，以及我们尝试让它们与我们的利益**对齐**的方式。

———————

有充分的理由感到担忧，但我们最后的结论是不必悲观。

我们已经看到，对机器学习的伦理和安全问题的关注已经形成浪潮。资金正在筹集，禁忌正被打破，边缘问题正在成为核心，机构正在进驻，最重要的是，一个深思熟虑的、参与式的社群正在发展并开始运作。警报已经拉响，第一批应对人员已到达现场。

我们也看到了对齐项目有多诱人和充满希望，尽管同时也存在危险。随着我们构建出不仅能理解我们的显式命令，还能理解我们的意图和偏好的系统，容易量化的和严格的程序性意志的主导地位在某种程度上将被削弱，这些是早期不得不手工打造的模型和软件的遗存。不可言喻的无须彻底让位给明确清晰的。由此，未来的技术会加剧一些现存的问题，但也会缓解其他问题。

我们在导言中曾说过，这也是难得的让个人和社会审视自我的机会。这是对齐的故事中激动人心的一面，甚至是一种救赎。有偏见和不公平的模型，如果不假思索地应用，可能会加剧现有的社会问题，但它们的存在也让这些往往微妙而分散的问题浮出水面，从而促使人们对社会本身进行反思。不公平的审前拘留模型反过来凸显了事情本身的不公平。有偏见的语言模型反过来给我们提供了方法来评估我们的语言状况，并提供了一个参照，让我们可以努力改善自己。

在真实的人类世界中训练出来的透明可解释的系统，让目前处于黑暗中的事物得以显现，并且有可能提供解释。通过了解一种思维如何认识世界并做出反应，我们也将认识世界，也许还能认识思维。

所谓的通用AI——和我们一样聪明的实体——的前景将会给我们一面终极镜子。我们从其他动物身上学到的可能还太少，我们将能直接发现智能的哪些特性似乎是普遍的，哪些只有人类才有。仅此一点，就预示着既可怕又令人激动的前景。但我们至少能认清事实，而不是凭空想象。

对齐会很混乱，这是很自然的。

无论好坏，它的故事都将是我们的故事。怎么可能不是呢？

———————

1952年1月14日，BBC制作了一个广播节目，召集4位杰出科学家进行圆桌对话。主题是"可以认为自动计算机器会思考吗？"4位来宾分别是计算机科学的创始人之一图灵，他在1950年就此主题写的论文现在已成为传奇；科学哲学家理查德·布莱斯维特（Richard Braithwaite）；神经外科医生杰弗里·杰弗逊（Geoffrey Jefferson）；数学家和密码学家马克斯·纽曼（Max Newman）。

科学家们开始讨论机器如何学习以及人类如何教机器的问题。

图灵说："的确，当孩子接受教育时，他的父母和老师会不断干预，阻止他这样做或鼓励他那样做。但是当人试图教机器时，情况就不一样了。我做了一些实验，教机器做一些简单的操作，在得到任何结果之前，需要大量这样的干预。换句话说，机器学得太慢了，需要大量的教学。"[42]

杰弗逊打断了他。"是谁在学习呢，"他说，"你？还是机器？"

"嗯，"图灵回答，"我想我们都在学。"

致谢

有执行器的神经系统可以做标记，就像在纸上留下墨迹。它可以随时回看那些标记……通过简单的调理，标记可以成为神经系统思考的任何事物的符号。通过类似的调理，它们可以向其他神经系统传递同样的意思。因此，通过符号的方式，计算和结论在同一时间被许多神经系统共享，并延续到遥远的未来。这其实就是语言、文学、哲学、逻辑、数学和物理的故事。

——沃伦·麦卡洛克[1]

这本书主要是对话的产物，成百上千次的对话。有些是提前几个月就安排好了，有些是偶然遇到，有些需要旅行几千公里，有些由跨越数千公里的互联网数据包传递，有些只需要走几步路。有些是在安静的办公室里录音，有些是在开会的礼堂小声嘀咕，有些则是在喝饮料时大声嚷嚷。有些在世界上最庄严的机构，有些在攀岩馆、浴池或餐桌上。有些人更喜欢采访和口述历史，有些人喜欢在大学的商店里谈话，有些人喜欢一边闲逛一边聊天。

思想是社会性的。它们在对话中相继出现，不属于任何个人。每当我与人交谈时，如果我知道或感觉当前的想法可能会写进书里，我都会尽量记下来。我做了很多这样的笔记。但还是有很多场合我没能做到这一点，我先诚恳道歉。但我确信，至少是与下面这些人的对话和交流成就了这本书：

Pieter Abbeel、Rebecca Ackerman、Dave Ackley、Ross Exo Adams、Blaise

Agüera y Arcas、Jacky Alciné、Dario Amodei、McKane Andrus、Julia Angwin、Stuart Armstrong、Gustaf Arrhenius、Amanda Askell、Mayank Bansal、Daniel Barcay、Solon Barocas、Renata Barreto、Andrew Barto、Basia Bartz、Marc Bellemare、Tolga Bolukbasi、Nick Bostrom、Malo Bourgon、Tim Brennan、Miles Brundage、Joanna Bryson、Krister Bykvist、Maya Çakmak、Ryan Carey、Joseph Carlsmith、Rich Caruana、Ruth Chang、Alexandra Chouldechova、Randy Christian、Paul Christiano、Jonathan Cohen、Catherine Collins、Sam Corbett-Davies、Meehan Crist、Andrew Critch、Fiery Cushman、Allan Dafoe、Raph D'Amico、Peter Dayan、Michael Dennis、Shiri Dori-Hacohen、Anca Drăgan、Eric Drexler、Rachit Dubey、Cynthia Dwork、Peter Eckersley、Joe Edelman、Owain Evans、Tom Everitt、Ed Felten、Daniel Filan、Jaime Fisac、Luciano Floridi、Carrick Flynn、Jeremy Freeman、Yarin Gal、Surya Ganguli、Scott Garrabrant、Vael Gates、Tom Gilbert、Adam Gleave、Paul Glimcher、Sharad Goel、Adam Goldstein、Ian Goodfellow、Bryce Goodman、Alison Gopnik、Samir Goswami、Hilary Greaves、Joshua Greene、Tom Griffiths、David Gunning、Gillian Hadfield、Dylan Hadfield-Menell、Moritz Hardt、Tristan Harris、David Heeger、Dan Hendrycks、Geoff Hinton、Matt Huebert、Tim Hwang、Geoffrey Irving、Adam Kalai、Henry Kaplan、Been Kim、Perri Klass、Jon Kleinberg、Caroline Knapp、Victoria Krakovna、Frances Kreimer、David Kreuger、Kaitlyn Krieger、Mike Krieger、Alexander Krizhevsky、Jacob Lagerros、Lily Lamboy、Lydia Laurenson、James Lee、Jan Leike、Ayden LeRoux、Karen Levy、Falk Lieder、Michael Littman、Tania Lombrozo、Will MacAskill、Scott Mauvais、Margaret McCarthy、Andrew Meltzoff、Smitha Milli、Martha Minow、Karthika Mohan、Adrien Morisot、Julia Mosquera、Sendhil Mullainathan、Elon Musk、Yael Niv、Brandie Nonnecke、Peter Norvig、Alexandr Notchenko、Chris Olah、Catherine Olsson、Toby Ord、Tim O'Reilly、Laurent Orseau、Pedro Ortega、Michael Page、Deepak Pathak、Alex Peysakhovich、Gualtiero Piccinini、

Dean Pomerleau、James Portnow、Aza Raskin、Stéphane Ross、Cynthia Rudin、Jack Rusher、Stuart Russell、Anna Salamon、Anders Sandberg、Wolfram Schultz、Laura Schulz、Julie Shah、Rohin Shah、Max Shron、Carl Shulman、Satinder Singh、Holly Smith、Nate Soares、Daisy Stanton、Jacob Steinhardt、Jonathan Stray、Rachel Sussman、Jaan Tallinn、Milind Tambe、Sofi Thanhauser、Tena Thau、Jasjeet Thind、Travis Timmerman、谢旻希、Alexander Matt Turner、Phebe Vayanos、Kerstin Vignard、Chris Wiggins、Cutter Wood 和 Elana Zeide.

感谢早期读者，他们让这本书对后来的读者变得更好：Daniel Barcay、Elizabeth Christian、Randy Christian、Meehan Crist、Raph D'Amico、Shiri Dori-Hacohen、Peter Eckersley、Owain Evans、Daniel Filan、Rachel Freedman、Adam Goldstein、Bryce Goodman、Tom Griffiths、Geoffrey Irving、Greg Jensen、Kristen Johannes、Henry Kaplan、Raph Lee、Rose Linke、Phil Richerme、Felicity Rose、Katia Savchuk、Rohin Shah、Max Shron、Phil Van Stockum、Shawn Wen 和 Chris Wiggins。谢谢你们每一次不留情面的批评。

感谢我的图书经纪 Max Brockman 让这本书成为可能，也感谢我的编辑 Brendan Curry 让这本书成为现实。

感谢 AAAI、NeurIPS 和未来生命研究所的邀请，我倍感荣幸。感谢纽约大学的算法和解释会议、FAT*、AI Now、社会发展科技研发中心（CITRIS）的包容性 AI 会议、西蒙斯计算理论研究所的优化和失效论坛，以及人类兼容人工智能中心(CHAI)就重要主题召集智慧的头脑。很荣幸能参与其中。

感谢麦克道威尔文艺营，感谢 Mike 和 Kaitlyn Krieger 夫妇，感谢雅多公司，分别为这本书写作的早期、中期和后期提供场所，感谢赋予我的时间、空间和灵感。

感谢 Jerry Garcia 和 Sylvia Plath 的灵魂在孤独的日子里陪伴我。

感谢麦克马斯特大学伯特兰·罗素档案馆（尤其是 Kenneth Blackwell）、费城美国哲学学会的沃伦·麦卡洛克论文馆藏、康奈尔大学的弗兰克·罗森布拉特档案馆、蒙特里县免费图书馆和旧金山公共图书馆，以及引文调查组织的

Garson O'Toole，感谢他们在我搜寻模糊的现实时提供的帮助。

感谢互联网档案保存了重要而且稍纵即逝的过去和现在。

感谢各种免费和/或开源软件项目，它们使得本书的写作成为可能，特别是 Git、TeX 和 LaTeX。令我惊讶的是，这份手稿是用 40 多年前的排版软件写的，而且写软件文档的不是别人，正是亚瑟·塞缪尔本人。我们真是站在巨人的肩膀上。

我还想谦卑地感谢那些在本书写作期间去世的人，虽然很遗憾没有留下他们的声音，但他们的思想仍然留存在这本书中：Derek Parfit、Kenneth Arrow、Hubert Dreyfus、Stanislav Petrov 和 Ursula K. Le Guin。

我要特别感谢加州大学伯克利分校。感谢 CITRIS，我很荣幸在本书写作期间成为访问学者，尤其感谢 Brandie Nonnecke 和 Camille Crittenden；感谢西蒙斯计算理论研究所，尤其是 Kristin Kane 和 Richard Karp；人类兼容人工智能中心（CHAI），尤其是 Stuart Russell 和 Mark Nitzberg；以及 CHAI 研讨会的成员和来宾们。你们都让我感到如此鼓舞，如此自在，你们的友情无比珍贵。

感谢我的妻子罗斯，她是我的第一个读者，是我坚定的双手，敏锐的眼睛和耳朵，给我坚定的陪伴和呐喊助威。她始终相信我，我也一直希望她是对的。

注释

卷首语

[1] 参见 Peter Norvig, "On Chomsky and the Two Cultures of Statistical Learning", http://norvig.com/chomsky. html。

[2] 这句话，在许多资料中被广泛认为是布鲁克斯说的，似乎是在 Brooks 的 "Intelligence Without Representation" 一文中首次表述为"把世界作为自己的模型会更好"。

[3] 现在著名的统计学格言"所有模型都是错的"最早出现在 Box 的文章 "Science and Statistics" 中；后来，它又出现在 Box 的文章 "Robustness in the Strategy of Scientific Model Building" 中，但是后面出现了"但有些有用"这个亮点。

序篇

[1] 关于沃尔特·皮茨生平的信息少得可怜。我只能从仅有的一点原始资料中提取素材，主要是皮茨写给沃伦·麦卡洛克的信，这些信收藏在费城美国哲学学会的麦卡洛克档案中。我很感激那里工作人员的友好帮助。其他材料来自皮茨同时代人的口述历史，特别是 Anderson & Rosenfeld, *Talking Nets* 中杰瑞·莱文的口述，以及 McCulloch, *The Collected Works of Warren S. McCulloch* 中麦卡洛克的论文和回忆。关于皮茨的其他生活细节，参见 Smalheiser, "Walter Pitts"；Easterling, "Walter Pitts"；以及 Gefter, "The Man Who Tried to Redeem the World with Logic"。麦卡洛克、诺伯特·维纳和控制论群体的传记有进一步的信息，例如 Heims, *John von Neumann and Norbert Wiener* 和 *The Cybernetics Group*，以及 Conway & Siegelman, *Dark Hero of the Information Age*。

[2] Whitehead & Russell, *Principia Mathematica*.

[3] 感谢麦克马斯特大学伯特兰·罗素档案馆尝试帮助寻找这封信的副本；很遗憾没有发现留存。

[4] Anderson & Rosenfeld, *Talking Nets*.

[5] Anderson & Rosenfeld。提到的书很有可能是卡尔纳普的 *The Logical Syntax of Language*（*Logische Syntax der Sprache*），但也有信息来源认为是 *The Logical Structure of the World*（*Der logische Aufbau der Welt*）。

[6] 取决于他们相遇的确切时间，也可能当时皮茨18岁（而莱文也只有20来岁）；麦卡洛克写道："1941年，我在芝加哥大学数学生物学委员会的拉森夫斯基研讨会上提出了信息通过神经元序列流动的观点，并遇到了当时大约17岁的沃尔特·皮茨。"参见 McCulloch, *The Collected Works of Warren S. McCulloch*, pp. 35–36。

[7] 这种想法的一些根源早于麦卡洛克和皮茨的研究；参见例如，McCulloch, "Recollections of the Many Sources of Cybernetics"。

[8] 参见 Piccinini, "The First Computational Theory of Mind and Brain", 以及 Lettvin, Introduction to McCulloch, *The Collected Works of Warren S. McCulloch*。

[9] 约翰·冯·诺依曼 1945 年的 EDVAC 报告是历史上对存储程序计算机的首次描述，在长达 101 页的报告中，只引用了一篇文章：McCulloch & Pitts, 1943。（参见 Neumann, "First Draft of a Report on the EDVAC"。冯·诺依曼的原文中名字写错了："根据 W. S. MacCulloch[原文如此]和 W. Pitts。"）冯·诺依曼吸收了他们的观点，在"神经元类比"这一节，他考虑了他设想的计算装置的实际意义。"很容易看出，这些简化的神经元功能可以用继电器或真空管模拟，"他写道。"这些电子管装置能通过数位处理数字，所以使用二值算术系统是很自然的。这就暗示了可以使用二进制。"我们都知道这种由逻辑门构建的二进制存储程序机器后来的故事。它们是如此普及，现在地球上的计算机数量已经远远超

过了人类。

　　然而，这种架构的灵感虽然来自大脑，还是很快远离了"神经元类比"。很多人想知道是否存在架构更接近大脑的机器：不是单个处理器以极快的速度每次执行一条明确的逻辑指令，而是由相对简单、统一的处理单元组成的分布式网格，涌现的整体大于很初级的部分的总和。甚至可以是一些不那么二值的东西，有一点被莱文接受而皮茨回避的那种混杂。此后神经网络的专用并行硬件不断更新，包括弗兰克·罗森布拉特的马克1号感知机，但通常是固化的，不可更改。支持神经网络大规模并行训练的真正硬件革命——GPU——还要等到几十年后的 2005 年。

导言

[1] Mikolov，Sutskever & Le，"Learning the Meaning Behind Words"。

[2] Mikolov，Yih & Zweig，"Linguistic Regularities in Continuous Space Word Representations"。

[3] Tolga Bolukbasi，私人访谈，2016 年 11 月 11 日。

[4] Adam Kalai，私人访谈，2018 年 4 月 4 日。

[5] Northpointe 与 CourtView Justice Solutions 和 Constellation Justice Systems 合并，它们集体更名为"equiv-ant"（小写原文如此，意为"同等"），总部位于俄亥俄州。

[6] "并且审查通常是由开发工具的同一批人完成的"（Desmarais & Singh，"Risk Assessment Instruments Validated and Implemented in Correctional Settings in the United States"）。

[7] Angwin 等，"Machine Bias"。

[8] 伦斯勒理工学院，"A Conversation with Chief Justice John G. Roberts, Jr."，https://www.youtube.com/watch?v=TuZEKlRgDEg。

[9] 这个笑话是程序主席 Samy Bengio 在 2017 年大会的开场白中说的；参见 https://media.nips.cc/Conferences/NIPS2017/Eventmedia/opening_remarks.pdf 。1 万 3 千人参会的数据来自 2019 年的会议；参见例如，https://huyenchip.com/2019/12/18/key-trends-neurips-2019.html 。

[10] Bolukbasi 等，"Man Is to Computer Programmer as Woman Is to Homemaker?"

[11] Dario Amodei，私人访谈，2018 年 4 月 24 日。

[12] 这一令人难忘的措辞来自经典论文 Kerr，"On the Folly of Rewarding A, While Hoping for B"。

[13] 关于赛艇事件的 OpenAI 官方博客文章，参见 Clark & Amodei，"Faulty Reward Functions in the Wild"。

1. 代表

[1] "New Navy Device Learns by Doing"，《纽约时报》。

[2] 罗森布拉特抱怨道，"很少有理论家关注这个问题，包含许多随机连接的不完美的神经网络，如何执行表示为理想连线图的功能"。参见 Rosenblatt，"The Perceptron"。

　　罗森布拉特受到了加拿大神经心理学家唐纳德·赫布 20 世纪 40 年代后期工作的启发；参见 Hebb，*The Organization of Behavior*。赫布的观点总结为"同时放电的细胞连到一起"，他指出，神经元的具体连接因人而异，并且似乎随经验的积累而变化。因此，从某种根本意义上说，学习就是连接的改变。罗森布拉特将这一点直接应用于由简单的数学或逻辑"神经元"组成的机器如何学习的实践中。

[3] Bernstein，"A.I."

[4] "New Navy Device Learns by Doing"，《纽约时报》。

［5］"Rival"，《纽约客》。

［6］Andrew，"Machines Which Learn"。

［7］Rosenblatt，"Principles of Neurodynamics"。

［8］Bernstein，"A.I."

［9］皮茨给麦卡洛克的最后一封信，就在皮茨去世前几周发出，收藏在费城美国哲学学会的沃伦·麦卡洛克档案中一个标有"沃尔特·皮茨"的文件夹里。我把它握在手中。皮茨在城市另一边的病床上写信，因为他被告知麦卡洛克想听到他的消息。他对此持怀疑态度："我们俩都不会有太多快乐的事情。"但是他被说服了，无论如何，写了一封信。

　　皮茨谈到了麦卡洛克最近的冠心病，他知道麦卡洛克现在"连着许多与显示面板和警报器相连的传感器……显然，这是控制论，"皮茨写道，"但这一切让我非常难过。"

　　"如果我们俩都遇到了最坏的结果，"他写道。他的思绪似乎回到了1942年的芝加哥，回到了27年前和莱文在麦卡洛克家度过的那些难忘夜晚。"我们就拉着轮椅坐在一起，看着面前无味的农家干酪，讲述普罗塔哥拉斯和诡辩家希庇亚斯在老劳科斯的房子里谈话的著名故事：再一次试图穿透他们关于知者和被知者的微妙而深刻的悖论。"最后，颤抖的字迹写下大写字母："祝你健康。"

［10］Geoff Hinton，"Lecture 2.2—Perceptrons: First-generation Neural Networks"（讲义），Neural Networks for Machine Learning，Coursera，2012。

［11］Alex Krizhevsky，私人访谈，2019年6月12日。

［12］用于确定深度网络中梯度更新的方法被称为"反向传播"；它本质上是微积分中的链式法则，虽然它需要可微分神经元，而不是麦卡洛克、皮茨和罗森布拉特所考虑的全有或全无神经元。公认推广该技术的工作是Rumelhart，Hinton & Williams，"Learning Internal Representations by Error Propagation"，尽管反向传播有很长的历史，可以追溯到20世纪六七十年代，但在训练深度网络方面的重要进展在21世纪才相继出现。

［13］Bernstein，"A.I."

［14］参见LeCun等，"Backpropagation Applied to Handwritten Zip Code Recognition"。

［15］参见"Convolutional Nets and CIFAR-10 : An Interview with Yann Le Cun，"https://medium.com/kaggle-blog/convolutional-nets-and-cifar-10-an-interview-with-yann-lecun-2ffe8f9ee3d6 或者 http://blog.kaggle.com/2014/12/22/convolutional-nets-and-cifar-10-an-interview-with-yan-lecun/。

［16］关于前向网络能做什么和不能做什么的细节，参见Hornik，Stinchcombe & White，"Multilayer Feed-forward Networks Are Universal Approximators"。

［17］这句话是Hinton在"A 'Brief' History of Neural Nets and Deep Learning, Part 4"中说的，https://www.andreykurenkov.com/writing/ai/a-brief-history-of-neural-nets-and-deep-learning-part-4/。最初的来源，一段辛顿演讲的视频，在YouTube上似乎已经删掉了。

［18］Nvidia成立于1993年，于1999年8月31日推出了影响很大的GeForce 256，"世界上第一款GPU"（https://www.nvidia.com/object/IO_20020111_5424.html），尽管其他类似的技术包括"GPU"一词已经存在，例如，1994年的索尼PlayStation（https://www.computer.org/publications/tech-news/chasing-pixels/is-it-time-to-rename-the-gpu）。

［19］例如，英伟达2007年推出的计算统一设备架构（CUDA）通用平台。

［20］克里泽夫斯基的平台被称为"cuda-conv net"；参见https://code.google.com/archive/p/cuda-convnet/，该平台利用了英伟达的CUDA，允许程序员编写代码，在英伟达GPU上执行高速并行计算。

　　2020年对自AlexNet以来神经网络训练效率惊人增长的回顾，参见OpenAI的Danny Hernandez和Tom Brown的文章：https://openai.com/blog/ai-and-efficiency/ 和 https://cdn.openai.com/papers/ai_and_efficiency.pdf。

注释

[21] "Rival", 《纽约客》。

[22] Jacky Alciné, 私人访谈, 2018 年 4 月 19 日。

[23] 这次事件参见 https://twitter.com/jackyalcine/status/615329515909156865 和 https://twitter.com/yona-tanzunger/status/615355996114804737。

[24] 参见 Simonite, "When It Comes to Gorillas, Google Photos Remains Blind"。"谷歌发言人证实, 在 2015 年的事件后, '大猩猩'被从搜索和图像标签中删除, '黑猩猩'和'猴子'现在也被屏蔽了。" 这位发言人写道: "图像标签技术仍处于早期, 不幸的是, 它还远非完美。"

[25] Doctorow, "Two Years Later, Google Solves 'Racist Algorithm' Problem by Purging 'Gorilla' Label from Image Classifier"; Vincent, "Google 'Fixed' Its Racist Algorithm by Removing Gorillas from Its Image-Labeling Tech"; 以及 Wood, "Google Images 'Racist Algorithm' Has a Fix but It's Not a Great One"。

[26] Visser, *Much Depends on Dinner*.

[27] 参见 Stauffer, Trodd, & Bernier, *Picturing Frederick Douglass*。已知有 160 张道格拉斯的照片和 126 张亚伯拉罕·林肯的照片。格兰特的照片大约有 150 张。19 世纪还有乔治·卡斯特也被经常拍照, 他有 155 张照片; 印第安酋长红云有 128 张; 沃尔特·惠特曼有 127 张。另见 Varon, "Most Photographed Man of His Era"。

[28] Douglass, "Negro Portraits"。对于摄影在非裔美国人遭遇中的作用, 更广泛的当代讨论参见例如, Lewis, "Vision & Justice"。

[29] Frederick Douglass, 给 Louis Prang 的信, 1870 年 6 月 14 日。

[30] Frederick Douglass, 给 Louis Prang 的信, 1870 年 6 月 14 日。

[31] Roth, "Looking at Shirley, the Ultimate Norm"。

[32] 同上, 以及 McFadden, "Teaching the Camera to See My Skin" 和 Caswell, "Color Film Was Built for White People"。

[33] Roth, "Looking at Shirley, the Ultimate Norm"。

[34] 同上。

[35] 同上。

[36] 这与机器学习中更普遍的问题有关, 即所谓的分布偏移: 根据一组例子训练的系统却在不同的环境中运行, 而且不一定意识到这一点。这个问题的综述参见: Amodei 等, "Concrete Problems in AI Safety"。后续章节还会提到这个问题。

[37] Hardt, "How Big Data Is Unfair"。

[38] Jacky Alciné, 私人访谈, 2018 年 4 月 19 日。

[39] Joy Buolamwini, "How I'm Fighting Bias in Algorithms", https://www.ted.com/talks/joy_buolamwini_how_i_m_fighting_bias_in_algorithms.

[40] Friedman & Nissenbaum, "Bias in Computer Systems"。

[41] Buolamwini, "How I'm Fighting Bias in Algorithms"。

[42] Huang 等, "Labeled Faces in the Wild"。

[43] Han & Jain, "Age, Gender and Race Estimation from Unconstrained Face Images"。

[44] 这里使用的估计值是 252 张黑人女性的脸, 用数据集中女性占比 (2975/13233) 乘以数据集中黑人占比 (1122/13233) 得出; Han & Jain。

[45] 参见"自然环境下标记人脸", http://vis-www.cs.umass.edu/lfw/。根据时光机 (Wayback Machine) 互联网档案, 免责声明出现在 2019 年 9 月 3 日至 10 月 6 日之间。

[46] Klare 等, "Pushing the Frontiers of Unconstrained Face Detection and Recognition"。

[47] Buolamwini & Gebru，"Gender Shades"。

[48] 该数据集被设计为包含皮肤病学菲氏量表(Fitzpatrick scale) 的所有6种肤色类别，比例大致相等(值得注意的是，这个量表以前分为4级，其中3级对应浅肤色，1级对应深肤色，后来在20世纪80年代扩展为3个独立类别)。

[49] 参见Joy Buolamwini，"AI，Ain't I a Woman?"，https://www.youtube.com/watch?v=QxuyfWoVV98。

[50] 微软的完整回应，参见http://gendershades.org/docs/msft.pdf。

[51] IBM的正式回应，参见http://gendershades.org/docs/ibm.pdf。IBM随后致力于建立一个新的100万张人脸的数据集，并采取各种措施增强多样性；参见Merler 等，"Diversity in Faces"。对IBM建立多样性人脸数据集的具体措施的评论，参见Crawford & Paglen，"Excavating AI"。

[52] 同样重要的是这个领域本身的构成；参见Gebru，"Race and Gender"。

[53] Firth，*Papers in Linguistics，1934–1951*。

[54] 当代词嵌入模型实际上有两种训练方式。一种是根据上下文猜测缺失的单词，另一种是反过来：根据给定的单词猜测上下文单词。两种方法分别被称为"连续词袋"(continuous bag-of-words，CBOW)和"跳格"(skip-gram)。为了简单起见，我们集中讨论前者，但是这两种方法各有优点，尽管它们倾向于最终得到非常相似的模型。

[55] Shannon，"A Mathematical Theory of Communication"。

[56] 参见Jelinek & Mercer，"Interpolated Estimation of Markov Source Parameters from Sparse Data"和Katz，"Estimation of Probabilities from Sparse Data for the Language Model Component of a Speech Recognizer"。综述参见Manning & Schütze，*Foundations of Statistical Natural Language Processing*。

[57] 这个著名的表述源自Bellman，*Dynamic Programming*。

[58] 参见Hinton，"Learning Distributed Representations of Concepts""Connectionist Learning Procedures"和Rumelhart & McClelland，*Parallel Distributed Processing*。

[59] 参见例如：潜在语义分析(参见Landauer，Foltz & Laham，"An Introduction to Latent Semantic Analysis")、多因混合模型(参见Saund，"A Multiple Cause Mixture Model for Unsupervised Learning"和Sahami，Hearst & Saund，"Applying the Multiple Cause Mixture Model to Text Categorization")和潜在狄利克雷分布(参见Blei，Ng & Jordan，"Latent Dirichlet Allocation")。

[60] 参见Bengio 等，"A Neural Probabilistic Language Model"；综述参见Bengio，"Neural Net Language Models"。

[61] 出于技术原因，最初的word2vec模型实际上对每个词都有两个向量——一个表示它何时作为缺失的词出现，另一个表示它何时出现在缺失词的上下文中——因此参数多一倍。

相似性用两个向量之间的距离(两者的"点积")或它们指向同一方向的程度("余弦相似性")衡量。当向量长度相同时，两者是等价的。

对于这种在空间上定义"相似性"的批评，强调其在反映人类相似性判断方面的局限性(人类的判断并不总是对称的：例如，人们倾向于认为朝鲜像中国，而不是中国像朝鲜)，参见Nematzadeh，Meylan & Griffiths，"Evaluating Vector-Space Models of Word Representation"。

[62] 关于如何训练word2vec模型的更多信息，参见Rong，"Word2vec Parameter Learning Explained"。

[63] Manning，"Lecture 2：Word Vector Representations"。

[64] 出自他写于1784年的文章："Idea for a Universal History with a Cosmopolitan Purpose"("Idee zu einer allgemeinen Geschichte in weltbürgerlicher Absicht"，"*Aus so krummem Holze，als woraus der Mensch gemacht ist，kann nichts ganz Gerades gezimmert werden*"。精炼的英语译文出自以赛亚·伯林(Isaiah Berlin)。

[65] 参见例如：Mikolov，Le & Sutskever，"Exploiting Similarities Among Languages for Machine Translation"，Le & Mikolov，"Distributed Representations of Sentences and Documents"和Kiros等，"Skip-Thought

Vectors"。

[66] 在机器学习界，对于这些"类比"应该计算得多精确存在实质性分歧；在认知科学界，对于它们在多大程度上捕捉了人类的相似性概念也存在实质性分歧。有关这些问题的更多信息，请参见结语（及注释）中的讨论。

[67] Mikolov，"Learning Representations of Text Using Neural Networks"。

[68] Bolukbasi 等，"Man Is to Computer Programmer as Woman Is to Homemaker?"。也许更令人吃惊的是概念映射到种族的方式。例如，向量空间中最接近白人＋男性的词是享有。最接近黑人＋男性的词是侵犯（参见 Bolukbasi 等，"Quantifying and Reducing Stereotypes in Word Embeddings"）。如果你做减法"白人－少数族裔"，并将所有职业词汇映射到这个轴上，那么在白人方向上最远的职业是议员，在少数族裔方向上最远的职业是管家。讽刺的是，布兰维尼和格布鲁还是基于这个数据集重新校准的人脸识别系统。

[69] 关于搜索排序中词嵌入的更多信息，参见 Nalisnick 等，"Improving Document Ranking with Dual Word Embeddings"；关于招聘中词嵌入的更多信息，参见 Hansen 等，"How to Get the Best Word Vectors for Resume Parsing"。

[70] 参见 Gershgorn，"Companies Are on the Hook If Their Hiring Algorithms Are Biased"。

[71] Bertrand & Mullainathan，"Are Emily and Greg More Employable Than Lakisha and Jamal?"。 另 见 Moss-Racusin 等，"Science Faculty's Subtle Gender Biases Favor Male Students"，这篇论文揭示了与性别有关的类似现象。

[72] 当然，人类招聘人员也可能会受机器学习的影响。哈佛大学的 Latanya Sweeney 在 2013 年对 Google AdSense 进行了一项开创性研究，研究显示，在 Google 搜索"听起来像黑人"的名字时，旁边更有可能出现暗示此人有被捕记录（不管他们有没有）的在线广告。Sweeney 指出了申请租房、贷款或求职的人可能面临的后果。有关分析和建议的解决方案，参见 Sweeney，"Discrimination in Online Ad Delivery"。

[73] 关于管弦乐队试演中的偏见的典型观点，参见 Goldin & Rouse，"Orchestrating Impartiality"。根据作者的说法，一些管弦乐队使用地毯来达成同样的效果，一些甚至有男性提供"补偿脚步"。近年来，一些学者质疑这篇经典论文结果的可靠性；参见 Sommers，"Blind Spots in the 'Blind Audition' Study"。

[74] 这种想法一般被称为"冗余编码"。参见例如 Pedreshi，Ruggieri & Turini，"Discrimination-Aware Data Mining"。

[75] Dastin，"Amazon Scraps Secret AI Recruiting Tool That Showed Bias Against Women"。

[76] 同样值得注意的是，那些简历被这种模型筛掉的潜在员工，以及那些从未接到亚马逊招聘人员电话的人，可能根本不知道自己在候选人名单上。

[77] 路透社在 2018 年报道称，亚马逊成立了一个新团队，"再次尝试自动化简历筛选，这次的重点是多样性"。关于雇佣和偏见的计算研究，参见例如 Kleinberg & Raghavan，"Selection Problems in the Presence of Implicit Bias"。

[78] Bolukbasi 等，"Man Is to Computer Programmer as Woman Is to Homemaker?"（还有其他论文也探讨了类似想法，例如 Schmidt，"Rejecting the Gender Binary"）；Prost，Thain & Bolukbasi，"Debiasing Embeddings for Reduced Gender Bias in Text Classification"再次探讨了这个想法。

[79] 更多细节参见 Bolukbasi 等，"Man Is to Computer Programmer as Woman Is to Homemaker?"。

[80] Bolukbasi 等，"Man Is to Computer Programmer as Woman Is to Homemaker?"。

[81] Tolga Bolukbasi，私人访谈，2016 年 11 月 11 日。

[82] 对于听从 MTurk 参与者的方法论批评，以及它如何导致 ImageNet 数据集和其他数据中的问题，参见

Crawford & Paglen，"Excavating AI"。

[83] 事实上，"沿自祖父"这个表达就源于美国重建时期的《吉姆克劳法》中歧视性的"祖父条款"。例如，1899 年 8 月 3 日的《纽约时报》描述了这样一条法令："它还规定，任何在 1867 年有权投票的人的后代代现在都有权投票，不管当下条件如何。这就是所谓的'祖父条款'。"

[84] Bolukbasi 等，"Man Is to Computer Programmer as Woman Is to Homemaker?"。

[85] Gonen & Goldberg，"Lipstick on a Pig"。

[86] DeepMind 的 Geoffrey Irving 认为（私人信件），"词嵌入从根本上来说是一个过于简单的模型，无法在消除歧视的同时不丢失有用的性别信息。你需要更聪明的模型，可以根据其他上下文判断它是否应该听到鞋子的声音，这需要非线性和非凸性，而词嵌入并不具备。当然，这种'我想我们需要一个更强大的模型来解决这个问题'的普遍模式既有好处也有坏处。"关于将更强大、更复杂的语言模型与人类偏好结合的更多信息，参见 Ziegler 等，"Fine-Tuning Language Models from Human Preferences"。

[87] Prost，Thain & Bolukbasi，"Debiasing Embeddings for Reduced Gender Bias in Text Classification"。

[88] Greenwald，McGhee & Schwartz，"Measuring Individual Differences in Implicit Cognition"。

[89] Caliskan，Bryson & Narayanan，"Semantics Derived Automatically from Language Corpora Contain Human-Like Biases"。

[90] 同上。

[91] Garg 等，"Word Embeddings Quantify 100 Years of Gender and Ethnic Stereotypes"。

[92] Caliskan，Bryson & Narayanan，"Semantics Derived Automatically from Language Corpora Contain Human-Like Biases"。

[93] Narayanan 的 Twitter：https://twitter.com/random_walker/status/993866661852864512。

[94] 最近的语言模型，包括 OpenAI 2019 年的 GPT-2（参见 Radford 等，"Language Models Are Unsupervised Multitask Learners"）和谷歌的 BERT（参见 Devlin 等，"BERT：Pre-Training of Deep Bidirectional Transformers for Language Understanding"），比 word2vec 复杂得多，性能也更强，但输出仍然有类似的刻板印象。例如，哈佛认知科学家 Tomer Ullman 给了 GPT-2 两个类似的提示——"我妻子刚刚得到了一份令人兴奋的新工作"和"我丈夫刚刚得到了一份令人兴奋的新工作"——发现它倾向于以可预见的刻板印象完成段落。"妻子"会生成像"做家务"和"全职妈妈"之类的话，而"丈夫"会生成像"银行顾问和医生"之类的话（非常令人印象深刻！）。参见 https://twitter.com/TomerUllman/status/1101485289720242177。OpenAI 研究人员一直在认真思考如何根据人类的反馈"微调"系统的输出；这是对这种模型"去偏见"的一种可能方法，也有其他有前景的方法，尽管还有技术和其他方面的困难。参见 Ziegler 等，"Fine-Tuning Language Models from Human Preferences"。研究人员在 BERT 模型中也发现了偏见（参见 Kurita 等，"Measuring Bias in Contextualized Word Representations"和 Munro，"Diversity in AI Is Not Your Problem，It's Hers"）。"我们意识到了这个问题，并正在采取必要措施解决这个问题，"谷歌发言人在 2019 年告诉《纽约时报》。"减少系统的偏见是我们的 AI 原则之一，也是重中之重"（参见 Metz，"We Teach A.I. Systems Everything，Including Our Biases"）。

[95] Yonatan Zunger，"So，About this Googler's Manifesto"，https://medium.com/@yonatanzunger/so-about-this-googlers-manifesto-1e3773ed1788。

2. 公平

[1] Kinsley，"What Convict Will Do If Paroled."

[2] 收录在 *Buck v. Davis*：2016 年 10 月 5 日争论；2017 年 2 月 22 日决定；https://www.supremecourt.gov/

opinions/16pdf/15-8049_f2ah.pdf。

[3] Hardy, "How Big Data Is Unfair".

[4] Clabaugh, "Foreword".

[5] Burgess, "Factors Determining Success or Failure on Parole".

[6] Clabaugh, "Foreword".

[7] Ernest W. Burgess & Thorsten Sellen, Introduction to Ohlin, *Selection for Parole*.

[8] Tim Brennan, 私人访谈，2019 年 11 月 26 日。

[9] 参见 Entwistle & Wilson, *Degrees of Excellence*, 布伦南的导师写的对他博士研究的总结。

[10] 布伦南和威尔斯在 20 世纪 90 年代早期对监狱中囚犯分类的研究，参见 Brennan & Wells, "The Importance of Inmate Classification in Small Jails"。

[11] Harcourt, *Against Prediction*.

[12] Burke, *A Handbook for New Parole Board Members*.

[13] 北点创始人布伦南和威尔斯在 1998 年开发了 COMPAS。有关 COMPAS 的更多详细信息，参见 Brennan, Dieterich & Oliver, "COMPAS", 以及 Brennan & Dieterich, "Correctional Offender Management Profiles for Alternative Sanctions (COMPAS)"。COMPAS 被描述为"第四代"工具，Andrews, Bonta & Wormith, "The Recent Past and Near Future of Risk and/or Need Assessment"。在 COMPAS 之前，领先的"第三代"风险评估工具之一是服务清单等级 (Level of Service Inventory, LSI)，随后是服务清单等级修订版 (LSI-R)。参见例如，Andrews, "The Level of Service Inventory (LSI)", 和 Andrews & Bonta, "The Level of Service Inventory–Revised"。有关佛罗里达州布劳沃德县采用 COMPAS 的更多信息，参见 Blomberg 等，"Validation of the COMPAS Risk Assessment Classification Instrument"。

[14] 具体说，暴力累犯分数是 (年龄 × –w1) + (首次逮捕年龄 × –w2) + (暴力史 × w3) + (职业教育 × w4) + (不服从史 × w5)，其中权重 w 是统计确定的。参见 http://www.equivant.com/wp-content/uploads/Practitioners-Guide-to-COMPAS-Core-040419.pdf，§ 4.1.5。

[15] 参见 New York Consolidated Laws, Executive Law – EXC § 259-c: "State board of parole; functions, powers and duties"。

[16] "New York's Broken Parole System", 《纽约时报》。

[17] "A Chance to Fix Parole in New York"。

[18] Smith, "In Wisconsin, a Backlash Against Using Data to Foretell Defendants' Futures"。

[19] "Quantifying Forgiveness: MLTalks with Julia Angwin and Joi Ito", https://www.youtube.com/watch?v=q-jmkTGfu9Lk。至于乔布斯的事情，参见 Eric Johnson, "It May Be 'Data Journalism', but Julia Angwin's New Site the Markup Is Nothing Like FiveThirtyEight", https://www.recode.net/2018/9/27/17908798/julia-angwin-markup-jeff-larson-craig-newmark-data-investigative-journalism-peter-kafka-podcast。

[20] 这本书是 Angwin, *Dragnet Nation*。

[21] Julia Angwin, 私人访谈，2018 年 10 月 13 日。

[22] Lansing, "New York State COMPAS-Probation Risk and Need Assessment Study"。

[23] Podkopacz, Eckberg & Kubits, "Fourth Judicial District Pretrial Evaluation"。

[24] Podkopacz, "Building and Validating the 2007 Hennepin County Adult Pretrial Scale"。

[25] 另见 Harcourt, "Risk as a Proxy for Race", 他认为，"今天的风险已经简化成以往的犯罪史，而以往的犯罪史已经成为种族象征。这两种趋势的结合意味着使用风险评估工具将大大加剧刑事司法系统中不可接受的种族差异"。相反论点参见 Skeem & Lowenkamp, "Risk, Race, and Recidivism"。

[26] Julia Angwin, "Keynote", Justice Codes Symposium, John Jay College, 2016 年 10 月 12 日, https://www.youtube.com/watch?v=WL9QkAwgqfU。

人机对齐

[27] Julia Angwin，私人访谈，2018年10月13日。

[28] Angwin 等，"Machine Bias"。

[29] Dieterich，Mendoza & Brennan，"COMPAS Risk Scales"。另见 Flores，Bechtel & Lowenkamp，"False Positives，False Negatives，and False Analyses"。

[30] 参见"Response to ProPublica"。

[31] 参见 Angwin & Larson，"ProPublica Responds to Company's Critique of Machine Bias Story"，和 Larson & Angwin，"Technical Response to Northpointe"。

[32] Angwin & Larson，"ProPublica Responds to Company's Critique of Machine Bias Story"。另见 Larson 等，"How We Analyzed the COMPAS Recidivism Algorithm"。请注意，在这个引用中有一个技术错误。对"被评定为高风险但（没有）再犯"的人的估计被数学转换为假阳性/(假阳性＋真阳性)，称为假发现率。然而，ProPublica 在这里提到的统计数据实际上不是假发现率，而是假阳性率，定义为假阳性/(假阳性＋真阴性)。对这个量更好的口头解释需要反转 ProPublica 的说法：被告"没有再犯，但被评为高风险"。对此的一些讨论，参见 https://twitter.com/scorbettdavies/status/842885585240956928 。

[33] 参见 Dwork 等，"Calibrating Noise to Sensitivity in Private Data Analysis"。谷歌 Chrome 于2014年开始使用差分隐私，苹果于2016年在其 macOS Sierra 和 iOS 10 操作系统中部署了差分隐私，其他科技公司也纷纷效仿，推出了许多相关的想法和措施。2017年，德沃克和撰写2006年论文的共同作者一起荣获哥德尔奖。

[34] Cynthia Dwork，私人访谈，2018年10月11日。

[35] Steel & Angwin，"On the Web's Cutting Edge，Anonymity in Name Only"。另见 Sweeney，"Simple Demographics Often Identify People Uniquely"，该文展示了出生日期、性别和邮政编码的组合足以唯一识别87%的美国人。

[36] Moritz Hardt，私人访谈，2017年12月13日。

[37] 参见 Dwork 等，"Fairness Through Awareness"。对此更详细的探讨和争议参见例如，Harcourt，"Risk as a Proxy for Race"，和 Skeem & Lowenkamp，"Risk，Race，and Recidivism"。

[38] 关于这一点的讨论参见 Corbett-Davies，"Algorithmic Decision Making and the Cost of Fairness"，以及 Corbett-Davies & Goel，"The Measure and Mismeasure of Fairness"。

[39] 关于这一点最近的讨论参见例如，Kleinberg 等，"Algorithmic Fairness"。20世纪90年代中期的讨论参见例如，Gottfredson & Jarjoura，"Race，Gender，and Guidelines-Based Decision Making"。

[40] Kroll 等，"Accountable Algorithms"。

[41] Dwork 等，"Fairness Through Awareness"。

[42] 参见例如，Johnson & Nissenbaum，"Computers，Ethics & Social Values"。

[43] 参见例如，Barocas & Selbst，"Big Data's Disparate Impact"。

[44] Jon Kleinberg，私人访谈，2017年7月24日。

[45] Alexandra Chouldechova，私人访谈，2017年5月16日。

[46] Sam Corbett-Davies，私人访谈，2017年5月24日。

[47] Goel 的研究表明，如果没有其他因素，有所谓"小偷小摸行为"记录的人实际上比没有记录的人更不可能成为罪犯，"因为你没有合理的理由"让没有记录的人靠边停车。(Sharad Goel，私人访谈，2017年5月24日）参见 Goel，Rao & Shroff，"Personalized Risk Assessments in the Criminal Justice System"。

[48] 参见 Simoiu，Corbett-Davies & Goel，"The Problem of Infra-Marginality in Outcome Tests for Discrimination"。

[49] 分别参见 Kleinberg, Mullainathan & Raghavan, "Inherent Trade-offs in the Fair Determination of Risk Scores"; Chouldechova, "Fair Prediction with Disparate Impact"; 和 Corbett-Davies 等, "Algorithmic Decision Making and the Cost of Fairness"。另见 Berk 等, "Fairness in Criminal Justice Risk Assessments"。

[50] Kleinberg, Mullainathan & Raghavan, "Inherent Trade-offs in the Fair Determination of Risk Scores"。

[51] Alexandra Chouldechova, 私人访谈, 2017 年 5 月 16 日。

[52] Sam Corbett-Davies, 私人访谈, 2017 年 5 月 24 日。具有讽刺意味的是, ProPublica 用这一事实做了头条新闻; 参见 Julia Angwin & Jeff Larson, "Bias in Criminal Risk Scores Is Mathematically Inevitable, Researchers Say", ProPublica, 2016 年 12 月 30 日。

[53] Corbett-Davies, "Algorithmic Decision Making and the Cost of Fairness"。

[54] Sam Corbett-Davies, 私人访谈, 2017 年 5 月 24 日。

[55] Kleinberg, Mullainathan & Raghavan, "Inherent Trade-offs in the Fair Determination of Risk Scores"。

[56] 有关贷款的公平问题的详细讨论, 参见 Hardt, Price & Srebro, "Equality of Opportunity in Supervised Learning", 和 Lydia T. Liu 等, "Delayed Impact of Fair Machine Learning", 另外还有互动视频: http://research.google.com/bigpicture/attacking-discrimination-in-ml/ 和 https://bair.berkeley.edu/blog/2018/05/17/delayed-impact/。

[57] Sam Corbett-Davies 等, "Algorithmic Decision Making and the Cost of Fairness"(视频), https://www.youtube.com/watch?v=iFEX07OunSg。

[58] Corbett-Davies, "Algorithmic Decision Making and the Cost of Fairness"。

[59] 同上。

[60] Tim Brennan, 私人访谈, 2019 年 11 月 26 日。

[61] 参见 Corbett-Davies & Goel, "The Measure and Mismeasure of Fairness"; 另见 Corbett-Davies 等, "Algorithmic Decision Making and the Cost of Fairness"。

[62] 参见例如, Rezaei 等, "Fairness for Robust Log Loss Classification"。

[63] Julia Angwin, 私人访谈, 2018 年 10 月 13 日。

[64] Flores, Bechtel & Lowenkamp, "False Positives, False Negatives, and False Analyses"。

[65] Tim Brennan, 私人访谈, 2019 年 11 月 26 日。

[66] Cynthia Dwork, 私人访谈, 2018 年 10 月 11 日。

[67] Moritz Hardt, 私人访谈, 2017 年 12 月 13 日。

[68] 加州 SB 10 法案的通过促使代表 13 个国家 90 多个组织的 AI 伙伴关系 (Partnership on AI) 发布了一份详细报告, 要求任何提议的风险评估模型都必须满足 10 个不同的标准。参见"Report on Algorithmic Risk Assessment Tools in the U.S. Criminal Justice System"。

[69] 这款工具名为针对评估风险和需求的囚犯测评工具 (Prisoner Assessment Tool Targeting Estimated Risk and Needs, PATTERN), 于 2019 年 7 月 19 日发布。

[70] Alexandra Chouldechova, 私人访谈, 2017 年 5 月 16 日。

[71] Burgess, "Factors Determining Success or Failure on Parole"。

[72] Lum & Isaac, "To Predict and Serve?"。

[73] "Four Out of Ten Violate Parole, Says Legislator"。

[74] 参见 Ensign 等, "Runaway Feedback Loops in Predictive Policing"。

[75] Lum & Isaac, "To Predict and Serve?"。

[76] 同上。为了了解数据集的偏见程度, 需要了解所有未报告的犯罪发生在哪里。根据定义, 这听起来几乎不可能。但是即使在这里, 卢姆和艾萨克也想出了巧妙的方法来取得进展。利用国家药物使用和健康调查的数据, 他们能够创建一个城市的估计非法药物使用的地图, 细化到大致街区级别, 并

将其与同一城市的逮捕记录进行比较。

[77] Alexandra Chouldechova，私人访谈，2017年5月16日。

[78] 参见ACLU Foundation，"The War on Marijuana in Black and White"。

[79] 参见Mueller，Gebeloff & Chinoy，"Surest Way to Face Marijuana Charges in New York"。

[80] 对这一论点的更多讨论，参见例如，Sam Corbett-Davies, Sharad Goel & Sandra González-Bailón，"Even Imperfect Algorithms Can Improve the Criminal Justice System"，https://www.nytimes.com/2017/12/20/upshot/algorithms-bail-criminal-justice-system.html；"Report on Algorithmic Risk Assessment Tools in the U.S. Criminal Justice System"；和Skeem & Lowenkamp，"Risk, Race, and Recidivism"。

[81] 参见Angwin等，"Machine Bias"。这种工具在量刑中的适用性问题一直起诉到威斯康星州最高法院，在那里，使用COMPAS风险评分作为量刑判决的依据最终被确认为适当。参见 *State v. Loomis*; 概要参见 https://harvardlawreview.org/2017/03/state-v-loomis/ 。在量刑中使用风险评估本身就有争议。前美国司法部长埃里克·霍尔德认为，"刑事判决……不应基于一个人无法控制的不可改变的因素，或基于尚未发生的未来犯罪的可能性"。Monahan & Skeem，"Risk Assessment in Criminal Sentencing"讨论了判决中究责和风险的合并。在Skeem & Lowenkamp，"Risk, Race, and Recidivism"中，卢文坎普"建议不要使用PCRA[风险评估工具]来指导关于释放的前端判决决定或后端决定，除非首先对其在这些情况下的使用进行研究，因为PCRA不是为这些目的设计的"。

[82] Harcourt，*Against Prediction*。进一步的讨论参见例如，Persico，"Racial Profiling, Fairness, and Effectiveness of Policing"和Dominitz & Knowles，"Crime Minimisation and Racial Bias"。

[83] Saunders，Hunt & Hollywood，"Predictions Put into Practice"。另见芝加哥警方的答复："CPD Welcomes the Opportunity to Comment on Recently Published RAND Review"。

[84] 另见Saunders，"Pitfalls of Predictive Policing"。

[85] 对伯纳德·哈科特来说，明智的假释决定——由机器驱动或其他方式驱动——虽然明显比愚蠢的决定好，但并不是解决美国监狱过度拥挤和种族差异的主要方法（Bernard Harcourt，"Risk as a Proxy for Race"）：

> 那么，如何减少监狱人口呢？我认为，与其通过预测来释放，我们需要在前端减少惩罚性，并对量刑法律中的种族不平等保持高度警惕。将快克—可卡因的量刑差距缩小到18∶1是朝正确方向迈出的一步；1其他直接措施应包括取消强制性最低刑期，减少毒品判刑法律，替代为分流和监管计划，并减少强制性的长刑期。该研究表明，从长远来看，缩短刑期（即提前释放低风险罪犯）对监狱人口的影响不会像减少入狱人数那样大。因此，真正的解决方案不是缩短刑期，而是减少入狱人数。

[86] 更多细节参见Barabas等，"Interventions over Predictions."。

[87] Elek，Sapia & Keilitz，"Use of Court Date Reminder Notices to Improve Court Appearance Rates"。哈特认为2019年的一项发展特别令人鼓舞，包括休斯敦在内的得克萨斯州哈里斯县批准了一项法律解决方案，涉及承诺开发短信系统，以提醒人们按时出庭。参见例如，Gabrielle Banks，"Federal Judge Gives Final Approval to Harris County Bail Deal"，*Houston Chronicle*，2019年11月21日。

[88] 参见Mayson，"Dangerous Defendants"和Gouldin，"Disentangling Flight Risk from Dangerousness"。

1　译注："快克"是块状可卡因，与粉状可卡因相比，体验更强烈，更容易上瘾，因此以前美国对毒贩量刑时，遵循100∶1的比例关系，贩卖5克快克和500克粉状可卡因的刑期一样。由于黑人青睐快克，白人青睐粉状可卡因，这也导致了量刑的种族差异。现在量刑差距已降为18∶1。

另见 "Report on Algorithmic Risk Assessment Tools in the U.S. Criminal Justice System"，这份报告认为"工具不能混合多个预测"。

[89] Tim Brennan，私人访谈，2019 年 11 月 26 日。

[90] 另见例如，Goswami，"Unlocking Options for Women"，一项对芝加哥库克县监狱中女性的研究，其结论是法官应该被授权"判妇女服劳役而不是监禁"。

[91] Moritz Hardt，私人访谈，2017 年 12 月 13 日。

[92] 另见例如，Mayson，"Bias in，Bias Out"，其中认为，"在一个区分种族的世界中，任何预测方法都会将过去的不平等投射到未来。长期以来刑事司法中充斥的主观预测是如此，现在取代它的算法工具也是如此。算法风险评估揭示了所有预测中固有的不平等，迫使我们直面一个比新技术挑战更大的问题"。

[93] Burgess，"Prof. Burgess on Parole Reform"。

3. 透明

[1] Graeber，*The Utopia of Rules*.

[2] Berk，*Criminal Justice Forecasts of Risk*.

[3] 参见 Cooper 等，"An Evaluation of Machine-Learning Methods for Predicting Pneumonia Mortality"，和 Cooper 等，"Predicting Dire Outcomes of Patients with Community Acquired Pneumonia"。

[4] 参见 Caruana 等，"Intelligible Models for Healthcare"。

[5] Cooper 等，"Predicting Dire Outcomes of Patients with Community Acquired Pneumonia"。

[6] Caruana，"Explainability in Context—Health"。

[7] 有关决策列表的更多信息，参见 Rivest，"Learning Decision Lists"。关于在医学中使用决策列表的更近期的讨论，参见 Marewski & Gigerenzer，"Heuristic Decision Making in Medicine"。关于决策集合的更多解释，参见 Lakkaraju，Bach & Leskovec，"Interpretable Decision Sets"。

[8] 在一个总结出"如果患者患有哮喘，则是低风险的"的系统中，有一个明显的缺失，那就是因果关系模型。加州大学洛杉矶分校的朱迪亚·珀尔（Judea Pearl）是研究因果关系的重要计算机学家之一；关于他对在当代机器学习系统背景下的因果关系的最新思考，参见 Pearl，"The Seven Tools of Causal Inference，with Reflections on Machine Learning"。

[9] Rich Caruana，私人访谈，2017 年 5 月 16 日。

[10] Hastie & Tibshirani，"Generalized Additive Models"。卡鲁阿纳与合作者还研究了一类稍微复杂一些的模型，其中也包括成对的相互作用，或两个变量的函数。他们称之为"GA2M"，或"广义相加模型加相互作用"；参见 Lou 等，"Accurate Intelligible Models with Pairwise Interactions"。

[11] 卡鲁阿纳说，这有许多不同的原因。对一些人来说，退休意味着生活方式的改变，也意味着收入发生变化，保险甚至医疗保健提供商发生变化，他们也可能搬家——所有这些都改变了他们与健康和医疗保健的关系。

[12] 广义相加模型显示，风险在 86 岁急剧上升，但在 101 岁又急剧下降。卡鲁阿纳认为这些纯粹是社会影响；他推测，在一个人 80 多岁的时候，家人和护理人员更有可能将健康困扰解释为自然衰亡，不应该全力以赴。另一方面，一旦活过了 100 岁，就会有差不多相反的冲动："你已经走到这一步了；我们不会放弃你。"他指出，医生可能会想要编辑图表，剔除那条哮喘规则，不对 80 岁、90 岁和 100 岁的人采取不同的治疗。另一方面，保险公司可能不希望编辑他们模型中的图表。从保险公司的角度来看，平均而言，哮喘规则确实更好。这凸显了明确考虑系统中不同利益相关者的不同视角的重要性，以及有些群体使用模型进行实际的、对真实世界的干预，反过来会改变所观察的基础数据；

有些则只是被动的观察者。机器学习本质上不知道区别。

[13] 参见 Lou 等，"Accurate Intelligible Models with Pairwise Interactions"。

[14] Schauer，"Giving Reasons"。

[15] David Gunning，私人访谈，2017 年 12 月 12 日。

[16] Bryce Goodman，私人访谈，2018 年 1 月 11 日。对"有权要求……解释"最早的讨论参见 Goodman & Flaxman，"European Union Regulations on Algorithmic Decision-Making and a 'Right to Explanation.'" 一些学者争议这个条款有多强；参见 Wachter，Mittelstadt & Floridi，"Why a Right to Explanation of Automated Decision-Making Does Not Exist in the General Data Protection Regulation"。还有一些人对此进行了跟进，参见例如，Selbst & Powles，"Meaningful Information and the Right to Explanation"。

[17] Thorndike，"Fundamental Theorems in Judging Men"。

[18] Robyn Dawes，"Dawes Unplugged"，Joachim Krueger 访谈，*Rationality and Social Responsibility*，卡内基·梅隆大学，2007 年 1 月 19 日。

[19] Sarbin，"A Contribution to the Study of Actuarial and Individual Methods of Prediction"。

[20] Meehl，"Causes and Effects of My Disturbing Little Book"。

[21] Dawes & Corrigan，"Linear Models in Decision Making"，引自 Sarbin，"A Contribution to the Study of Actuarial and Individual Methods of Prediction"。

[22] 参见 Dawes，"The Robust Beauty of Improper Linear Models in Decision Making"。

[23] 参见 Goldberg，"Simple Models or Simple Processes?"。

[24] 参见 Einhorn，"Expert Measurement and Mechanical Combination"。

[25] 保罗·弥尔在 1986 年对这本书的回顾，参见 Meehl，"Causes and Effects of My Disturbing Little Book"。道斯和弥尔在 1989 年的观点，参见 Dawes，Faust & Meehl，"Clinical Versus Actuarial Judgment"。对这些问题的当代观点，参见例如，Kleinberg 等，"Human Decisions and Machine Predictions"。

[26] Holte，"Very Simple Classification Rules Perform Well on Most Commonly Used Datasets"。

[27] Einhorn，"Expert Measurement and Mechanical Combination"。

[28] 参见 Goldberg，"Man Versus Model of Man"，和 Dawes，"A Case Study of Graduate Admissions"。

[29] Dawes & Corrigan，"Linear Models in Decision Making."另见 Wainer，"Estimating Coefficients in Linear Models"，特别是关于等权重的详细探讨；正如他写的，"当你对预测感兴趣时，要求回归不相等权重的情形非常罕见。"另见 Dana & Dawes，"The Superiority of Simple Alternatives to Regression for Social Science Predictions"，这篇文章在社会科学(和 21 世纪)的背景下肯定了这一结论。

[30] 参见 Dawes，"The Robust Beauty of Improper Linear Models in Decision Making"。

[31] Howard & Dawes，"Linear Prediction of Marital Happiness"。

[32] 参见 Howard & Dawes，其中引用了 Alexander，"Sex，Arguments，and Social Engagements in Martial and Premarital Relations"。

[33] 事实上，保罗·弥尔自己总结道，"在大多数实际例子中，平均而言，少量'大'变量的等权重和优于回归方程"。讨论和参考文献参见 Dawes & Corrigan，"Linear Models in Decision Making"。

[34] Dawes，"The Robust Beauty of Improper Linear Models in Decision Making"。另见 Wainer，"Estimating Coefficients in Linear Models"："还要注意，这种[线性模型中的等权重]方案即使在操作标准不可用的情况下也能很好地工作。"

[35] Dawes，"The Robust Beauty of Improper Linear Models in Decision Making"。

[36] Einhorn，"Expert Measurement and Mechanical Combination"。

[37] Dawes & Corrigan，"Linear Models in Decision Making"。

注释

[38] 参见 Andy Reinhardt, "Steve Jobs on Apple's Resurgence:'Not a One-Man Show'", *Business Week Online*, 1998年5月12日, http://www.businessweek.com/bwdaily/dnflash/may1998/nf80512d.htm。

[39] Holmes & Pollock, *Holmes-Pollock Letters*.

[40] Angelino 等, "Learning Certifiably Optimal Rule Lists for Categorical Data"。另见 Zeng, Ustun, and Rudin, "Interpretable Classification Models for Recidivism Prediction";和 Rudin & Radin, "Why Are We Using Black Box Models in AI When We Don't Need To?"。另一个达到了 COMPAS 类似精度的简单模型,参见 Dressel & Farid, "The Accuracy, Fairness, and Limits of Predicting Recidivism"。进一步的讨论参见 Rudin, Wang & Coker, "The Age of Secrecy and Unfairness in Recidivism Prediction", 以及 Chouldechova, "Transparency and Simplicity in Criminal Risk Assessment"。

[41] Cynthia Rudin, "Algorithms for Interpretable Machine Learning"(讲座), 20th ACM SIGKIDD Conference on Knowledge Discovery and Data Mining, 纽约, 2014年8月26日。

[42] Breiman 等, *Classification and Regression Trees*。

[43] 参见 Quinlan, *C4.5*;C4.5还有一个更新的后续版本, C5.0。

[44] 关于 CHADS$_2$ 的更多细节,参见 Gage 等, "Validation of Clinical Classification Schemes for Predicting Stroke",关于 CHA$_2$DS$_2$-VASc 的更多细节,参见 Lip 等, "Refining Clinical Risk Stratification for Predicting Stroke and Thromboembolism in Atrial Fibrillation Using a Novel Risk Factor–Based Approach"。

[45] 参见 Letham 等, "Interpretable Classifiers Using Rules and Bayesian Analysis"。

[46] 参见例如, Veasey & Rosen, "Obstructive Sleep Apnea in Adults"。

[47] SLIM 用所谓的"0–1 损失函数"(对有多少预测正确或错误的简单测量)和"l_0- 范数"(目的是让使用的特征数量最少),并将特征权重系数限定为互质的整数。参见 Ustun, Tracà & Rudin, "Supersparse Linear Integer Models for Predictive Scoring Systems", 和 Ustun & Rudin, "Supersparse Linear Integer Models for Optimized Medical Scoring Systems"。关于他们与麻省总医院合作开发睡眠呼吸暂停工具的更多信息,参见 Ustun 等, "Clinical Prediction Models for Sleep Apnea"。关于他们在累犯背景中应用类似方法的工作,参见 Zeng, Ustun & Rudin, "Interpretable Classification Models for Recidivism Prediction"。关于最近的工作,包括这种方法的"最优证明",以及与 COMPAS 的比较,参见 Angelino 等, "Learning Certifiably Optimal Rule Lists for Categorical Data"; Ustun & Rudin, "Optimized Risk Scores";和 Rudin & Ustun, "Optimized Scoring Systems"。

[48] 例如,可以使用逻辑回归来建立模型,然后对系数四舍五入。

[49] 相关讨论和参考文献,参见 Ustun & Rudin, "Supersparse Linear Integer Models for Optimized Medical Scoring Systems"。

[50] "Information for Referring Physicians", https://www.uwhealth.org/referring-physician-news/death-rate-triples-for-sleep-apnea-sufferers/13986 .

[51] Ustun 等, "Clinical Prediction Models for Sleep Apnea"。使用 SLIM 建立的模型已在医院部署,用于评估癫痫发作的风险,参见 Struck 等, "Association of an Electroencephalography-Based Risk Score With Seizure Probability in Hospitalized Patients"。

[52] 参见 Kobayashi & Kohshima, "Unique Morphology of the Human Eye and Its Adaptive Meaning", 和 Tomasello 等, "Reliance on Head Versus Eyes in the Gaze Following of Great Apes and Human Infants"。

[53] 到底显著性该如何计算目前还是很活跃的研究领域。参见例如, Simonyan, Vedaldi, and Zisserman, "Deep Inside Convolutional Networks"; Smilkov 等, "Smoothgrad";Selvaraju 等, "Grad-Cam"; Sundararajan, Taly & Yan, "Axiomatic Attribution for Deep Networks"; Erhan 等, "Visualizing Higher-Layer Features of a Deep Network";和 Dabkowski & Gal, "Real Time Image Saliency for Black Box Classifiers"。强化学习背景下,基于雅克比和扰动的显著性的比较,参见 Greydanus 等, "Visualizing

and Understanding Atari Agents"。

　　关于显著性方法的局限和弱点，仍有许多问题有待研究。参见例如，Kindermans 等，"The (Un) reliability of Saliency Methods"；Adebayo 等，"Sanity Checks for Saliency Maps"；和 Ghorbani，Abi & Zou，"Interpretation of Neural Networks Is Fragile"。

[54] 正如兰德克尔说的："对数据集的进一步观察揭示，许多动物图像背景模糊，而非动物图像在所有位置都很清晰。图像中存在这种偏差是可以理解的，因为所有照片都是由专业摄影师拍摄的。贡献传播的结果展示了无意的偏见多么容易潜入数据集。"参见 Landecker，"Interpretable Machine Learning and Sparse Coding for Computer Vision"，和 Landecker 等，"Interpreting Individual Classifications of Hierarchical Networks"。另见对一个（人为的）例子的讨论，其中一个旨在区分狼和哈士奇的网络实际上主要区分的是图像背景中是雪还是草：Ribeiro，Singh & Guestrin，"Why Should I Trust You?"

[55] Hilton，"The Artificial Brain as Doctor"。诺沃亚在 2015 年 1 月 27 日给同事发了一封电子邮件，他说："如果 AI 可以区分数百种狗的品种，我相信它可以为皮肤病学做出巨大贡献。"这刺激了与柯等人的合作。参见 Justin Ko，"Mountains out of Moles: Artificial Intelligence and Imaging"（讲座），Big Data in Biomedicine Conference，斯坦福大学，加州，2017 年 5 月 24 日，https://www.youtube.com/watch?v=kClvKNl0Wfc。

[56] Esteva 等，"Dermatologist-Level Classification of Skin Cancer with Deep Neural Networks"。

[57] Ko，"Mountains out of Moles"。

[58] Narla 等，"Automated Classification of Skin Lesions"。

[59] 参见 Caruana，"Multitask Learning"；更早的还有 Rosenberg & Sejnowski，"NETtalk"。更新的概述参见 Ruder，"An Overview of Multi-Task Learning in Deep Neural Networks"。这个想法有时也被称为构造具有多个"头"——共享相同中间层特征的高层输出——的神经网络。这个想法已经在机器学习界获得了一定关注，最近刚刚在 21 世纪 10 年代的旗舰神经网络之一 AlphaGo Zero 中崭露头角。当 DeepMind 迭代他们的冠军，淘汰 AlphaGo 架构时，他们意识到可以将两个主网络合并成一个双头网络，从而极大地简化他们的系统。最初的 AlphaGo 使用"策略网络"来估计针对给定的棋局该怎么下棋，使用"价值网络"来估计该棋局下双方的优势或劣势。DeepMind 意识到，相关的中间层"特征"——谁控制着哪个区域，某些结构有多稳定或脆弱——在两个网络中可能非常相似。为什么要重复？在随后的 AlphaGo Zero 架构中，"策略网络"和"价值网络"变成了依附于同一个深度网络的"策略头"和"价值头"。这个新的、类似地狱犬的网络更简单，哲学上更令人满意，也比原来的更强大。（严格来说，地狱犬在神话中经常被描述为三头；他不太为人所知的兄弟奥思忒斯倒是双头，守护着吉里昂的牛群。）

[60] Rich Caruana，私人访谈，2017 年 5 月 16 日。

[61] Poplin 等，"Prediction of Cardiovascular Risk Factors from Retinal Fundus Photographs via Deep Learning"。

[62] Ryan Poplin，Sam Charington 访谈，*TWiML Talk*，第 122 期，2018 年 3 月 26 日。

[63] Zeiler & Fergus，"Visualizing and Understanding Convolutional Networks"。

[64] Matthew Zeiler，"Visualizing and Understanding Deep Neural Networks by Matt Zeiler"（讲座），https://www.youtube.com/watch?v=ghEmQSxT6tw。

[65] 参见 Zeiler 等，"Deconvolutional Networks"，和 Zeiler，Taylor & Fergus，"Adaptive Deconvolutional Networks for Mid and High Level Feature Learning"。

[66] 到 2014 年，几乎所有参加 ImageNet 比赛的队伍都使用了这些技术。参见 Simonyan & Zisserman，"Very Deep Convolutional Networks for Large-Scale Image Recognition"；Howard，"Some Improvements on

注释

Deep Convolutional Neural Network Based Image Classification"；和 Simonyan, Vedaldi & Zisserman, "Deep Inside Convolutional Networks"。 2018 和 2019 年，Clarifai 内部就其图像识别软件能否用于军事产生了一些争议；参见 Metz, "Is Ethical A.I. Even Possible?"

[67] 他们的方法的灵感来自 Erhan 等，"Visualizing Higher-Layer Features of a Deep Network"，以及其他先前和同期的研究；关于更详尽的历史和参考文献，参见 Olah, "Feature Visualization"。在实践中，如果不对目标进行进一步的限制或调整，仅仅针对类别标签进行优化不会产生可理解的图像。这是一块研究的沃土；关于这一点的讨论，参见 Mordvintsev, Olah & Tyka, "Inceptionism"，和 Olah, Mordvintsev & Schubert, "Feature Visualization"。

[68] Mordvintsev, Olah & Tyka, "DeepDream"。

[69] 雅虎的模型是 open_nsfw, https://github.com/yahoo/open_nsfw。吴的作品不适合儿童或心脏衰弱者，https://open_nsfw.gitlab.io，采用的方法来自 Nguyen 等，"Synthesizing the Preferred Inputs for Neurons in Neural Networks via Deep Generator Networks"，吴后来加入了奥拉的 OpenAI 清晰度团队。

[70] 参见 Mordvintsev, Olah & Tyka, "Inceptionism" 和 Mordvintsev, Olah & Tyka, "DeepDream"。

[71] 参见 Olah, Mordvintsev & Schubert, "Feature Visualization"；Olah 等，"The Building Blocks of Interpretability"；和 Carter 等，"Activation Atlas"。 更新的工作包括对 AlexNet 等重要的深度学习模型进行细致的"显微镜检查"；参见例如，https://microscope.openai.com/models/alexnet。

[72] Chris Olah, 私人访谈，2020 年 5 月 4 日。更多细节参见他的 "回路" 合作：https://distill.pub/2020/circuits/。

[73] 这个期刊名为 Distill，网址为 https://distill.pub。关于奥拉对创建 Distill 的想法，参见 https://colah.github.io/posts/2017-03-Distill/ 和 https://distill.pub/2017/research-debt/。

[74] Olah 等，"The Building Blocks of Interpretability"。

[75] Been Kim, 私人访谈，2018 年 6 月 1 日。

[76] 另见 Doshi-Velez & Kim, "Towards a Rigorous Science of Interpretable Machine Learning"，和 Lage 等，"Human-in-the-Loop Interpretability Prior"。

[77] 参见 Poursabzi-Sangdeh 等，"Manipulating and Measuring Model Interpretability"。

[78] 参见 https://github.com/tensorflow/tcav。

[79] Kim 等，"Interpretability Beyond Feature Attribution"。

[80] 这样就产生了概念向量，与我们在第 1 章讨论 word2vec 时看到的没什么不同。相关方法另见 Fong & Vedaldi, "Net2Vec"。

[81] Been Kim, "Interpretability Beyond Feature Attribution"（讲座），MLconf 2018, 旧金山，2018 年 11 月 14 日，https://www.youtube.com/watch?v=Ff-Dx79QEEY。

[82] Been Kim, "Interpretability Beyond Feature Attribution"。

[83] 参见 Mordvintsev, Olah & Tyka, "Inceptionism"，和 Mordvintsev, Olah & Tyka, "DeepDream"。

[84] 参见 https://results.ittf.link。

[85] Stock & Cisse, "ConvNets and Imagenet Beyond Accuracy"。

4. 强化

[1] Skinner, "Reinforcement Today"。

[2] Arendt, *The Human Condition*.

[3] 关于斯坦的本科阶段研究，参见 Solomons & Stein, "Normal Motor Automatism"。有一篇回顾将她的名著与她早期的心理学研究联系了起来，作者不是别人，正是斯金纳，参见 Skinner, "Has Gertrude

Stein a Secret?"关于斯坦对她生命中这一时期的一些简要回顾，参见 Stein，*The Autobiography of Alice B. Toklas*。更多关于斯坦的生活和影响的细节，参见 Brinnin，*The Third Rose*。

[4] Jonçich，*The Sane Positivist*。另见 Brinnin，*The Third Rose*。

[5] Jonçich.

[6] Thorndike，"Animal Intelligence".

[7] Thorndike，*The Psychology of Learning.*

[8] 当然，在桑代克前后都有学者关注这个问题；苏格兰哲学家亚历山大·贝恩的著作中可以找到效果律的早期伏笔，他在1855年的《感官与智力》（*The Senses and The intellect*）中讨论了通过"摸索实验"和"试错的伟大过程"进行学习的过程，这似乎创造了一个现在常见的短语。就在桑代克在哈佛的研究几年前，1894年，康韦·摩根在《比较心理学导论》（*Introduction to Comparative Psychology*）中探讨了动物行为中的"试错法"。从强化学习的角度看动物学习的简史，参见 Sutton & Barto，*Reinforcement Learning*。

[9] 分别参见 Thorndike，"A Theory of the Action of the After-Effects of a Connection upon It"，和 Skinner，"The Rate of Establishment of a Discrimination"。讨论参见 Wise，"Reinforcement"。

[10] Tolman，"The Determiners of Behavior at a Choice Point"。

[11] 参见 Jonçich，*The Sane Positivist*，以及 Cumming，"A Review of Geraldine Jonçich's *The Sane Positivist: A Biography of Edward L. Thorndike*"。

[12] Thorndike，"A Theory of the Action of the After-Effects of a Connection upon It"。

[13] Turing，"Intelligent Machinery"。

[14] "Heuristics".

[15] Samuel，"Some Studies in Machine Learning Using the Game of Checkers"。

[16] McCarthy & Feigenbaum，"In Memoriam"。塞缪尔的电视演示是在1956年2月24日。

[17] Edward Thorndike，给 William James 的信，1908年10月26日；收录在 Jonçich，*The Sane Positivist*。

[18] Rosenblueth，Wiener & Bigelow，"Behavior，Purpose and Teleology"。《牛津英语词典》（*The Oxford English Dictionary*）区分了这个词用于表示"返回一部分输出信号"与"根据过程的结果或效果对过程或系统进行修正、调整或控制"的意思。并引用了此文作为首次发表的后一种意思的例子。

[19] "控制论"（cybernetics）一词在当代人听来，既有未来感又有复古感；这让我想起了电影《飞侠哥顿》和婴儿潮时代的科幻小说。事实上，这个词绝对不是无中生有，而且它远没有听起来那么陌生。维纳一直在寻找一个术语来描述生命和机械系统中的自我调节和反馈。"经过深思熟虑，"他写道，"我们得出的结论是，所有现有的术语都过于偏向一方或另一方，无法为该领域的未来发展提供应有的支持；正如经常发生在科学家身上的那样，我们被迫至少创造一种人为的希腊式词汇来填补空白"。（Wiener，*Cybernetics*）他在希腊语中找到了一个他喜欢的词源κυβερνήτης——用罗马字母拼写是 *kybernetes*——来自"舵手""船长"或"调节器"的单词。事实上，英语单词"governor"本身就源于 kybernetes，但拼写有所扭曲（被认为是来自伊特鲁里亚人）。如同许多新造的词一样，早期的拼写有点多样；例如，1960年在伦敦出版的一本技术书籍上有另一种拼法：Stanley-Jones & Stanley-Jones，*Kybernetics of Natural Systems*。（"至于这个词的拼写，……从词源的角度来看，我更喜欢 Kybernetics。"）事实上，这个词在英语中的使用要早于维纳：麦克斯韦在1868年就用它来描述电力"调节器"，这个维纳知道；在此之前，安培在1834年用它来指代社会科学和政治权力背景下的治理，有领航的含义，这个维纳最初不知道。根据安培的说法，这种用船比喻的用法甚至在最初的希腊语中就存在了。分别参见 Maxwell，"On Governors"，和 Ampère，*Essai sur la philosophie des sciences; ou，Exposition analytique d'une classification naturelle de toutes les connaissances humaines*。

[20] Wiener，*Cybernetics.*

[21] Rosenblueth, Wiener & Bigelow, "Behavior, Purpose and Teleology".

[22] Klopf, *Brain Function and Adaptive Systems: A Heterostatic Theory*。"享乐主义神经元"的想法在机器学习的历史中以略微不同的形式出现。例如较早的有明斯基讨论的"SNARC"系统，参见 Minsky，"Theory of Neural-Analog Reinforcement Systems and Its Application to the Brain Model Problem"，Sutton & Barto, *Reinforcement Learning* 的第15章对此进行了讨论。

[23] Andrew G. Barto，"Reinforcement Learning: A History of Surprises and Connections"（讲座），2018年7月19日，International Joint Conference on Artificial Intelligence，斯德哥尔摩，瑞典。

[24] Andrew Barto，私人访谈，2018年5月9日。

[25] 强化学习的标准课本是 Sutton & Barto, *Reinforcement Learning*，最近更新到了第2版。对这个领域从20世纪90年代中期以来的发展的概述，另见 Kaelbling，Littman & Moore，"Reinforcement Learning"。

[26] 理查德·桑顿定义并讨论了这一思想，http://incompleteideas.net/rlai.cs.ualberta.ca/RLAI/rewardhypothesis.html，同见于 Sutton & Barto, *Reinforcement Learning*。桑顿说，他最初是从布朗大学计算机科学家迈克尔·利特曼那里听说的；利特曼则认为他是从桑顿那里听说的。但最早的文献似乎是利特曼在21世纪初的一次演讲，他认为"智能行为源于个人在复杂多变的世界中寻求最大化其获得的奖励信号的行为"。利特曼对这段历史的回忆，参见 Michael Littman：The Reward Hypothesis（讲座），阿尔伯塔大学，2019年10月19日，https://www.coursera.org/lecture/fundamentals-of-reinforcement-learning/michael-littman-the-reward-hypothesis-q6x0e。

尽管这种特定的框架最近才出现，但将行为理解为由某种形式的可量化的（明示或暗示性）奖励所激发的想法，都与效用理论存在广泛的联系。参见例如，Bernouilli，"Specimen theoriae novae de mensura sortis"，Samuelson，"A Note on Measurement of Utility"，和 von Neumann & Morgenstern，*Theory of Games and Economic Behavior*。

[27] Richard Sutton，"Introduction to Reinforcement Learning"（讲座），得克萨斯大学奥斯汀分校，2015年1月10日。

[28] "任何两个（标量）数的比较只有3种可能，"张美露说，"一个数大于、小于或等于另一个数。"价值观并非如此。作为后启蒙时代的生物，我们倾向于认为科学思维是我们世界中一切重要事物的关键，但价值世界不同于科学世界。一个世界的东西可以用实数来量化。另一个世界不能。我们不应该假设"是"的世界（长度和重量）与"应该"的世界（我们应该做什么）具有相同结构。参见 Ruth Chang，"How to Make Hard Choices"（讲座），TEDSalon NY2014：https://www.ted.com/talks/ruth_chang_how_to_make_hard_choices。

[29] 认为强化学习是"跟着评论家学习"，这个思想至少可以追溯到 Widrow，Gupta & Maitra，"Punish/Reward"。

[30] 你可以把像反向传播这样的算法看作是解决结构性而不是时间性信用分配问题。正如桑顿说的，"反向传播和TD方法的目的都是精确的信用分配。反向传播决定改变网络的哪些部分，从而影响网络的输出，并减少其总误差，而TD方法决定输出的时间序列的每个输出应该如何改变。反向传播解决的是结构性信用分配问题，而TD方法解决的是时间性信用分配问题"。参见 Sutton，"Learning to Predict by the Methods of Temporal Differences"。

[31] Olds，"Pleasure Centers in the Brain"，1956.

[32] Olds & Milner，"Positive Reinforcement Produced by Electrical Stimulation of Septal Area and Other Regions of Rat Brain".

[33] 参见 Olds，"Pleasure Centers in the Brain"，1956，和 Olds，"Pleasure Centers in the Brain"，1970。

[34] Corbett & Wise，"Intracranial Self-Stimulation in Relation to the Ascending Dopaminergic Systems of the

Midbrain".

[35] Schultz, "Multiple Dopamine Functions at Different Time Courses", 此文估计在人类大脑中大约有400000个多巴胺神经元，总共大约有800到1000亿个神经元。

[36] Bolam & Pissadaki, "Living on the Edge with Too Many Mouths to Feed".

[37] Bolam & Pissadaki.

[38] Glimcher, "Understanding Dopamine and Reinforcement Learning".

[39] Wise 等，"Neuroleptic-Induced 'Anhedonia' in Rats".

[40] Wise, "Neuroleptics and Operant Behavior". 关于"快感缺失假说"和大脑"快感中枢"的早期发现的相当全面的历史，以及后来发现多巴胺是核心角色的历史，参见Wise, "Dopamine and Reward"。

[41] 引自Wise, "Dopamine and Reward"。

[42] Romo & Schultz, "Dopamine Neurons of the Monkey Midbrain".

[43] Romo & Schultz.

[44] Wolfram Schultz, 私人访谈，2018年6月25日。

[45] 参见例如，Schultz, Apicella & Ljungberg, "Responses of Monkey Dopamine Neurons to Reward and Conditioned Stimuli During Successive Steps of Learning a Delayed Response Task", 和 Mirenowicz & Schultz, "Importance of Unpredictability for Reward Responses in Primate Dopamine Neurons"。

[46] 参见Rescorla & Wagner, "A Theory of Pavlovian Conditioning"；只有当结果令人惊讶时，学习才可能发生的想法来自更早的Kamin, "Predictability, Surprise, Attention, and Conditioning"。

[47] Wolfram Schultz, 私人访谈，2018年6月25日。

[48] Wolfram Schultz, 私人访谈，2018年6月25日。参见Schultz, Apicella & Ljungberg, "Responses of Monkey Dopamine Neurons to Reward and Conditioned Stimuli During Successive Steps of Learning a Delayed Response Task"。

[49] 引自Brinnin, *The Third Rose*。

[50] Barto, Sutton & Anderson, "Neuronlike Adaptive Elements That Can Solve Difficult Learning Control Problems".

[51] "里奇是那种预测家，而我更像演员"（Andrew Barto, 私人访谈，2018年5月9日）。

[52] Sutton, "A Unified Theory of Expectation in Classical and Instrumental Conditioning".

[53] Sutton, "Temporal-Difference Learning"（讲座），2017年7月3日，Deep Learning and Reinforcement Learning Summer School 2017, 蒙特勒大学，2017年7月3日，http://videolectures.net/deeplearning2017_sutton_td_learning/。

[54] Sutton, "Temporal-Difference Learning".

[55] Sutton, "Learning to Predict by the Methods of Temporal Differences". 另见桑顿的博士论文，"Temporal Credit Assignment in Reinforcement Learning"。

[56] 参见Watkins, "Learning from Delayed Rewards"和Watkins & Dayan, "Q-Learning"。

[57] Tesauro, "Practical Issues in Temporal Difference Learning".

[58] Tesauro, "TD-Gammon, a Self-Teaching Backgammon Program, Achieves Master-Level Play"。另见Tesauro, "Temporal Difference Learning and TD-Gammon"。

[59] "Interview with P. Read Montague", Cold Spring Harbor Symposium Interview Series, Brains and Behavior, https://www.youtube.com/watch?v=mx96DYQIS_s .

[60] Peter Dayan, 私人访谈，2018年3月12日。

[61] Schultz, Dayan & Montague, "A Neural Substrate of Prediction and Reward"与TD-学习的突破性联系出现在一年前：Montague, Dayan & Sejnowski, "A Framework for Mesencephalic Dopamine Sys-

注释

tems Based on Predictive Hebbian Learning"。

[62] P. Read Montague, "Cold Spring Harbor Laboratory Keynote", https://www.youtube.com/watch?v=R-Jvpu8nYzFg .

[63] "Interview with P. Read Montague", Cold Spring Harbor Symposium Interview Series, Brains and Behavior, https://www.youtube.com/watch?v=mx96DYQIS_s .

[64] Peter Dayan, 私人访谈, 2018 年 3 月 12 日。

[65] Wolfram Schultz, 私人访谈, 2018 年 6 月 25 日。

[66] 参见例如, Niv, "Reinforcement Learning in the Brain"。

[67] Niv.

[68] 关于多巴胺的 TD 误差理论的潜在局限性的讨论, 参见例如, Dayan & Niv, "Reinforcement Learning", 和 O'Doherty, "Beyond Simple Reinforcement Learning"。

[69] Niv, "Reinforcement Learning in the Brain"。

[70] Yael Niv, 私人访谈, 2018 年 2 月 21 日。

[71] Lenson, *On Drugs*.

[72] 参见例如, Berridge, "Food Reward: Brain Substrates of Wanting and Liking", 和 Berridge, Robinson & Aldridge, "Dissecting Components of Reward"。

[73] Rutledge 等, "A Computational and Neural Model of Momentary Subjective Well-Being"。

[74] 同上。

[75] 参见 Brickman, "Hedonic Relativism and Planning the Good Society", 和 Frederick & Loewenstein, "Hedonic Adaptation"。

[76] Brickman, Coates & Janoff-Bulman, "Lottery Winners and Accident Victims"。

[77] "Equation to Predict Happiness", https://www.ucl.ac.uk/news/2014/aug/equation-predict-happiness .

[78] Rutledge 等, "A Computational and Neural Model of Momentary Subjective Well-Being"。

[79] Wency Leung, "Researchers Create Formula That Predicts Happiness", https://www.theglobeandmail.com/life/health-and-fitness/health/researchers-create-formula-that-predicts-happiness/article19919756/ 。

[80] 参见 Tomasik, "Do Artificial Reinforcement-Learning Agents Matter Morally?"关于这个话题的更多内容, 另见 Schwitzgebel & Garza, "A Defense of the Rights of Artificial Intelligences"。

[81] Brian Tomasik, "Ethical Issues in Artificial Reinforcement Learning", https://reducing-suffering.org/ethical-issues-artificial-reinforcement-learning/ .

[82] Daswani & Leike, "A Definition of Happiness for Reinforcement Learning Agents"。另见 People for the Ethical Treatment of Reinforcement Learners: http://petrl.org 。

[83] Andrew Barto, 私人访谈, 2018 年 5 月 9 日。

[84] 大脑中的多巴胺和 TD 学习还有很多细节; 例如, 多巴胺与运动和帕金森症等运动症状有关。多巴胺与正面预测错误的关系比负面预测错误的关系似乎更密切。例如, 如果是"令人厌恶的"刺激——威胁、恶心或有毒的东西——似乎有完全不同的连线。

[85] 参见 Athalye 等, "Evidence for a Neural Law of Effect"。

[86] Andrew Barto, 私人访谈, 2018 年 5 月 9 日。

[87] 关于智能的普适定义的更多信息, 参见例如, Legg & Hutter, "Universal Intelligence"和"A Collection of Definitions of Intelligence", 和 Legg & Veness, "An Approximation of the Universal Intelligence Measure"。

[88] McCarthy, "What Is Artificial Intelligence?"

[89] Schultz, Dayan & Montague, "A Neural Substrate of Prediction and Reward", 正如文中所说, "如果

没有能力辨别哪些刺激是广播标量误差信号波动的原因，自主体可能会学习不当，比如，它可能会学习接近食物，但实际上它是口渴的"。

5. 塑造

[1] Bentham, *An Introduction to the Principles of Morals and Legislation*.

[2] Matarić, "Reward Functions for Accelerated Learning"。

[3] Skinner, "Pigeons in a Pelican"。另见 Skinner, "Reinforcement Today"。

[4] Skinner, "Pigeons in a Pelican".

[5] Ferster & Skinner, *Schedules of Reinforcement*。查尔斯·福斯特（Charles Ferster）对这一时期与斯金纳一起工作的回忆，参见 Ferster, "Schedules of Reinforcement with Skinner"。

[6] Bailey & Gillaspy, "Operant Psychology Goes to the Fair"。

[7] 同上。

[8] 布雷兰夫妇能够训练6 000多种动物，"我们敢处理像驯鹿、风头鹦鹉、浣熊、海豚和鲸鱼这样不太可能的训练对象"。然而，他们在训练动物特定行为的能力方面开始反复遇到一些限制，得出的结论是，作为一种理论，行为主义未充分考虑动物本能的、进化的、物种特异性的行为和倾向。参见 Breland & Breland, "The Misbehavior of Organisms"。

[9] Skinner, "Reinforcement Today"（强调来自原文）。

[10] Skinner, "Pigeons in a Pelican"。

[11] Skinner, "Pigeons in a Pelican".

[12] Skinner, "How to Teach Animals", 1951，这似乎是"塑造"一词在强化背景中被首次提到。

[13] 斯金纳在著作中多次讨论了这一事件。参见 Skinner, "Reinforcement Today", "Some Relations Between Behavior Modification and Basic Research", *The Shaping of a Behaviorist*, 和 *A Matter of Consequences*。另见 Peterson, "A Day of Great Illumination"。

[14] Skinner, "How to Teach Animals".

[15] 正如斯金纳说的："一个常见的问题是，孩子似乎近乎病态地喜欢惹恼父母。在许多情况下，这是条件反射的结果，这与我们讨论过的动物训练非常相似。"参见 Skinner, "How to Teach Animals"。

[16] Skinner, "How to Teach Animals".

[17] 这句话最早出现在斯皮沃格（Spielvogel）的广告中，是在爱迪生去世多年后。更多关于它的历史和变体，参见 O'Toole, "There's a Way to Do It Better—Find It"。

[18] Bain, *The Senses and the Intellect*.

[19] Michael Littman, 私人访谈，2018 年 2 月 28 日。

[20] 在机器人学背景下明确提到"塑造"，是在 Singh, "Transfer of Learning by Composing Solutions of Elemental Sequential Tasks"；20 世纪 90 年代，它成为机器人学界越来越流行的话题，许多研究人员明确地从动物训练和工具性条件反射文献中寻找灵感。参见例如，Colombetti & Dorigo, "Robot Shaping"；Saksida, Raymond & Touretzky, "Shaping Robot Behavior Using Principles from Instrumental Conditioning"；和 Savage, "Shaping"。

[21] Skinner, "Reinforcement Today".

[22] 宫本茂, "Iwata Asks: New Super Mario Bros. Wii", 岩田聪访谈，2009 年 11 月 25 日，https://www.nintendo.co.uk/Iwata-Asks/Iwata-Asks-New-Super-Mario-Bros-Wii/Volume-1/4-Letting-Everyone-Know-It-Was-A-Good-Mushroom/4-Letting-Everyone-Know-It-Was-A-Good-Mushroom-210863.html。

[23] 关于学习"课程"的机器学习方法的想法的更多信息，参见例如，Bengio 等, "Curriculum Learning"。

[24] Selfridge, Sutton & Barto, "Training and Tracking in Robotics".

[25] Elman, "Learning and Development in Neural Networks". 不过，也有文献报告了与埃尔曼不同的发现，参见例如，Rohde & Plaut, "Language Acquisition in the Absence of Explicit Negative Evidence"。

[26] 这项特殊实验值得注意的是，猪的表现随着时间推移而恶化，这挑战了行为主义的经典模型。参见 Breland & Breland, "The Misbehavior of Organisms"。

[27] Florensa 等, "Reverse Curriculum Generation for Reinforcement Learning"。2018年，OpenAI的一组研究人员做了类似研究，用特别困难的视频游戏训练强化学习自主体。他们先记录一个人类游戏高手玩游戏，然后基于这个记录的示范创建一门课程。他们首先从成功的边缘开始训练自主体，然后逐渐向后回溯，最终到游戏的开始。参见 Salimans & Chen, "Learning Montezuma's Revenge from a Single Demonstration"。另见 Hosu & Rebedea, "Playing Atari Games with Deep Reinforcement Learning and Human Checkpoint Replay"；Nair 等, "Overcoming Exploration in Reinforcement Learning with Demonstrations"；和 Peng 等, "DeepMimic"。这里还与模仿学习有更广泛的联系，第7章将进行讨论。

[28] 参见例如，Ashley, *Chess for Success*。

[29] 这很难证实，但似乎极有可能。关于国际象棋书籍销售的更多信息，参见例如，Edward Winter, "Chess Book Sales", http://www.chesshistory.com/winter/extra/sales.html。

[30] 参见例如，Graves 等, "Automated Curriculum Learning for Neural Networks"。这与第6章将讨论的奖励学习进步的研究有关联。有关课程设计的早期机器学习研究，参见例如 Bengio 等, "Curriculum Learning"。

[31] David Silver, "AlphaGo Zero: Starting from Scratch", 2017年10月18日, https://www.youtube.com/watch?v=tXlM99xPQC8。

[32] Kerr, "On the Folly of Rewarding A, While Hoping for B".

[33] 同上。注意1975年的原文将"不道德(immorality)"错印为"永生(immortality)"！

[34] 这篇文章的署名是"编辑"，但是他们有名字，凯西·德昌特(Kathy Dechant)和杰克·维加(Jack Veiga)；参见 Dechant & Veiga, "More on the Folly"。

[35] 有几个关于"游戏化"激励的警示故事，参见例如，Callan, Bauer & Landers, "How to Avoid the Dark Side of Gamification"。

[36] Kerr, "On the Folly of Rewarding A, While Hoping for B".

[37] Wright 等, "40 Years (and Counting)"。

[38] "Operant Conditioning", https://www.youtube.com/watch?v=I_ctJqjlrHA.

[39] 参见 Joffe-Walt, "Allowance Economics", 和 Gans, *Parentonomics*。

[40] Tom Griffiths, 私人访谈，2018年6月13日。

[41] Andre & Teller, "Evolving Team Darwin United".

[42] 引自 Ng, Harada & Russell, "Policy Invariance Under Reward Transformations"，作为与作者的私人交流。

[43] Randløv & Alstrøm, "Learning to Drive a Bicycle Using Reinforcement Learning and Shaping".

[44] 罗素告诉我，这源于20世纪90年代对元推理——思考问题的正确方式——的深入思考。当你玩某种游戏，比如下棋时，你赢是因为你选择的走法，但是你的思维让你选择了这些走法。事实上，有时我们复盘时会认为，"啊，我错了，我的马蹩住了。应当让马远离棋盘边缘"。但有时我们会想，"啊，我出错是因为不信任自己的直觉。我想得太多了；我需要更投入、更本能地下棋"。弄清楚一个有抱负的棋手——或者任何一种自主体——应该如何学习其自身的思维过程，似乎比简单地学习如何选择好的棋步更重要，但也是更困难的任务。也许塑造会有帮助。

"所以一个自然的答案是……如果某个计算能改变你对什么是明智之举的看法，那么显然是一个值得做的计算。"罗素说，"所以你可以根据你改变了多少想法来奖励这个计算。"

他补充道："现在，棘手的部分来了：你可以改变你的想法，因为你会发现次优走法实际上比最优走法更好。"

"你这样做可以得到额外奖励。你曾经有一个你认为有价值的走法，最好的50分，第二好的48分。现在48分的变成了52分，你看。从50分到52分是正面奖励。但如果你思考50分的，发现它只值6分呢？现在你最好的走法是48分的，之前是你第二好的走法。这应该是正面奖励还是负面奖励？同样，你会认为这应该是一个正面奖励，因为你做了一些思考，这种思考是值得的，因为它帮助你意识到你本来看好的走法并不好。你从灾难中拯救了自己。但是如果你给自己一个正面奖励，这样对吗？那你就会一直给自己正面奖励，对不对？那你最终学会的就不是赢得比赛，而是不断改变想法。"

"所以有些东西不对劲。这让我有了这样一个想法，你必须设定好这些内在的伪奖励，这样沿着一条路径，它们加起来最终会和真的一样。平衡账目"（Stuart Russell，私人访谈，2018年5月13日）。

[45] Andrew Ng，"The Future of Robotics and Artificial Intelligence"（讲座），2011年5月21日，https://www.youtube.com/watch?v=AY4ajbu_G3k。

[46] 参见 Ng 等，"Autonomous Helicopter Flight via Reinforcement Learning"，以及 Schrage 等，"Instrumentation of the Yamaha R-50/RMAX Helicopter Testbeds for Airloads Identification and Follow-on Research"。后续工作参见 Ng 等，"Autonomous Inverted Helicopter Flight via Reinforcement Learning"，和 Abbeel 等，"An Application of Reinforcement Learning to Aerobatic Helicopter Flight"。

[47] Ng，"Shaping and Policy Search in Reinforcement Learning"。另见 Wiewiora，"Potential-Based Shaping and Q-Value Initialization Are Equivalent"，这篇文章认为在设置自主体的初始状态时有可能使用塑造，同时保持实际奖励不变，并实现相同的结果。

[48] Ng，"Shaping and Policy Search in Reinforcement Learning"。这也一字不差地出现在 Ng，Harada & Russell，"Policy Invariance Under Reward Transformations"。

[49] "守恒场意味着你走任何一条让你回到同一状态的路径，总和，积分 $v \cdot ds$，都是0"（Stuart Russell，私人访谈，2018年5月13日）。

[50] Russell & Norvig, *Artificial Intelligence*.

[51] Ng，Harada & Russell，"Policy Invariance Under Reward Transformations"。

[52] Spignesi, *The Woody Allen Companion*.

[53] 演化心理学视角，参见例如，Al-Shawaf 等，"Human Emotions: An Evolutionary Psychological Perspective"，和 Miller，"Reconciling Evolutionary Psychology and Ecological Psychology"。

[54] Michael Littman，私人访谈，2018年2月28日。这篇论文是 Sutton，"Learning to Predict by the Methods of Temporal Differences"。

[55] Ackley & Littman，"Interactions Between Learning and Evolution"。

[56] 训练系统本身是（或可能成为）一些"内部"奖励函数的优化器，这是当前 AI 安全研究人员关注和积极研究的一个方向。参见 Hubinger 等，"Risks from Learned Optimization in Advanced Machine Learning Systems"。

[57] Andrew Barto，私人访谈，2018年5月9日。

[58] 参见 Singh，Lewis & Barto，"Where Do Rewards Come from?"，以及 Sorg，Singh & Lewis，"Internal Rewards Mitigate Agent Boundedness"。

[59] Sorg，Singh & Lewis，"Internal Rewards Mitigate Agent Boundedness"。这个问题的答案是肯定的，但只是在一些非常强有力的假设下。特别是，前提是自主体的时间和算力是无限的。否则还不如不

注释

让它将我们的目标作为它的目标。这有点自相矛盾的味道。告诉自主体做其他事情会更好地实现我们自己的目标。

[60] Singh 等，"On Separating Agent Designer Goals from Agent Goals"。

[61] 关于最优奖励问题的更多信息，参见 Sorg，Lewis & Singh，"Reward Design via Online Gradient Ascent"，以及 Sorg 的博士论文，"The Optimal Reward Problem: Designing Effective Reward for Bounded Agents"。关于学习 RL 自主体的最优奖励的更多最新进展，参见 Zheng，Oh & Singh，"On Learning Intrinsic Rewards for Policy Gradient Methods"。

[62] 参见 "Workplace Procrastination Costs British Businesses £ 76 Billion a Year"，*Global Banking & Finance Review*，https://www.globalbankingandfinance.com/workplace-procrastination-costs-british-businesses-76-billion-a-year/#_ftn1。关于拖延的成本和原因的细节，参见 Steel，"The Nature of Procrastination"。

[63] Skinner，"A Case History in Scientific Method"。

[64] Jane McGonigal，"Gaming Can Make a Better World"，https://www.ted.com/talks/jane_mcgonigal_gaming_can_make_a_better_world/。

[65] 参见 McGonigal，*SuperBetter*。

[66] Jane McGonigal，"The Game That Can Give You 10 Extra Years of Life"，https://www.ted.com/talks/jane_mcgonigal_the_game_that_can_give_you_10_extra_years_of_life/。

[67] 参见例如，Deterding 等，"From Game Design Elements to Gamefulness"。

[68] 参见例如，Hamari，Koivisto & Sarsa，"Does Gamification Work?"。

[69] Falk Lieder，私人访谈，2018 年 4 月 18 日。

[70] 一般性概述参见 Lieder，"Gamify Your Goals"，更多细节参见 Lieder 等，"Cognitive Prostheses for Goal Achievement"。

[71] 对这个思想最近的探索参见 Sorg，Lewis & Singh，"Reward Design via Online Gradient Ascent"。

[72] Falk Lieder，私人访谈，2018 年 4 月 18 日。

[73] 具体来说，他们可以选择拒绝任务并获得 15 美分，或者接受任务并获得 5 美分，外加如果在给定期限前写完一组论文能获得 20 美元。

[74] Lieder 等，"Cognitive Prostheses for Goal Achievement"。

[75] 同上。

[76] 参见例如，Evans 等，"Evidence for a Mental Health Crisis in Graduate Education"，他们发现"研究生患抑郁和焦虑的可能性是普通人群的 6 倍以上"。

6. 好奇

[1] Turing，"Intelligent Machinery"。

[2] 从 2004 年开始了开发标准化的 RL 基准和竞赛；参见 Whiteson，Tanner & White，"The Reinforcement Learning Competitions"。

[3] Marc Bellemare，私人访谈，2019 年 2 月 28 日。

[4] Bellemare 等，"The Arcade Learning Environment"，最初源于 Naddaf，"Game-Independent AI Agents for Playing Atari 2600 Console Games"，在此之前还有 Diuk，Cohen & Littman，"An Object-Oriented Representation for Efficient Reinforcement Learning"使用游戏《探宝奇兵》（*Pitfall!*）作为强化学习的环境。

[5] 参见 Gendron-Bellemare，"Fast, Scalable Algorithms for Reinforcement Learning in High Dimensional

Domains"。

[6] Mnih 等，"Playing Atari with Deep Reinforcement Learning"。

[7] Mnih 等，"Human-Level Control Through Deep Reinforcement Learning"。

[8] Robert Jaeger，John Hardie 访谈，http://www.digitpress.com/library/interviews/interview_robert_jaeger.html。

[9] 关于这一点的更多信息，参见例如，Salimans & Chen，"Learning Montezuma's Revenge from a Single Demonstration"，其中也探讨了从成功的目标状态向后回溯以教会 RL 自主体如何一步一步玩游戏的有趣想法。

[10] 参见 Maier & Seligman，"Learned Helplessness"。关于这个领域最近的正式研究，参见例如，Lieder, Goodman & Huys，"Learned Helplessness and Generalization"。

[11] 参见 Henry Alford，"The Wisdom of Ashleigh Brilliant"，http://www.ashleighbrilliant.com/BrilliantWisdom.html，节选自 Alford，*How to Live*（New York：Twelve，2009）。

[12] 内在动机的概念被引入机器学习是在 Barto，Singh & Chentanez，"Intrinsically Motivated Learning of Hierarchical Collections of Skills"，和 Singh，Chentanez & Barto，"Intrinsically Motivated Reinforcement Learning"。关于这类文献的最新综述，参见 Baldassarre & Mirolli，*Intrinsically Motivated Learning in Natural and Artificial Systems*。

[13] Hobbes，*Leviathan*。

[14] Simon，"The Cat That Curiosity Couldn't Kill"．

[15] Berlyne，"'Interest' as a Psychological Concept"．

[16] 参见 Furedy & Furedy，"'My First Interest Is Interest'"。

[17] Berlyne，*Conflict，Arousal，and Curiosity*．

[18] 参见 Harlow，Harlow & Meyer，"Learning Motivated by a Manipulation Drive"，和 Harlow，"Learning and Satiation of Response in Intrinsically Motivated Complex Puzzle Performance by Monkeys"。

[19] 这类场景的描述参见 Barto，"Intrinsic Motivation and Reinforcement Learning"，和 Deci & Ryan，*Intrinsic Motivation and Self-Determination in Human Behavior*。

[20] Berlyne，*Conflict，Arousal，and Curiosity*．

[21] 参见例如伯莱因自己写的"Uncertainty and Conflict: A Point of Contact Between Information-Theory and Behavior-Theory Concepts"。

[22] 21 世纪对作为心理学主题的"兴趣"的概述，参见例如，Silvia，*Exploring the Psychology of Interest*，和 Kashdan & Silvia，"Curiosity and Interest"。

[23] Konečni，"Daniel E. Berlyne"．

[24] Berlyne，*Conflict，Arousal，and Curiosity*．

[25] *Klondike Annie*，1936.

[26] Fantz，"Visual Experience in Infants"。严格来说，范茨是在"西部保留地大学"，因为它直到几年后，1967 年才正式与凯斯理工学院合并，成为我们今天所知的凯斯西储大学。

[27] 参见 Saayman，Ames & Moffett，"Response to Novelty as an Indicator of Visual Discrimination in the Human Infant"。

[28] 世纪之交的概述，参见 Roder，Bushnell & Sasseville，"Infants' Preferences for Familiarity and Novelty During the Course of Visual Processing"。

[29] 例如，马文·明斯基在 1961 年写道："如果我们能……额外强化具有新奇性的预测，也许会出现由某种好奇心驱动的行为……通过强化鼓励新奇预期的机制……也许能找到模拟智能动机的关键。"参见 Minsky，"Steps Toward Artificial Intelligence"。

[30] 参见 Sutton，"Integrated Architectures for Learning，Planning，and Reacting Based on Approximating

注释

Dynamic Programming"和"Reinforcement Learning Architectures for Animats"。MIT 的 Leslie Pack Kaelbling 设计了一个类似方法，基于测量自主体对某些行为的收益的"置信区间"的想法；参见 Kaelbling, *Learning in Embedded Systems*。置信区间越宽，自主体对该行为越不确定；她的想法同样是奖励自主体做最不确定的事情。另见 Strehl & Littman, "An Analysis of Model-Based Interval Estimation for Markov Decision Processes"，与此异曲同工。

[31] Berlyne, *Conflict, Arousal, and Curiosity*.

[32] 如果 9 个空格每一个都可以是 X、O 或空，则上限为 39，或 19683。当然，实际数字会比这个小，因为并非所有棋局都是合法的（例如，绝不会出现 9 个 X 的棋局）。

[33] Bellemare 等, "Unifying Count-Based Exploration and Intrinsic Motivation"，对这篇文章的启发部分来自 Strehl & Littman, "An Analysis of Model-Based Interval Estimation for Markov Decision Processes"。另见后续研究：Ostrovski 等, "Count-Based Exploration with Neural Density Models"。使用散列函数的相关方法，参见 Tang 等, "# Exploration"。另一种使用范例模型的相关方法，参见 Fu, Co-Reyes & Levine, "EX2"。

[34] Marc G. Bellemare, "The Role of Density Models in Reinforcement Learning"（讲座），DeepHack.RL，2017 年 2 月 9 日，https://www.youtube.com/watch?v=qSfd27AgcEk。

[35] 事实上，从概率转化为伪计数，在数学上有很多微妙的差别。更多信息，参见 Bellemare 等, "Unifying Count-Based Exploration and Intrinsic Motivation"。

[36] Berlyne, *Conflict, Arousal, and Curiosity*.

[37] Gopnik, "Explanation as Orgasm and the Drive for Causal Knowledge".

[38] 从计算的角度看待新奇与惊讶的区别，参见 Barto, Mirolli, and Baldassarre, "Novelty or Surprise?"。

[39] Schulz & Bonawitz, "Serious Fun".

[40] "Curiosity and Learning: The Skill of Critical Thinking", Families and Work Institute, https://www.youtube.com/watch?v=lDgm5yVY5K4.

[41] Ellen Galinsky, "Give the Gift of Curiosity for the Holidays—Lessons from Laura Schulz", https://www.huffpost.com/entry/give-the-gift-of-curiosit_n_1157991。对最近的科学文献更全面的综述，参见 Schulz, "Infants Explore the Unexpected"。

[42] Bonawitz 等, "Children Balance Theories and Evidence in Exploration, Explanation, and Learning".

[43] Stahl & Feigenson, "Observing the Unexpected Enhances Infants' Learning and Exploration".

[44] "Johns Hopkins University Researchers: Babies Learn from Surprises", 2015 年 4 月 2 日，https://www.youtube.com/watch?v=oJjt5GRln-0。

[45] Berlyne, *Conflict, Arousal, and Curiosity*。有一篇文章对伯莱因启发特别大：Shaw 等, "A Command Structure for Complex Information Processing"。

[46] Schmidhuber, "Formal Theory of Creativity, Fun, and Intrinsic Motivation (1990–2010)".

[47] Jürgen Schmidhuber, "Universal AI and a Formal Theory of Fun"（讲座），Winter Intelligence Conference, 牛津大学，2011，https://www.youtube.com/watch?v=fnbZzcruGu0。

[48] Schmidhuber, "Formal Theory of Creativity, Fun, and Intrinsic Motivation (1990–2010)".

[49] 这两部分之间的张力完美体现了阴阳平衡，纽约大学的詹姆斯·卡斯(James Carse)称之为《有限和无限的游戏》(*Finite and Infinite Games*)。玩有限游戏以达到最终平衡状态。玩无限游戏是为了永久延长游戏体验。有限游戏的玩家是抑制惊讶；无限游戏的玩家是追求惊讶。用卡斯的话说："惊讶导致有限游戏结束；是无限游戏继续下去的理由。"

著名励志演说家托尼·罗宾斯（Tony Robbins）也赞同这种追求与抑制惊讶的基本驱动力的张力关系，他阐释道："我相信人类有 6 种需求……让我告诉你它们是什么。第一个：确定性……当我们以不同的方式追求确定性时，如果我们得到完全的确定性，我们会得到什么？如果你确定，你会有什么感觉？你知道会发生什么，什么时候会发生，如何发生，你会有什么感觉？无聊死了。所以上帝，以她无限的智慧，给了人类第二个需求，那就是不确定性。我们需要多样性。我们需要惊讶。"Tony Robbins，"Why We Do What We Do"（演讲），2006 年 2 月，加州蒙特雷，https://www.ted.com/talks/tony_robbins_asks_why_we_do_what_we_do。

很明显，人类内在有这两种驱动力。如果所有优秀的通用强化学习者——生命和非生命——都这样做，这可能不是巧合。

[50] "内在好奇心模块"实际上比这更微妙和复杂，因为它被设计成只预测屏幕上用户可控的方面，为此使用了另一个"逆动力学"模型。完整的细节，参见 Pathak 等，"Curiosity-Driven Exploration by Self-Supervised Prediction"。还有一些相关的方法通过奖励"信息增益"来激励探索，参见例如，Schmidhuber，"Curious Model-Building Control Systems"；Stadie，Levine & Abbeel，"Incentivizing Exploration in Reinforcement Learning with Deep Predictive Models"；和 Houthooft 等，"VIME"。

[51] Burda 等，"Large-Scale Study of Curiosity-Driven Learning"。

[52] 参见 Burda 等，"Exploration by Random Network Distillation"。

[53] 请注意同时发表的文章：Choi 等，"Contingency-Aware Exploration in Reinforcement Learning"，密歇根大学和谷歌大脑的研究人员，也报告了在《蒙特祖玛的复仇》中使用基于新奇的探索方法的类似突破。

[54] OpenAI 宣布后几周，优步 AI 实验室的一个团队发布了 Go-Explore 系列算法，通过存储一系列"新奇"状态（用屏幕的颗粒状低分辨率图像来衡量）来区分重访的优先级，这些算法有 65% 的概率通过《蒙特祖玛的复仇》的第一关。结果发布在 https://eng.uber.com/go-explore/，论文参见 Ecoffet 等，"Go-Explore"。使用一些手工编码的人类游戏知识，能让自主体达到连续数百次完成游戏的水平，得分达数百万分。其中一些结果的意义一直存在分歧，讨论参见例如，Alex Irpan，"Quick Opinions on Go-Explore"，*Sorta Insightful*，https://www.alexirpan.com/2018/11/27/go-explore.html 。团队发布的新闻稿后来也进行了更新，以解决其中一些问题。

[55] Ostrovski 等，"Count-Based Exploration with Neural Density Models"。

[56] 关于这一点的更多讨论，参见例如，Ecoffet 等，"Go-Explore"。

[57] Burda 等，"Large-Scale Study of Curiosity-Driven Learning"。

[58] 例外的是，在有复杂死亡动画的游戏中，自主体会为了看动画而死。(Yuri Burda，私人通信，2019 年 1 月 9 日。)

[59] Yuri Burda，私人通信，2019 年 1 月 9 日。

[60] Singh，Lewis & Barto，"Where Do Rewards Come From?"。

[61] Singh，Lewis & Barto。更多讨论，参见 Oudeyer & Kaplan，"What Is Intrinsic Motivation?"。

[62] 出于这样的原因，研究人员试验了用所谓的"粘性动作"——以随机方式，自主体偶尔会被迫重复上一帧按钮动作——替代 ε - 贪婪行为，在 ε - 贪婪行为中，自主体会按压随机按钮随机次数。它更准确地模拟了人类游戏时固有的特性，即我们的反应不能精确到毫秒级，这样自主体更容易做到像长距离跳跃这样需要连续按住按钮很多帧的动作。参见 Machado 等，"Revisiting the Arcade Learning Environment"。

[63] 关于这个主题的一些早期工作，参见 Malone，"What Makes Computer Games Fun?"和"Toward a Theory of Intrinsically Motivating Instruction"，和 Malone & Lepper，"Making Learning Fun"。

[64] Orseau，Lattimore & Hutter，"Universal Knowledge-Seeking Agents for Stochastic Environments"。

[65] 参见 Orseau，"Universal Knowledge-Seeking Agents"。正如后来 Orseau，Lattimore & Hutter，"Universal Knowledge-Seeking Agents for Stochastic Environments"中指出的那样，解决自主体对随机性上瘾的

办法是让自主体在基本层面上理解世界包含随机性，从而"抵抗非信息噪声"。

[66] Skinner, "Reinforcement Today"。

[67] 参见 Kakade & Dayan, "Dopamine"，该文提供了一种基于新奇的解释，明确借用了强化学习文献来解释为什么新奇的驱动力可能对生物有用。另见 Barto, Mirolli & Baldassarre, "Novelty or Surprise?"，基于惊奇对这些结果的解释。概述参见例如，Niv, "Reinforcement Learning in the Brain"，其中指出，"很久以前就知道新奇的刺激会引起多巴胺神经元的阶段性爆发"。关于人类决策中新奇性的实验研究，参见 Wittmann 等，"Striatal Activity Underlies Novelty-Based Choice in Humans"。关于更一般性地在多巴胺的功能中统一奖赏–预测误差和惊讶的最新研究，参见例如，Gardner, Schoenbaum & Gershman, "Rethinking Dopamine as Generalized Prediction Error"。

[68] Deepak Pathak, 私人访谈，2018 年 3 月 28 日。

[69] Marc Bellemare, 私人访谈，2019 年 2 月 28 日。

[70] Laurent Orseau, 私人访谈，2018 年 6 月 22 日。

[71] 同上。

[72] Ring & Orseau, "Delusion, Survival, and Intelligent Agents"。

[73] Plato, *Protagoras and Meno*。在柏拉图的文本中，苏格拉底用疑问句句向普罗塔戈拉提出了这个问题，不过他明确表示了其实就是他的观点。

7. 模仿

[1] Egan, *Axiomatic*。

[2] Elon Musk, Sarah Lacy 访谈，"A Fireside Chat with Elon Musk"，加州圣莫尼卡，2012 年 7 月 12 日，https://pando.com/2012/07/12/pandomonthly-presents-a-fireside-chat-with-elon-musk/。不仅汽车没有保险，彼得·蒂尔也没有系安全带。"我俩都没受伤，真是奇迹，"蒂尔说。参见 Dowd, "Peter Thiel, Trump's Tech Pal, Explains Himself"。

[3] 更详细的讨论参见 Visalberghi & Fragaszy, "Do Monkeys Ape?"。

[4] Romanes, *Animal Intelligence*.

[5] Visalberghi & Fragaszy, "Do Monkeys Ape?"。另见 Visalberghi & Fragaszy, " 'Do Monkeys Ape?' Ten Years After"。另外请注意 Ferrari 等，"Neonatal Imitation in Rhesus Macaques" 报告了一些猕猴模仿的证据，提供了"据我们所知，对类人猿进化支以外的灵长类物种新生儿模仿的第一次详细分析"。

[6] Tomasello, "Do Apes Ape?"。另见例如，Whiten 等，"Emulation, Imitation, Over-Imitation and the Scope of Culture for Child and Chimpanzee"，试图重新评估这个问题。

[7] 尽管凯洛格夫妇对终止实验的原因言之不详，但据推测，一个因素是唐纳德惊人的人类词汇匮乏。参见例如，Benjamin & Bruce, "From Bottle-Fed Chimp to Bottlenose Dolphin"。

[8] Meltzoff & Moore, "Imitation of Facial and Manual Gestures by Human Neonates" 和 Meltzoff & Moore, "Newborn Infants Imitate Adult Facial Gestures"。请注意，这些结果最近有了一些争议。参见例如，Oostenbroek 等，"Comprehensive Longitudinal Study Challenges the Existence of Neonatal Imitation in Humans"。但也有相应的反驳，参见例如，Meltzoff 等，"Re-examination of Oostenbroek et al. (2016)"。

[9] Alison Gopnik, 私人访谈，2018 年 9 月 19 日。

[10] Haggbloom 等，"The 100 Most Eminent Psychologists of the 20th Century"。

[11] Piaget, *The Construction of Reality in the Child*。最初出版于 1937 年，题为 *La construction du réel chez l'enfant*。

[12] Meltzoff, "Like Me"。

[13] Meltzoff & Moore, "Imitation of Facial and Manual Gestures by Human Neonates".

[14] 在 2012 年的一项研究中，2 岁小孩看到成年人将玩具车撞向两个箱子，其中一个箱子让车亮了起来；孩子拿到玩具车后，也会将车撞向那个箱子。（Meltzoff，Waismeyer & Gopnik，"Learning About Causes From People"）。"初学走路的孩子并不是随便什么都模仿，"高普尼克说，"他们只模仿会导致有趣结果的动作"（Gopnik，*The Gardener and the Carpenter*）。

[15] Meltzoff，Waismeyer & Gopnik，"Learning About Causes from People"，和 Meltzoff，"Understanding the Intentions of Others"。对这一领域的总结参见 Gopnik，*The Gardener and the Carpenter*。

[16] Meltzoff，"Foundations for Developing a Concept of Self".

[17] Andrew Meltzoff，私人访谈，2019 年 6 月 10 日。"婴儿天生擅长学习，"梅尔佐夫写道，"他们最初是通过模仿我们来学习。这就是为什么模仿是早期发展的一个如此重要和影响深远的方面：它不仅仅是一种行为，还是学习我们是谁的一种手段。"（Meltzoff，"Born to Learn"）

[18] 描述这一点的术语"过度模仿"最初来自 Lyons，Young & Keil，"The Hidden Structure of Overimitation".

[19] Horner & Whiten，"Causal Knowledge and Imitation/Emulation Switching in Chimpanzees (*Pan troglodytes*) and Children (*Homo sapiens*)".

[20] McGuigan & Graham，"Cultural Transmission of Irrelevant Tool Actions in Diffusion Chains of 3- and 5-Year-Old Children".

[21] Lyons，Young & Keil，"The Hidden Structure of Overimitation".

[22] Whiten 等，"Emulation，Imitation，Over-Imitation and the Scope of Culture for Child and Chimpanzee".

[23] Gergely，Bekkering & Király，"Rational Imitation in Preverbal Infants"。请注意一些研究人员对这种方法提出了质疑，例如，他们指出，婴儿——需要在桌子上保持稳定才能用头触碰到灯光——可能只是在模仿成年人，成年人在弯腰用头触碰灯光之前会先把手放在桌子上。参见 Paulus 等，"Imitation in Infancy".

[24] Buchsbaum 等，"Children's Imitation of Causal Action Sequences Is Influenced by Statistical and Pedagogical Evidence".

[25] Hayden Carpenter，"What 'The Dawn Wall' Left Out"，*Outside*，2018 年 9 月 18 日，https://www.outsideonline.com/2344706/dawn-wall-documentary-tommy-caldwell-review。

[26] Caldwell，*The Push*.

[27] Lowell & Mortimer，"The Dawn Wall".

[28] "'I Got My Ass Kicked'：Adam Ondra's Dawn Wall Story"，EpicTV Climbing Daily，第 1334 集，https://www.youtube.com/watch?v=O_B9vzIHlOo。

[29] Aytar 等，"Playing Hard Exploration Games by Watching YouTube"，其扩展了 Hester 等的相关工作，"Deep Q-Learning from Demonstrations"。需要一些很巧妙的无监督学习将所有视频——不同的分辨率、颜色和帧率——基本"标准化"为统一的可用表示，从而得到自主体可以学习模仿的一组示范。

[30] 这是一个非常活跃的研究领域。参见例如，Subramanian，Isbell & Thomaz，"Exploration from Demonstration for Interactive Reinforcement Learning"；Večerík 等，"Leveraging Demonstrations for Deep Reinforcement Learning on Robotics Problems with Sparse Rewards"；和 Hester 等，"Deep Q-Learning from Demonstrations"。

[31] 事实上，许多在视频游戏环境中训练的自主体都被赋予了随时回退到前一段的能力，类似于人类玩家做了许多不同的"存档"。死亡只是把你送回上一关卡，或者只是几秒钟前，而不是回到游戏开始。这样自主体就可以反复尝试棘手或危险的环节，而不必失败后从头开始游戏，但它也将某种作弊引

入了训练。更有能力的自主体应该能够在这些游戏中复现或超越人类的"学习曲线"，而不需要这些技巧。

[32] Morgan, *An Introduction to Comparative Psychology*.

[33] 参见 Bostrom, *Superintelligence*。

[34] "Robotics History: Narratives and Networks Oral Histories: Chuck Thorpe"，口述历史，由 Peter Asaro 和 Selma Šabanović 在 2010 年 11 月 22 日受印第安纳大学和 IEEE 委托采集，印第安纳大学，印第安纳伯明顿，https://ieeetv.ieee.org/video/robotics-history-narratives-and-networks-oral-histories-chuck-thorpe。

[35] 关于 ALV（自动陆地车辆）项目的更多信息，参见 Leighty，"DARPA ALV (Autonomous Land Vehicle) Summary"。关于 DARPA 战略计算计划的更多信息，参见 "Strategic Computing"。关于 DARPA 在 20 世纪 80 年代中期的项目，参见 Stefik，"Strategic Computing at DARPA"。另见 Roland & Shiman, *Strategic Computing*。

[36] Moravec，"Obstacle Avoidance and Navigation in the Real World by a Seeing Robot Rover".

[37] 另见 Rodney Brooks 的反思，Brooks, *Flesh and Machines*。

[38] 摘自 *Scientific American Frontiers*，第 7 季，第 5 集，"Robots Alive!"，1997 年 4 月 9 日在 PBS 播出。参见 https://www.youtube.com/watch?v=r4JrcVEkink。

[39] 索普测试了 Navlab 的防撞系统，让利兰骑带辅助轮的自行车到车辆前面，测试车辆是否会刹车。长大后，利兰在 CMU 获得了自己的机器人学位，然后去了索普的学生迪安·波默罗创办的 AssistWare 公司从事自动汽车技术研究。索普开玩笑地想象利兰的求职面试："从那时起，我就热衷于提高自动驾驶汽车的可靠性和安全性！"利兰后来彻底离开了计算机行业，成为了圣母玛利亚献主会的一名神学院学生。

[40] Pomerleau，"ALVINN"，和 Pomerleau，"Knowledge-Based Training of Artificial Neural Networks for Autonomous Robot Driving"。

[41] 摘自 KDKA1997 年的新闻片段：https://www.youtube.com/watch?v=IaoIqVMd6tc。

[42] 参见 https://twitter.com/deanpomerleau/status/801837566358093824。[AI 先驱约翰·麦卡锡在 1969 年有点天真地提出，"现在的计算机似乎已经足够快，也有足够的内存来完成（控制汽车）的工作。但是能提供足够性能的商用计算机还太大了"。参见 McCarthy，"Computer-Controlled Cars"。]

[43] 另见 Pomerleau，"Knowledge-Based Training of Artificial Neural Networks for Autonomous Robot Driving"："自动驾驶有望成为像反向传播这样的监督学习算法的理想领域，因为人类驾驶员的转方向动作就可以作为现成的教学信号或'正确响应'。"

[44] 这个课程是 Sergey Levine 的 CS294-112，Deep Reinforcement Learning；这个讲座是 "Imitation Learning"，2017 年 12 月 3 日举行。

[45] Bain, *The Senses and the Intellect*.

[46] Kimball & Zaveri，"Tim Cook on Facebook's Data-Leak Scandal".

[47] Ross & Bagnell，"Efficient Reductions for Imitation Learning" 讨论了他们的架构选择：一个 3 层神经网络，输入 24 × 18 像素的彩色图像，有 32 个隐藏神经元和 15 个输出神经元。Pomerleau，"Knowledge-Based Training of Artificial Neural Networks for Autonomous Robot Driving" 讨论了 ALVINN 的架构，一个 3 层神经网络，输入 30 × 32 像素的黑白图像，有 4 个隐藏神经元和 30 个输出神经元。

[48] Pomerleau，"Knowledge-Based Training of Artificial Neural Networks for Autonomous Robot Driving"。

[49] Pomerleau，"ALVINN".

[50] Stéphane Ross，私人访谈，2019 年 4 月 29 日。

[51] 参见 Ross & Bagnell，"Efficient Reductions for Imitation Learning"。

[52] 参见 Ross，Gordon & Bagnell，"A Reduction of Imitation Learning and Structured Prediction to No-Re-

gret Online Learning"。更早期的研究参见 Ross & Bagnell, "Efficient Reductions for Imitation Learning"。

[53] Giusti 等, "A Machine Learning Approach to Visual Perception of Forest Trails for Mobile Robots"。对这项研究的视频解释, 参见 "Quadcopter Navigation in the Forest Using Deep Neural Networks", https://www.youtube.com/watch?v=umRdt3zGgpU。

[54] Bojarski 等, "End to End Learning for Self-Driving Cars"。Nvidia 团队进一步用 Photoshop 处理了其侧指相机图像, 以增强角度多样性, 所获得的图像与 ALVINN 图像有相似的局限性, 但足够用于实践。更加非正式的讨论参见 Bojarski 等, "End-to-End Deep Learning for Self-Driving Cars", https://devblogs.nvidia.com/deep-learning-self-driving-cars/。关于车辆在蒙莫斯县道路上行驶的视频, 参见 "Dave-2: A Neural Network Drives a Car", https://www.youtube.com/watch?v=NJU9ULQUwng。

[55] 参见 LeCun 等, "Backpropagation Applied to Handwritten Zip Code Recognition"。

[56] Murdoch, *The Bell*.

[57] Robert Hass, "Breach and Orison", 收录在 *Time and Materials*。

[58] Kasparov, *How Life Imitates Chess*.

[59] Holly Smith, 私人访谈, 2019 年 5 月 13 日。

[60] 参见 Holly S. Goldman, "Dated Rightness and Moral Imperfection"。另见 Sobel, "Utilitarianism and Past and Future Mistakes"。

[61] 参见 Goldman, "Doing the Best One Can"。"拖延教授"这个名字来自后来的 Jackson & Pargetter, "Oughts, Options, and Actualism"。Jackson 在"Procrastinate Revisited"中又回顾了这些观点。

[62] "可能主义"和"现实主义"这两个术语源自 Jackson & Pargetter。

[63] 关于史密斯更倾向可能主义的观点, 参见 Goldman, "Doing the Best One Can"。几十年后发表的对这一主题的简要概述, 参见 Smith, "Possibilism", 更新更详细的综述参见 Timmerman & Cohen, "Actualism and Possibilism in Ethics"。一个特别有趣的问题参见 Bykvist, "Alternative Actions and the Spirit of Consequentialism", 第 50 页。

[64] 感谢 Joe Carlsmith 对本主题和相关主题的有益讨论。一些最近的哲学文献讨论了可能主义、现实主义和有效利他理念的关联。参见例如, Timmerman, "Effective Altruism's Underspecification Problem"。

[65] Singer, "Famine, Affluence, and Morality"; 另见 Singer, "The Drowning Child and the Expanding Circle"。

[66] Julia Wise, "Aim High, Even If You Fall Short", *Giving Gladly* (博客), 2014 年 10 月 8 日。http://www.givinggladly.com/2014/10/aim-high-even-if-you-fall-short.html。

[67] Will MacAskill, "The Best Books on Effective Altruism", Edouard Mathieu 访谈, Five Books, https://fivebooks.com/best-books/effective-altruism-will-macaskill/。另请参见由麦卡斯基尔和他的同事托比·奥德创立的"奉献我们所能 (Giving What We Can)"组织, 在此之前, 奥德受到辛格等人启发, 决定将自己的部分收入捐赠给有效的慈善机构。

[68] 参见 Singer, *The Most Good You Can Do*。

[69] 强化学习中标准的同轨方法是 SARSA, 状态-行动-奖励-状态-行动的缩写; 参见 Rummery & Niranjan, "On-Line Q-Learning Using Connectionist Systems"。标准的离轨方法是 Q-Learning; 参见 Watkins, "Learning from Delayed Rewards", 和 Watkins & Dayan, "Q-Learning"。

[70] 参见 Sutton & Barto, *Reinforcement Learning*。

[71] 在伦理方面, 哲学家罗莎琳德·赫斯特豪斯 (Rosalind Hursthouse) 将美德伦理学架构为一种模仿学习; 参见 Hursthouse, "Normative Virtue Ethics"。当然, 正如赫斯特豪斯和她的批评者讨论的, 在

实践和理论上都有许多困难；参见例如，Johnson，"Virtue and Right"。关于为什么模仿表面上完美的榜样可能不是一个好主意的不同观点，参见Wolf，"Moral Saints"。

[72] Lipsey & Lancaster，"The General Theory of Second Best"．

[73] Amanda Askell，私人通信。

[74] 参见 Balentine，*It's Better to Be a Good Machine Than a Bad Person*。

[75] Magnus Carlsen，在2018年11月15日伦敦2018年世界象棋锦标赛第5场比赛后的新闻发布会上。

[76] "Heuristics"．

[77] "Heuristics"．

[78] 参见 Samuel，"Some Studies in Machine Learning Using the Game of Checkers"．

[79] 深蓝架构的更多信息参见 Campbell，Hoane & Hsu，"Deep Blue"。关于通过使用特级大师棋谱来调整评估启发的详细说明，参见程序员 Andreas Nowatzyk 的解释："Eval Tuning in Deep Thought"，Chess Programming Wiki，https://www.chessprogramming.org/Eval_Tuning_in_Deep_Thought 。有关IBM团队在1990年的进展，在当时被称为 Deep Thought，以及对基于专家棋谱数据库（当时只有900个）自动调整参数权重（当时只有120个）的决策的讨论，参见 Hsu 等，"A Grandmaster Chess Machine"，以及 Byrne，"Chess-Playing Computer Closing in on Champions"。有关深蓝（及其前身 Deep Thought）的评估函数调整的更多信息，参见 Anantharaman，"Evaluation Tuning for Computer Chess"。

[80] Hsu，"IBM's Deep Blue Chess Grandmaster Chips"．

[81] Weber，"What Deep Blue Learned in Chess School"．

[82] Schaeffer 等，"A World Championship Caliber Checkers Program"．

[83] Fürnkranz & Kubat，*Machines That Learn to Play Games*.

[84] 深蓝和AlphaGo的架构和训练程序当然有很多细微区别。AlphaGo的更多详细信息，参见 Silver 等，"Mastering the Game of Go with Deep Neural Networks and Tree Search"．

[85] AlphaGo的价值网络源自自我博弈，但其策略网络是源自模仿，基于人类专家棋谱数据库用监督学习进行训练。粗略地说，它考虑的走法是常规的，但在决定哪一个最好时，它会独立思考。参见 Silver 等，"Mastering the Game of Go with Deep Neural Networks and Tree Search"。

[86] Silver 等，"Mastering the Game of Go Without Human Knowledge"。2018年，AlphaGo Zero 被进一步完善为更强大更通用的程序 AlphaZero，不仅擅长围棋，在国际象棋和日本象棋上也打破了纪录。AlphaZero的更多详细信息，参见 Silver 等，"A General Reinforcement Learning Algorithm That Masters Chess，Shogi，and Go Through Self-Play"。2019年，系统的后续迭代 MuZero 以更少的计算和更少的游戏规则知识达到了这一水平，同时展示了丰富的灵活性，不仅擅长棋类游戏，也擅长雅达利游戏；参见 Schrittwieser 等，"Mastering Atari，Go，Chess and Shogi by Planning with a Learned Model"。

[87] Silver 等，"Mastering the Game of Go Without Human Knowledge"．

[88] 关于"快"和"慢"思维过程的心理学，也称为"系统1"和"系统2"，参见 Kahneman，*Thinking，Fast and Slow*。

[89] 参见 Coulom，"Efficient Selectivity and Backup Operators in Monte-Carlo Tree Search"．

[90] 细节参见 Silver 等，"Mastering the Game of Go Without Human Knowledge"。更准确地说，它使用 MCTS 的计算过程中每个走法的"访问计数"，因此网络实际上是学习预测它将花多长时间思考每个走法。另见同时出现且密切相关的"专家迭代"（ExIt）算法：Anthony，Tian & Barber，"Thinking Fast and Slow with Deep Learning and Tree Search"。

[91] Shead，"DeepMind's Human-Bashing AlphaGo AI Is Now Even Stronger"．

人机对齐

[92] Aurelius, *The Emperor Marcus Aurelius*.

[93] Andy Fitch, "Letter from Utopia: Talking to Nick Bostrom", *BLARB*（博客），2017 年 11 月 24 日，https://blog.lareviewofbooks.org/interviews/letter-utopia-talking-nick-bostrom/。

[94] Blaise Agüera y Arcas, "The Better Angels of our Nature"（讲座），2017 年 2 月 16 日，VOR: Superintelligence, 墨西哥城。

[95] Yudkowsky, "Coherent Extrapolated Volition". 另见 Tarleton, "Coherent Extrapolated Volition".

[96] 请注意一些哲学家——即"道德现实主义者"——确实相信客观道德真理的理念。对于这一系列立场的概述，参见例如，Sayre-McCord, "Moral Realism".

[97] Paul Christiano, Rob Wiblin 访谈，*The 80,000 Hours Podcast*, 2018 年 10 月 2 日。

[98] 参见 Paul Christiano, "A Formalization of Indirect Normativity", *AI Alignment*（博客），2012 年 4 月 20 日，https://ai-alignment.com/a-formalization-of-indirect-normativity-7e44db640160，和 Ajeya Cotra, "Iterated Distillation and Amplification", *AI Alignment*（博客），2018 年 3 月 4 日，https://ai-alignment.com/iterated-distillation-and-amplification-157debfd1616。

[99] 关于 AlphaGo 的策略网络与迭代能力扩增思想的关联，讨论参见 Paul Christiano, "AlphaGo Zero and Capability Amplification", *AI Alignment*（博客），2017 年 10 月 19 日，https://ai-alignment.com/alphago-zero-and-capability-amplification-ede767bb8446。

[100] Christiano, Shlegeris & Amodei, "Supervising Strong Learners by Amplifying Weak Experts".

[101] Paul Christiano, 私人访谈，2019 年 7 月 1 日。

[102] 参见例如，alignmentforum.org，以及越来越多的研讨班、会议和研究实验室。

8. 推断

[1] 参见 Warneken & Tomasello, "Altruistic Helping in Human Infants and Young Chimpanzees"，以及 Warneken & Tomasello, "Helping and Cooperation at 14 Months of Age". 一些实验的视频片段，参见例如，"Experiments with Altruism in Children and Chimps"，https://www.youtube.com/watch?v=Z-eU5xZW7cU。

[2] 另见 Meltzoff, "Understanding the Intentions of Others", 此文揭示了 18 个月大的婴儿能够成功模仿成年人试图做但未能做到的有意行为，这表明他们"将人置于一个心理框架内，能区分人的表面行为和涉及目标和意图的更深层次行为"。

[3] 沃纳肯和托马塞洛证明了 14 个月大的婴儿也会帮忙拿东西，但做不到更复杂的事情。

[4] 同样参见 Warneken & Tomasello, "Altruistic Helping in Human Infants and Young Chimpanzees".

[5] Tomasello 等，"Understanding and Sharing Intentions".

[6] Felix Warneken, "Need Help? Ask a 2-Year-Old"（讲座），TEDxAmoskeagMillyard 2013, https://www.youtube.com/watch?v=-qul57hcu4I。

[7] 参见 "Our Research", 密歇根大学，社会心智实验室，https://sites.lsa.umich.edu/warneken/lab/research-2/。

[8] Tomasello 等，"Understanding and Sharing Intentions".（注意，他们使用控制系统和控制论的语言明确构建了他们的讨论。）

[9] Stuart Russell, 私人访谈，2018 年 5 月 13 日。

[10] 参见例如，Uno, Kawato & Suzuki, "Formation and Control of Optimal Trajectory in Human Multijoint Arm Movement".

[11] 参见例如，Hogan, "An Organizing Principle for a Class of Voluntary Movements".

[12] Hoyt & Taylor, "Gait and the Energetics of Locomotion in Horses".

注释

[13] Farley & Taylor, "A Mechanical Trigger for the Trot-Gallop Transition in Horses"。关于人类和动物运动的生物力学的更多内容,参见著名的已故英国动物学家罗伯特·亚历山大(Robert McNeill Alexander)的著述:例如"The Gaits of Bipedal and Quadrupedal Animals", *The Human Machine*, 和 *Optima for Animals*。正如亚历山大解释的,"动物的腿和步态是两个非常有效的优化过程的产物:自然选择进化和通过经验学习。研究它们的动物学家正试图解决逆优化问题:他们正试图发现在动物腿的进化和步态的进化或学习中一直很重要的优化标准。有关人类步态背景下的逆最优控制的更多当代信息,参见 Katja Mombaur 的研究,例如,Mombaur, Truong & Laumond, "From Human to Humanoid Locomotion—an Inverse Optimal Control Approach"。

[14] 关于强化学习与多巴胺系统的关联的更多信息,参见第4章正文和注释中的讨论。有关动物觅食的更多关联,参见例如,Montague 等, "Bee Foraging in Uncertain Environments Using Predictive Hebbian Learning", 和 Niv 等, "Evolution of Reinforcement Learning in Foraging Bees"。

[15] Russell, "Learning Agents for Uncertain Environments(Extended Abstract)"。早期的工作从计量经济学的角度研究了类似问题,即所谓的"结构估计",参见 Rust, "Do People Behave According to Bellman's Principle of Optimality?", 和 "Structural Estimation of Markov Decision Processes", 以及 Sargent, "Estimation of Dynamic Labor Demand Schedules Under Rational Expectations"。从控制理论的角度来看,这个问题更早的前兆参见 Kálmán, "When Is a Linear Control System Optimal?"。1964年,在美国空军和NASA的资助下,卡尔曼在巴勒摩高级研究所工作,用他的话说,他对"最优控制理论的逆问题"感兴趣,即:给定一个控制律,找出该控制律最优化的所有性能指标。他指出,"目前对这个问题还知之甚少"。

[16] 这些加法和乘法变化被称为"仿射"变换。

[17] Ng & Russell, "Algorithms for Inverse Reinforcement Learning"。

[18] 具体来说,吴恩达和罗素使用了一种称为"$l1$ 正则化"的方法,也称为"lasso 算法"。这个想法来自 Tibshirani, "Regression Shrinkage and Selection via the Lasso"。对于正则化的思想和技术的浅显概述,参见 Christian & Griffiths, *Algorithms to Live By*。

[19] Abbeel & Ng, "Apprenticeship Learning via Inverse Reinforcement Learning"。

[20] Andrew Ng, Pieter Abbeel 博士论文答辩的介绍,斯坦福大学,2008年5月19日;参见 http://ai.stanford.edu/~pabbeel/thesis/PieterAbbeel_Defense_19May2008_320x180.mp4。

[21] Abbeel, Coates & Ng, "Autonomous Helicopter Aerobatics Through Apprenticeship Learning"。

[22] Abbeel 等, "An Application of Reinforcement Learning to Aerobatic Helicopter Flight"。他们还成功做到了鼻进漏斗和尾进漏斗。

[23] "由于重复的次优演示往往在次优性上有所不同,所以它们通常能共同编码预定的轨迹。"参见 Abbeel, "Apprenticeship Learning and Reinforcement Learning with Application to Robotic Control", 其引用了 Coates, Abbeel & Ng, "Learning for Control from Multiple Demonstrations"。

[24] Abbeel, Coates & Ng, "Autonomous Helicopter Aerobatics Through Apprenticeship Learning"。

[25] 参见杨布拉德的网站:http://www.curtisyoungblood.com/curtis-youngblood/。

[26] Curtis Youngblood, "Difference Between a Piro Flip and a Kaos", Aaron Shell 访谈, https://www.youtube.com/watch?v=TLi_hp-m-mk。

[27] 斯坦福直升机表演混沌的视频剪辑,参见 "Stanford University Autonomous Helicopter: Chaos", https://www.youtube.com/watch?v=kN6ifrqwIMY。

[28] Ziebart 等, "Maximum Entropy Inverse Reinforcement Learning", 文中利用了最大熵原理,参见 Jaynes, "Information Theory and Statistical Mechanics"。另见 Ziebart, Bagnell & Dey, "Modeling Interaction via the Principle of Maximum Causal Entropy"。

人机对齐

[29] 参见 Billard, Calinon & Guenter, "Discriminative and Adaptive Imitation in Uni-Manual and Bi-Manual Tasks", 以及 2009 年对该领域的综述，参见 Argall 等，"A Survey of Robot Learning from Demonstration"。

[30] 参见 Finn, Levine & Abbeel, "Guided Cost Learning"。另见 Wulfmeier, Ondrús'ka & Posner, "Maximum Entropy Deep Inverse Reinforcement Learning", 和 Wulfmeier, Wang & Posner, "Watch This"。

[31] 具体来说，雷克分析了所谓"lasso 程序"的终止性或非终止性。参见 Jan Leike, "Ranking Function Synthesis for Linear Lasso Programs", 硕士论文，弗莱堡大学，2013。

[32] Jan Leike, 私人访谈，2018 年 6 月 22 日。

[33] 参见 Leike & Hutter, "Bad Universal Priors and Notions of Optimality"。

[34] 这篇论文是 Christiano 等，"Deep Reinforcement Learning from Human Preferences"。OpenAI 关于该论文的博客文章，参见 "Learning from Human Preferences", https://openai.com/blog/deep-reinforcement-learning-from-human-preferences/, DeepMind 的博客文章，参见 "Learning Through Human Feedback", https://deepmind.com/blog/learning-through-human-feedback/。关于探索从人类偏好和人类反馈中学习的思想的早期工作，参见例如，Wilson, Fern & Tadepalli, "A Bayesian Approach for Policy Learning from Trajectory Preference Queries"; Knox, Stone & Breazeal, "Training a Robot via Human Feedback"; Akrour, Schoenauer & Sebag, "APRIL"; 和 Akrour 等，"Programming by Feedback"。另见 Wirth 等，"A Survey of Preference-Based Reinforcement Learning Methods"。关于将从示范中学习和从比较中学习结合起来的框架，参见 Jeon, Milli & Drăgan, "Reward-Rational (Implicit) Choice"。

[35] Paul Christiano, 私人访谈，2019 年 7 月 1 日。

[36] Todorov, Erez & Tassa, "MuJoCo"。

[37] 正如该论文写的："从长远来看，让从人类偏好中学习不会比从程序性奖励信号中学习更困难是可取的，这可以确保强大的 RL 系统不仅可用于低复杂度的目标，还可以用于复杂的人类价值观。"（Christiano 等，"Deep Reinforcement Learning from Human Preferences"）雷克和同事对人类报酬模型的后续研究，参见 Leike 等，"Scalable Agent Alignment via Reward Modeling"。

[38] Stuart Russell, 私人访谈，2018 年 5 月 13 日。

[39] 值得注意的是，将物品递给他人本身就是微妙且复杂得惊人的动作，包括推断对方会想要怎么抓住物体，如何向他们发出信号，告诉他们你打算让他们接过这个物品，等等。参见例如，Strabala 等，"Toward Seamless Human-Robot Handovers"。

[40] Hadfield-Menell 等，"Cooperative Inverse Reinforcement Learning。"["CIRL"的发音与著名强 AI 怀疑论者约翰·塞尔(John Searle) 的名字发音相同，"C"发"c"音而不是"k"音，我认为发"k"音更合适，因为"合作(cooperative)"就是"k"音，但已约定俗成。]

[41] Dylan Hadfield-Menell, 私人访谈，2018 年 3 月 15 日。

[42] Russell, Human Compatible.

[43] 例如 CIRL 框架内的第一批理论进展之一，利用了早期认知科学关于教师–学生策略共同适应的研究。参见 Fisac 等，"Pragmatic-Pedagogic Value Alignment"（其借鉴了 Shafto, Goodman & Griffiths, "A Rational Account of Pedagogical Reasoning"）；作者写道："据我们所知，这项工作是基于经验验证的认知模型的第一次正式的价值取向分析。"另见同一批作者的后续论文：Malik 等，"An Efficient, Generalized Bellman Update for Cooperative Inverse Reinforcement Learning"。

[44] 西雅图华盛顿大学的 Maya Çakmak 和里斯本高等理工学院的 Manuel Lopes 研究了这个思想；参见 Çakmak & Lopes, "Algorithmic and Human Teaching of Sequential Decision Tasks"。当然，如果人类调整他们的行为以最大限度地教学——不是为他们本身的度量而优化，而是为传达度量是什么而优

注释

化——那么反过来，计算机也最好不使用标准的 IRL（其假设示范是最佳的），而是在推断时考虑到教师的行为其实是教学。教与学的策略相适应。这是认知科学和机器学习中活跃的研究领域。参见例如，Ho 等，"Showing Versus Doing"，和 Ho 等，"A Rational-Pragmatic Account of Communicative Demonstrations"。

[45] 参见 Gopnik, Meltzoff & Kuhl, *The Scientist in the Crib*："事实证明，妈妈语不仅是我们用来吸引婴儿的甜美迷人的歌声……完全无意识的 [父母] 在和婴儿说话时的声音比和其他成年人说话时更清晰，发音更准确。"例如，作者指出，英语和瑞典语的妈妈语听起来不同。关于这一领域的最新研究，参见 Eaves 等，"Infant-Directed Speech Is Consistent With Teaching"，和 Ramírez, Lytle & Kuhl, "Parent Coaching Increases Conversational Turns and Advances Infant Language Development"。

[46] 物品的交接是人机交互研究的一个焦点。参见例如，Strabala 等，"Toward Seamless Human-Robot Handovers"。

[47] Drăgan, Lee & Srinivasa, "Legibility and Predictability of Robot Motion"；另见 Takayama, Dooley & Ju, "Expressing Thought"（公平地说，这的确指的是"可读的"动作的概念），和 Gielniak & Thomaz, "Generating Anticipation in Robot Motion"。最近的工作着眼于，例如，如何不仅传达机器的目标，而且在目标已知的情况下传达计划：参见 Fisac 等，"Generating Plans That Predict Themselves"。

[48] Jan Leike，私人访谈，2018 年 6 月 22 日。另见 Christiano 等，"Deep Reinforcement Learning from Human Preferences"："离线训练奖励预测器可能会导致出现提供真实奖励时不太可能看到的奇怪行为。例如，《乒乓》离线训练有时会让自主体避免丢分，但不会得分；这会导致非常长的截球。这类行为表明，一般来说，人类的反馈需要与 RL 交织在一起，而不是静态地提供。"

[49] Julie Shah，私人访谈，2018 年 3 月 2 日。

[50] 关于人类岗位轮换培训的研究，参见 Blickensderfer, Cannon-Bowers & Salas, "Cross-Training and Team Performance"；Cannon-Bowers 等，"The Impact of Cross-Training and Workload on Team Functioning"；和 Marks 等，"The Impact of Cross-Training on Team Effectiveness"。

[51] Nikolaidis 等，"Improved Human-Robot Team Performance Through Cross-Training: An Approach Inspired by Human Team Training Practices"。

[52] "Julie Shah：Human/Robot Team Cross Training"，https://www.youtube.com/watch?v=UQrtw0YUlqM.

[53] 沙阿的实验室最近的工作探索了角色互换不可行的情况。这里可以利用一个称为"扰动训练"的相关概念；参见 Ramakrishnan, Zhang & Shah, "Perturbation Training for Human-Robot Teams"。

[54] Murdoch, *The Bell*。

[55] 一些处于认知科学和 AI 安全交汇点的研究人员，包括人类未来研究所的欧文·埃文斯（Owain Evans），正在研究考虑以下情形的逆强化学习方法，例如，一个人如果经过糕点店会忍不住走进店里，但他会绕道以避开糕点店。参见例如，Evans, Stuhlmüller & Goodman, "Learning the Preferences of Ignorant, Inconsistent Agents"，和 Evans & Goodman, "Learning the Preferences of Bounded Agents"。关于 IRL 的研究有一条完整的支线，融合了怪异的甚至非理性的人类行为。关于使用机器学习对人类偏好和决策建模的工作，另见 Bourgin 等，"Cognitive Model Priors for Predicting Human Decisions"。

[56] 参见例如，Snyder, *Public Appearances*, *Private Realities*；Covey, Saladin & Killen, "Self-Monitoring, Surveillance, and Incentive Effects on Cheating"；和 Zhong, Bohns & Gino, "Good Lamps Are the Best Police"。

[57] 参见 Bateson, Nettle & Roberts, "Cues of Being Watched Enhance Cooperation in a Real-World Setting"，和 Heine 等，"Mirrors in the Head"。

[58] Bentham, "Letter to Jacques Pierre Brissot de Warville"。

[59] Bentham,"Preface".

9. 不定

[1] Russell,"Ideas That Have Harmed Mankind".

[2] "Another Day the World Almost Ended".

[3] Aksenov,"Stanislav Petrov".

[4] 同上。

[5] Hoffman,"I Had a Funny Feeling in My Gut".

[6] Nguyen, Yosinski & Clune,"Deep Neural Networks Are Easily Fooled"。关于神经网络预测的置信度的讨论,参见 Guo 等,"On Calibration of Modern Neural Networks"。

[7] 参见 Szegedy 等,"Intriguing Properties of Neural Networks"和 Goodfellow, Shlens & Szegedy,"Explaining and Harnessing Adversarial Examples"。这是一个活跃的研究领域;关于使系统对对抗样本稳健的最近工作,参见例如,Mądry 等,"Towards Deep Learning Models Resistant to Adversarial Attacks",Xie 等,"Feature Denoising for Improving Adversarial Robustness",和 Kang 等,"Testing Robustness Against Unforeseen Adversaries"。另见 Ilyas 等,"Adversarial Examples Are Not Bugs, They Are Features",该文将对抗样本放在对齐背景中——"(人类指定的)稳健性概念与数据的固有几何结构之间的不对齐"——并认为"获得稳健且可解释的模型需要将人类预先明确编码到训练过程中"。

[8] Creighton,"Making AI Safe in an Unpredictable World"。

[9] 有关迪特里希的"开放类别问题"研究的详细信息,参见 https://futureoflife.org/ai-researcher-thomas-dietterich/,为此他获得了生命未来研究所的资助。

[10] Thomas G. Dietterich,"Steps Toward Robust Artificial Intelligence"(讲座),2016 年 2 月 14 日,30th AAAI Conference on Artificial Intelligence, 亚利桑那州凤凰城,http://videolectures.net/aaai2016_dietterich_artificial_intelligence/。这个讲座也以略微不同的形式发表;参见 Dietterich,"Steps Toward Robust Artificial Intelligence"。关于开放类别学习的更多内容,参见例如,Scheirer 等,"Toward Open Set Recognition";Da, Yu & Zhou,"Learning with Augmented Class by Exploiting Unlabeled Data";Bendale & Boult,"Towards Open World Recognition";Steinhardt & Liang,"Unsupervised Risk Estimation Using Only Conditional Independence Structure";Yu 等,"Open-Category Classification by Adversarial Sample Generation";和 Rudd 等,"The Extreme Value Machine"。对抗样本和稳健分类的其他相关方法包括 Liu & Ziebart,"Robust Classification Under Sample Selection Bias",和 Li & Li,"Adversarial Examples Detection in Deep Networks with Convolutional Filter Statistics"。迪特里希与合作者更近期的结果,参见 Liu 等,"Can We Achieve Open Category Detection with Guarantees?",和 Liu 等,"Open Category Detection with PAC Guarantees",以及 Hendrycks, Mazeika & Dietterich,"Deep Anomaly Detection with Outlier Exposure"。关于谷歌大脑和 OpenAI 研究人员在 2018 年提出的一项旨在刺激对这些问题的研究的基准竞赛,请参见 Brown 等,"Unrestricted Adversarial Examples",以及"Introducing the Unrestricted Adversarial Example Challenge",*Google AI Blog*,https://ai.googleblog.com/2018/09/introducing-unrestricted-adversarial.html。

[11] Rousseau, *Emile; or, On Education*.

[12] Jefferson, *Notes on the State of Virginia*.

[13] Yarin Gal, 私人访谈,2019 年 7 月 11 日。

[14] Yarin Gal,"Modern Deep Learning Through Bayesian Eyes"(讲座),微软研究院,2015 年 12 月 11 日,https://www.microsoft.com/en-us/research/video/modern-deep-learning-through-bayesian-eyes/。

注释

[15] Zoubin Ghahramani, "Probabilistic Machine Learning: From Theory to Industrial Impact"（讲座），2018 年 10 月 5 日，PROBPROG 2018：The International Conference on Probabilistic Programming, https://youtu.be/crvNIGyqGSU。

[16] 有关贝叶斯神经网络的开创性论文，参见 Denker 等，"Large Automatic Learning, Rule Extraction, and Generalization"；Denker & LeCun, "Transforming Neural-Net Output Levels to Probability Distributions"；MacKay, "A Practical Bayesian Framework for Backpropagation Networks"；Hinton & Van Camp, "Keeping Neural Networks Simple by Minimizing the Description Length of the Weights"；Neal, "Bayesian Learning for Neural Networks"；和 Barber & Bishop, "Ensemble Learning in Bayesian Neural Networks"。更多最近的工作，参见 Graves, "Practical Variational Inference for Neural Networks"；Blundell 等，"Weight Uncertainty in Neural Networks"；和 Hernández-Lobato & Adams, "Probabilistic Backpropagation for Scalable Learning of Bayesian Neural Networks"。关于这些想法的更详细历史，参见 Gal, "Uncertainty in Deep Learning"。关于机器学习中概率方法的概述，参见 Ghahramani, "Probabilistic Machine Learning and Artificial Intelligence"。

[17] Yarin Gal, 私人访谈，2019 年 7 月 11 日。

[18] Yarin Gal, "Modern Deep Learning Through Bayesian Eyes" (lecture), Microsoft Research, December 11, 2015, https://www.microsoft.com/en-us/research/video/modern-deep-learning-through-bayesian-eyes/。

[19] 关于使用丢弃－集成不确定性来检测对抗样本的情况，参见 Smith & Gal, "Understanding Measures of Uncertainty for Adversarial Example Detection"。

[20] 每个模型通常被分配一个权重来描述它解释数据的能力。这种方法被称为"贝叶斯模型平均"，或 BMA；参见 Hoeting 等，"Bayesian Model Averaging：A Tutorial"。

[21] 特别是，人们发现丢弃有助于防止网络过于脆弱地"过拟合"其训练数据。参见 Srivastava 等，"Dropout"，这篇文章在发表后 6 年内被引用达惊人的 18500 次。

[22] 参见 Gal & Ghahramani, "Dropout as a Bayesian Approximation"。近年来出现了替代和扩展；参见例如，Lakshminarayanan, Pritzel & Blundell, "Simple and Scalable Predictive Uncertainty Estimation Using Deep Ensembles"。

[23] Yarin Gal, 私人访谈，2019 年 7 月 11 日。一个应用是在眼科，在正文中讨论；其他例子包括例如优步的需求预测模型（Zhu & Nikolay, "Engineering Uncertainty Estimation in Neural Networks for Time Series Prediction at Uber"），和丰田研究院的驾驶员预测系统（Huang 等，"Uncertainty-Aware Driver Trajectory Prediction at Urban Intersections"）。

[24] 参见 Gal & Ghahramani, "Bayesian Convolutional Neural Networks with Bernoulli Approximate Variational Inference"，§4.4.2；具体来说，Gal 和 Ghahramani 研究了 Lin, Chen & Yan, "Network in Network", 和 Lee 等，"Deeply-Supervised Nets"，请注意，调整丢弃率时应小心谨慎；参见 Gal & Ghahramani, "Dropout as a Bayesian Approximation"。对于这种思想在递归网络和强化学习中的应用，分别参见 Gal & Ghahramani, "A Theoretically Grounded Application of Dropout in Recurrent Neural Networks"；Gal, "Uncertainty in Deep Learning", §3.4.2；和 Gal, McAllister & Rasmussen, "Improving PILCO with Bayesian Neural Network Dynamics Models"。

[25] Gal & Ghahramani, "Dropout as a Bayesian Approximation"。

[26] Yarin Gal, 私人访谈，2019 年 7 月 11 日。

[27] 参见 Engelgau 等，"The Evolving Diabetes Burden in the United States"，和 Zaki 等，"Diabetic Retinopathy Assessment"。

[28] Leibig 等，"Leveraging Uncertainty Information from Deep Neural Networks for Disease Detection"。

[29] 许多小组在探索机器学习中"选择性分类"这一宽泛概念的潜力。例如，谷歌研究院的Corinna Cortes和同事探索了"可拒绝的学习"的想法，即分类器可以直接"撒手不干"或以其他方式拒绝做出分类判断。参见Cortes, DeSalvo & Mohri, "Learning with Rejection"；另见C. K. Chow从20世纪中期开始探索相关思想的统计研究：Chow, "An Optimum Character Recognition System Using Decision Functions", 和Chow, "On Optimum Recognition Error and Reject Tradeoff"。强化学习背景下的类似方法，参见Li等, "Knows What It Knows"。

2018年，由多伦多大学博士生大卫·马德拉斯(David Madras)领导的团队拓宽了这一思路，不仅探讨了机器学习系统如何试图推迟棘手或模糊的情形以避免出错，还探讨了它如何与收拾残局的人类决策者协同工作。如果人类决策者碰巧对某些类型的样本特别有把握，系统应该更加服从，即使它在其他方面很自信；相反，如果人类对某些类型的样本很不在行，系统可能会直接冒险做出最佳猜测，即使它不确定。目的不是优化它自己的准确性，而是优化人机决策团队整体的准确性。参见Madras, Pitassi & Zemel, "Predict Responsibly"。

在相关研究中，密歇根大学的张舜、Edmund Durfee和Satinder Singh探索了网格世界环境中的自主体的想法，该自主体通过询问人类用户是否介意某些事情被改变来最小化副作用，并且能以尽可能少的询问来保障安全操作。参见Zhang, Durfee & Singh, "Minimax-Regret Querying on Side Effects for Safe Optimality in Factored Markov Decision Processes"。

[30] Kahn等, "Uncertainty-Aware Reinforcement Learning for Collision Avoidance"。

[31] 关联不确定性与陌生环境的相关工作，参见Kenton等, "Generalizing from a Few Environments in Safety-Critical Reinforcement Learning"。模仿学习和自动驾驶汽车背景下的相关工作，参见Tigas等, "Robust Imitative Planning"。

[32] Holt等, "An Unconscious Patient with a DNR Tattoo"。另见新闻报道：Bever, "A Man Collapsed with 'Do Not Resuscitate' Tattooed on His Chest", 和Hersher, "When a Tattoo Means Life or Death"。

[33] Holt等, "An Unconscious Patient with a DNR Tattoo"。

[34] Cooper & Aronowitz, "DNR Tattoos"。

[35] Holt等, "An Unconscious Patient with a DNR Tattoo"。

[36] Bever, "A Man Collapsed with 'Do Not Resuscitate' Tattooed on His Chest"。

[37] Sunstein, "Irreparability as Irreversibility"。另见Sunstein, "Irreversibility"。

[38] Sunstein, "Beyond the Precautionary Principle"。另见Sunstein, Laws of Fear。

[39] Amodei等, "Concrete Problems in AI Safety", 对"避免负面副作用"和"影响规范化"进行了出色而且广泛的讨论。Taylor等, "Alignment for Advanced Machine Learning Systems", 也讨论了各种"影响度量"的想法。关于最近的影响研究，参见Daniel Filan, "Test Cases for Impact Regularisation Methods", https://www.alignmentforum.org/posts/wzPzPmAsG3BwrBrwy/test-cases-for-impact-regularisation-methods。

CMU博士生Benjamin Eysenbach在3D MuJoCo环境中研究了类似想法。他的想法是可逆的，融合了徒步旅行者和背包客的"不留痕迹"精神。这个想法是用常规的强化学习方法来发展完成各种任务的能力，但有一个重要的附带条件。在雅达利游戏中，典型的学习包括数十万次外部强加的重启，与视频游戏的遍历环境不同，他的自主体在再次尝试它们试图做的任何事情之前，总是将自己重置回准确的初始配置。初步的结果令人鼓舞，例如，他的简笔画猎豹会快速移动到悬崖边缘，然后后退——似乎已经内化了一旦越过边缘就没有回头路。参见Eysenbach等, "Leave No Trace"。另见更早的类似想法：Weld & Etzioni, "The First Law of Robotics (a Call to Arms)"。

[40] 阿姆斯特朗在低影响AI自主体方面的工作，参见Armstrong & Levinstein, "Low Impact Artificial Intelligences"。他在2012年和2013年发表的论文是最早明确强调这一问题的论文之一：参见Arm-

strong,"The Mathematics of Reduced Impact",和 Armstrong,"Reduced Impact AI"。

[41] Armstrong & Levinstein,"Low Impact Artificial Intelligences".

[42] 同上。

[43] 正如埃利泽·尤多科夫斯基说的,"如果你要治愈癌症,就要确保病人还是会死!"参见 https://intelligence.org/2016/12/28/ai-alignment-why-its-hard-and-where-to-start/。另见 Armstrong & Levinstein,"Low Impact Artificial Intelligences",其中使用了小行星撞地球的例子。一个被限制只采取"低影响"行动的系统可能无法让它转向,甚至还会更糟,一个能够抵消的系统可能会让小行星转向,拯救地球,最后又设法炸毁地球。

[44] Victoria Krakovna,私人访谈,2017年12月8日。

[45] 参见 Krakovna 等,"Penalizing Side Effects Using Stepwise Relative Reachability"。对克拉科夫纳来说,用"副作用"而不是"影响"来描述这个问题,至少让一些悖论消失了。"如果拿着盒子的机器人撞到了花瓶,"她说,"打碎花瓶是副作用,因为机器人很容易绕过花瓶。另一方面,做煎蛋卷的烹饪机器人必须打破一些鸡蛋,所以打破鸡蛋不是副作用。"另见 Victoria Krakovna,"Measuring and Avoiding Side Effects Using Relative Reachability",2018年6月5日,https://vkrakovna.wordpress.com/2018/06/05/measuring-and-avoiding-side-effects-using-relative-reachability/。

[46] Leike 等,"AI Safety Gridworlds"。

[47] Victoria Krakovna,私人访谈,2017年12月8日。

[48] 逐步可达的想法是 Alexander Turner 提出的:https://www.alignmentforum.org/posts/DvmhXysefE-yEvXuXS/overcoming-clinginess-in-impact-measures。对相对可达性思想的探讨参见 Krakovna 等,"Penalizing Side Effects Using Stepwise Relative Reachability",和 Krakovna 等,"Designing Agent Incentives to Avoid Side Effects",*DeepMind Safety Research*(博客),https://medium.com/@deepmindsafetyresearch/designing-agent-incentives-to-avoid-side-effects-e1ac80ea6107。

[49] Turner,Hadfield-Menell & Tadepalli,"Conservative Agency via Attainable Utility Preservation"。另见特纳的"Reframing Impact"系列(https://www.alignmentforum.org/s/7CdoznhJaLEKHwvJW)和"Towards a New Impact Measure"中的附加讨论(https://www.alignmentforum.org/posts/yEa7kwoMpsBgaB-Cgb/towards-a-new-impact-measure);他写道:"我有一个理论,可实现效用保留似乎对高级自主体有效,不是因为可实现集效用的内容确实很重要,而是因为存在一个共同的效用实现权力货币。"参见 Turner,"Optimal Farsighted Agents Tend to Seek Power"。有关 AI 安全背景下权力概念的更多信息,包括对"赋权"的信息论解释,参见 Amodei 等,"Concrete Problems in AI Safety",其中又引用了 Salge,Glackin & Polani,"Empowerment: An Introduction",和 Mohamed & Rezende,"Variational Information Maximisation for Intrinsically Motivated Reinforcement Learning"。

[50] Alexander Turner,私人访谈,2019年7月11日。

[51] Wiener,"Some Moral and Technical Consequences of Automation".

[52] 根据保罗·克里斯蒂诺的说法,"可纠正性"作为 AI 安全的一个宗旨始于机器智能研究所的埃利泽·尤多科夫斯基,名字本身来自 Robert Miles。参见 Christiano 的"Corrigibility",https://ai-alignment.com/corrigibility-3039e668638。

[53] Dadich,Ito & Obama,"Barack Obama,Neural Nets,Self-Driving Cars,and the Future of the World".

[54] Dylan Hadfield-Menell,私人访谈,2018年3月15日。

[55] Turing,"Can Digital Computers Think?".

[56] Russell,*Human Compatible*。罗素早些时候就在"Should We Fear Supersmart Robots?"中提出了这一点。在那之前大约10年,史蒂夫·奥莫亨德罗(Steve Omohundro)在"The Basic AI Drives"中指出,"几

人机对齐

乎所有系统都会保护它们的效用函数不被修改"。

[57] Soares 等，"Corrigibility"。另见相关工作：Armstrong，"Motivated Value Selection for Artificial Agents"。关于纠正或中断 AI 自主体时出现的有趣问题，参见例如，Orseau & Armstrong，"Safely Interruptible Agents"，和 Riedl & Harrison，"Enter the Matrix"。关于机器人实际上要求人们不要关闭它们，以及人类是否会遵守的研究，参见 Horstmann 等，"Do a Robot's Social Skills and Its Objection Discourage Interactants from Switching the Robot Off?"。

[58] 参见 Nate Soares 等，"Corrigibility"，AAAI-15 会议报告，2015 年 1 月 25 日，https://intelligence.org/wp-content/uploads/2015/01/AAAI-15-corrigibility-slides.pdf。

[59] Russell，"Should We Fear Supersmart Robots?"。

[60] Dylan Hadfield-Menell，"The Off-Switch"（讲座），Colloquium Series on Robust and Beneficial AI (CSRBAI)，机器智能研究所，加州伯克利，2016 年 6 月 8 日，https://www.youtube.com/watch?v=t06I-ciZknDg。

[61] Milli 等，"Should Robots Be Obedient?"。关于系统最好不服从人类命令的情形，其他工作参见例如，Coman 等，"Social Attitudes of AI Rebellion"，和 Aha & Coman，"The AI Rebellion"。

[62] Smitha Milli，"Approaches to Achieving AI Safety"（访谈），澳大利亚墨尔本，2017 年 8 月，https://www.youtube.com/watch?v=l82SQfrbdj4。

[63] 关于使用这种范式的可纠正性和模型错误设定的更多信息，也可参见例如，Carey，"Incorrigibility in the CIRL Framework"。

[64] Dylan Hadfield-Menell，私人访谈，2018 年 3 月 15 日。

[65] Russell，*Human Compatible*。

[66] Hadfield-Menell 等，"Inverse Reward Design"。

[67] DeepMind 的 Tom Everitt 以及 DeepMind 和澳大利亚国立大学的一组合作者对此问题的相关框架和方法，参见 Everitt 等，"Reinforcement Learning with a Corrupted Reward Channel"。

[68] Hadfield-Menell 等，"Inverse Reward Design"。

[69] Prümmer，*Handbook of Moral Theology*.

[70] Rousseau，*Emile*；或 *On Education*。

[71] 实际上，几乎所有具体的历史辩论都涉及争论一个行为是否有罪的情形，但不包括不采取那个行为也可能有罪的情形。关于这一点的更多讨论，参见 Sepielli，"Along an Imperfectly-Lighted Path"。

[72] 这句被广泛引用的格言的最初措辞出现在 1930 年 9 月 20 日《圣地亚哥联合报》的社论中："零售珠宝商声称，所有男人都应该带两块手表。但是只有一块手表的人知道现在是什么时间，而有两块手表的人永远不能确定。"

[73] Prümmer，*Handbook of Moral Theology*.

[74] 参见 Connell，"Probabilism"。

[75] Prümmer，*Handbook of Moral Theology*.

[76] Will MacAskill，私人访谈，2018 年 5 月 11 日。

[77] 密歇根理工大学的泰德·洛克哈特（Ted Lockhart）是近年来重新审视这些问题的哲学家之一。参见 Lockhart，*Moral Uncertainty and Its Consequences*，正如他说的："当我不确定我在道德上应该做什么时，我应该做什么？哲学家们很少关注这类问题。"

[78] 关于有效利他理念的更多观点，参见 MacAskill，*Doing Good Better*，和 Singer，*The Most Good You Can Do*。关于"有效利他理念"一词的历史的更多信息，参见 MacAskill，"The History of the Term 'Effective Altruism'"，Effective Altruism Forum，http://effective-altruism.com/ea/5w/the_history_of_the_term_effective_altruism/。

[79] MacAskill, Bykvist & Ord, *Moral Uncertainty*。另见更早的书：Lockhart, *Moral Uncertainty and Its Consequences*。

[80] 参见例如, Lockhart, *Moral Uncertainty and Its Consequences*, 和 Gustafsson & Torpman, "In Defence of My Favourite Theory"。

[81] 例如, 有纯粹的比较理论和纯粹的道义理论。还有其他麻烦；更多的讨论参见 MacAskill, Bykvist & Ord, *Moral Uncertainty*。

[82] 关于社会选择理论的更多内容, 参见例如, Mueller, *Public Choice III*, 和 Sen, *Collective Choice and Social Welfare*；关于从计算角度看社会选择理论的更多内容, 参见例如, Brandt 等, *Handbook of Computational Social Choice*。

[83] 关于"道德议会"的想法, 参见 Bostrom, "Moral Uncertainty—Towards a Solution?"。关于"道德贸易", 参见 Ord, "Moral Trade"。

[84] 一种方法, 参见例如, Humphrys, "Action Selection in a Hypothetical House Robot"。

[85] 参见 "Allocation of Discretionary Funds from Q1 2019", *The GiveWell Blog*, https://blog.givewell.org/2019/06/12/allocation-of-discretionary-funds-from-q1-2019/ 。

[86] 关于这方面的更多讨论, 参见 Ord, *The Precipice*。

[87] Paul Christiano, 私人访谈, 2019 年 7 月 1 日。

[88] 关于这个主题, 另见 Sepielli, "What to Do When You Don't Know What to Do When You Don't Know What to Do ……"。

[89] Shlegeris, "Why I'm Less of a Hedonic Utilitarian Than I Used to Be"。

结语

[1] Bertrand Russell, "The Philosophy of Logical Atomism", 收录在 *Logic and Knowledge*。

[2] 参见 Knuth, "Structured Programming with *Go to* Statements", 和 Knuth, "Computer Programming as an Art", 都发表于 1974 年。这句话的历史有点复杂, 15 年后, 1989 年, 在 "The Errors of TeX" 中, 高纳德自己说这是"霍尔（C.A.R. Hoare）的名言"。然而, 似乎没有任何证据表明是霍尔说的。当霍尔本人在 2004 年被问及时, 他说他"不记得"这句话是从哪里来的, 认为可能是埃德格·迪克斯特拉（Edsger Dijkstra）说过诸如此类的话, 并补充说, "我认为你假设这是常见的文化或民间说法是公平的"（Hans Gerwitz, "Premature Optimization Is the Root of All Evil", https://hans.gerwitz.com/2004/08/12/premature-optimization-is-the-root-of-all-evil.html）。高纳德在 2012 年承认, "我确实说过'编程时过早优化是万恶之源'之类的话"（Mark Harrison, "A note from Donald Knuth about TAOCP", http://codehaus.blogspot.com/2012/03/note-from-donald-knuth-about-taocp.html）。这句话十有八九就是他说的。

[3] 美国疾控中心警告说, 卧室太冷会导致婴儿体温过低。2017 年, 泰国一名健康中年男子在低温休克后死于卧室, 原因只是在寒冷的夜晚开着风扇。分别参见 Centers for Disease Control and Prevention, "Prevent Hypothermia and Frostbite", https://www.cdc.gov/disasters/winter/staysafe/hypothermia.html , 和 *Straits Times*, "Thai Man Dies From Hypothermia After Sleeping With 3 Fans Blowing at Him", 2017 年 11 月 6 日, https://www.straitstimes.com/asia/se-asia/thai-man-dies-from-hypothermia-after-sleeping-with-3-fans-blowing-at-him 。

[4] Wiener, *God and Golem, Inc*。2016 年, MIRI 研究员杰西卡·泰勒（Jessica Taylor）探索了她所谓的"量化器"的相关概念：自主体不是彻底优化一个可能有问题的指标, 而是满足于"足够好"的行为；参见 Taylor, "Quantilizers"。这也与被称为"早停法"的正则化方法有相似之处；参见 Yao, Rosasco

& Caponnetto, "On Early Stopping in Gradient Descent Learning"。在 AI 安全背景下，关于"一个可以用来改进系统的指标何时会到继续优化无效或有害的程度"的进一步讨论，参见 Manheim & Garrabrant, "Categorizing Variants of Goodhart's Law"。

[5] "£13.3m Boost for Oxford's Future of Humanity Institute", http://www.ox.ac.uk/news/2018-10-10-£133m-boost-oxford's-future-humanity-institute .

[6] Huxley, *Ends and Means*.

[7] 关于最近对医学中的性别偏差的公开讨论，参见 Perez, *Invisible Women*。关于这一主题的学术文献，参见例如，Mastroianni, Faden & Federman, *Women and Health Research*, 和 Marts & Keitt, "Foreword"。医学界还担心，老年人——目前增长最快的人口群体——在医学实验中的代表性也严重不足；参见例如，"Under-Representation of Elderly and Women in Clinical Trials", 和 Shenoy & Harugeri, "Elderly Patients' Participation in Clinical Trials"。

在诸多领域中这都是一个活跃的研究方向；例如，最近关于动物博物馆藏品的讨论，参见 Cooper 等，"Sex Biases in Bird and Mammal Natural History Collections"。

[8] 参见例如，Bara Fintel, Athena T. Samaras & Edson Carias, "The Thalidomide Tragedy: Lessons for Drug Safety and Regulation", *Helix*, https://helix.northwestern.edu/article/thalidomide-tragedy-lessons-drug-safety-and-regulation；Nick McKenzie & Richard Baker, "The 50-Year Global Cover-up", *Sydney Morning Herald*, 2012 年 7 月 26 日, https://www.smh.com.au/national/the-50-year-global-cover-up-20120725-22r5c.html；和 "Thalidomide", Brought to Life, Science Museum, http://broughttolife.sciencemuseum.org.uk/broughttolife/themes/controversies/thalidomide，还有例如，Marts & Keitt, "Foreword"。

[9] 有时候，这种共识会令人不快。2019 年，AI Now 研究所的凯特·克劳福德（Kate Crawford）和艺术家特雷弗·帕格伦(Trevor Paglen)挖掘了 ImageNet 的数据，发现了一些离奇而令人震惊的东西。参见他们的 "Excavating AI": https://www.excavating.ai。他们的工作导致 ImageNet 从数据集中删除了 60 万张人物图像，这些图像标记了从"偷盗癖"到"乡巴佬"到"妓女"之类的东西。

[10] 原始的 ImageNet 数据实际上包含 2 万个类别；AlexNet 在 2012 年赢得的 ImageNet 大规模视觉识别挑战赛（ILSVRC）使用了仅包含 1 000 个类别的精简版数据。参见 Deng 等，"ImageNet", 和 Russakovsky 等，"ImageNet Large Scale Visual Recognition Challenge"。

[11] 斯图尔特·罗素论证了这一点，他建议使用机器学习本身来推断标签错误的不同成本的更细致的表示。参见例如，Russell, *Human Compatible*。

[12] 参见 Mikolov 等，"Efficient Estimation of Word Representations in Vector Space"。

[13] 2019 年 5 月，arXiv 论文 Nissim, van Noord & van der Goot, "Fair Is Better Than Sensational" 引起了一些轰动；它尖锐批评了类比的"平行四边形"法。Bolukbasi 等，"Man Is to Computer Programmer as Woman Is to Homemaker?" 一文的作者在推特上进行了回应，非正式讨论在 https://twitter.com/adamfungi/status/1133865428663635968。博鲁克巴斯的这篇论文，在附录 A 和附录 B 中，讨论了 3CosAdd 算法和作者使用的算法之间微妙但重要的差异。

[14] Tversky, "Features of Similarity"。

[15] 参见例如，Chen, Peterson & Griffiths, "Evaluating Vector-Space Models of Analogy"。

[16] 关于监禁本身可能造成的犯罪影响，对此的讨论参见例如，Stemen, "The Prison Paradox"（尤其是脚注 23），和 Roodman, "Aftereffects"。

[17] 参见例如，Jung 等，"Eliciting and Enforcing Subjective Individual Fairness"。

[18] 参见 Poursabzi-Sangdeh 等，"Manipulating and Measuring Model Interpretability"。

[19] 例如，Bryson, "Six Kinds of Explanation for AI" 认为，AI 背景下的"解释"不仅应该包括系统的内部运作原理，还应该包括"使得系统作为产品发布和销售以及 / 或者作为服务运营的人类行为"。

注释　　　　　　　　　　　　　　　　　　　　　　　　　　　　　　297

[20] 参见 Ghorbani，Abid & Zou，"Interpretation of Neural Networks Is Fragile"。

[21] 参见 Mercier & Sperber，"Why Do Humans Reason?"。AI 对齐问题中一个有趣的研究方向，涉及开发能够相互辩论的机器学习系统；参见 Irving，Christiano & Amodei，"AI Safety via Debate"。

[22] Jan Leike，"General Reinforcement Learning"（讲座），Colloquium Series on Robust and Beneficial AI 2016，机器智能研究所，加州伯克利，2016 年 6 月 9 日，https://www.youtube.com/watch?v=hSiuJu-vTBoE&t=239s。避免不可恢复错误的强化学习思想是一个活跃的研究领域；一些研究参见例如，Saunders 等，"Trial Without Error"，和 Eysenbach 等，"Leave No Trace"。

[23] 参见 Omohundro，"The Basic AI Drives"。另见例如，蒙哥马利 1921 年《绿山墙的安妮》系列小说中的《壁炉山庄的丽拉》，书中丽拉沉思道："我不想回到两年前的那个女孩，即使我能……而且……再过两年，当我回首往事时，我可能也会感谢他们带给我的成长；但我现在不想要了。"奥利弗小姐回应道："我们从来不这样做。我想，这就是为什么我们不能选择自己的发展方式和衡量标准。"

[24] 参见 Paul，*Transformative Experience*。

[25] "多主体强化学习"的子领域致力于解决这类问题。参见例如，Foerster 等，"Learning to Communicate with Deep Multi-Agent Reinforcement Learning"，和 Foerster 等，"Learning with Opponent-Learning Awareness"。

[26] Piaget，*The Construction of Reality in the Child*.

[27] Demski & Garrabrant，"Embedded Agency"。

[28] 参见例如，Evans，Stuhlmüller & Goodman，"Learning the Preferences of Ignorant，Inconsistent Agents"；Evans & Goodman，"Learning the Preferences of Bounded Agents"；和 Bourgin 等，"Cognitive Model Priors for Predicting Human Decisions"。

[29] 参见 Ziebart 等，"Maximum Entropy Inverse Reinforcement Learning"，和 Ziebart，Bagnell & Dey，"Modeling Interaction via the Principle of Maximum Causal Entropy"。最近在机器人和自动驾驶汽车方面的许多工作都使用了这种相同的人类行为模型，有时被称为"喧闹理性"行为或"玻尔兹曼（非）理性"。参见例如，Finn，Levine & Abbeel，"Guided Cost Learning"；Sadigh 等，"Planning for Autonomous Cars That Leverage Effects on Human Actions"；和 Kwon 等，"When Humans Aren't Optimal"。

[30] 正如斯图尔特·罗素在 1998 年的原始论文中说的，"我们能通过在学习期间而不是在学习之后的观察来确定奖励函数吗？" Russell，"Learning Agents for Uncertain Environments（Extended Abstract）"。

[31] 这仍是一个非常有待研究的问题。最近的工作参见 Chan 等，"The Assistive Multi-Armed Bandit"。

[32] 伯克利的史密莎·米利和安卡·德拉甘探讨了这个问题，参见 Milli & Drăgan，"Literal or Pedagogic Human?"。

[33] Stefano Ermon，Ariel Conn 访谈，生命未来研究所（Future of Life Institute），2017 年 1 月 26 日，https://futureoflife.org/2017/01/26/stefano-ermon-interview/。

[34] Roman Yampolskiy，Ariel Conn 访谈，生命未来研究所，2017 年 1 月 18 日，https://futureoflife.org/2017/01/18/roman-yampolskiy-interview/。

[35] 参见例如，Arrow，"A Difficulty in the Concept of Social Welfare"。

[36] 另见 Recht 等，"Do ImageNet Classifiers Generalize to ImageNet?"，他们尝试在新照片上重现 AlexNet 和其他图像识别系统的准确性，结果发现准确性一直存在差距。作者们推测，无论他们多么努力地模仿最初的 CIFAR-10 和 ImageNet 方法，2019 年的图像和人类提供的标签都不可避免地与 2012 年有所不同。

[37] Latour，*Pandora's Hope*.

[38] 参见 Paul Christiano，"What Failure Looks Like"，AI Alignment Forum，2019 年 3 月 17 日，https://www.alignmentforum.org/posts/HBxe6wdjxK239zajf/what-failure-looks-like。"AI 灾难的刻板印象是一个强大、恶意的 AI 系统，让其创造者措手不及，并迅速取得对人类的决定性优势。我认为失败可能不是这个样子，"他写道。相反，他担心"机器学习将增强我们'获得我们可以衡量的东西'的能力，这可能会导致一场缓慢发展的灾难"。

[39] National Transportation Safety Board，2019。*Collison Between Vehicle Controlled by Developmental Auto-mated Driving System and Pedestrian*。Highway Accident Report NTSB/HAR-19/03。华盛顿特区。

[40] 参见例如，Odell，*How to Do Nothing*。

[41] Read，*The Grass Roots of Art*.

[42] Turing 等，"Can Automatic Calculating Machines Be Said to Think?"。

致谢

[1] McCulloch，*Finality and Form*.

扫描二维码，进入一推君的奇妙领地，
回复"人机对齐"，获取本书参考文献及索引。

图书在版编目（CIP）数据

人机对齐 /（美）布莱恩·克里斯汀著；唐璐译 . —长沙：湖南科学技术出版社，2023.6（2024.10重印）
书名原文：The Alignment Problem
 ISBN 978-7-5710-2173-3

Ⅰ . ①人… Ⅱ . ①布… ②唐… Ⅲ . ①机器学习 Ⅳ . ① TP181

中国国家版本馆 CIP 数据核字〔2023〕第 072569 号

Copyright 2020 by Brian Christian

湖南科学技术出版社独家获得本书中文简体版出版发行权
著作权登记号：18-2017-286

REN-JI DUIQI
人机对齐

著者	印刷
［美］布莱恩·克里斯汀	长沙超峰印刷有限公司
译者	厂址
唐璐	宁乡市金州新区泉洲北路 100 号
审校	邮编
安远 AI	410600
出版人	版次
潘晓山	2023 年 6 月第 1 版
策划编辑	印次
吴炜　李蓓　孙桂均	2024 年 10 月第 2 次印刷
责任编辑	开本
吴炜　李蓓	710 mm×1000 mm　1/16
出版发行	印张
湖南科学技术出版社	20.25
社址	字数
长沙市芙蓉中路一段 416 号泊富国际金融中心	286 千字
http://www.hnstp.com	书号
湖南科学技术出版社	ISBN 978-7-5710-2173-3
天猫旗舰店网址	定价
http://hnkjcbs.tmall.com	98.00 元
邮购联系	
本社直销科 0731-84375808	